普通高等教育安全与环境系列教材

物理性污染控制工程

主　　编　王金凤
副主编　张　阳　周广柱　张文睿　赵文彬
参编人员　魏志鑫　赵启蒙　王亚诚　丰欣慧
田露露　李一诺　石文斐　刘梓盎
孙　悦　黄佳靖　丁　甲　王　琦

中国矿业大学出版社
·徐州·

内容提要

本书系统、全面地介绍了噪声、振动、电磁辐射、放射性、热、光等物理性污染因素的基础知识、污染特性、评价方法及标准、控制原理与技术，涵盖面广，内容丰富，取材符合环境工程人才培养目标及课程教学要求，能较好地反映学科先进成果和技术进展。

本书可作为高等院校环境科学、环境工程、安全工程等专业的教材，也可供企业和有关部门举办培训班或成人继续教育使用。

图书在版编目(CIP)数据

物理性污染控制工程 / 王金凤主编. —徐州 ：中国矿业大学出版社，2024. 6.—ISBN 978-7-5646-6308-7

Ⅰ. X12

中国国家版本馆 CIP 数据核字第 2024V3C243 号

书　　名　物理性污染控制工程
主　　编　王金凤
责任编辑　耿东锋
出版发行　中国矿业大学出版社有限责任公司
（江苏省徐州市解放南路　邮编 221008）
营销热线　(0516)83885370　83884103
出版服务　(0516)83995789　83884920
网　　址　http://www.cumtp.com　**E-mail**：cumtpvip@cumtp.com
印　　刷　江苏淮阴新华印务有限公司
开　　本　787 mm×1092 mm　1/16　**印张** 12.25　**字数** 313 千字
版次印次　2024 年 6 月第 1 版　2024 年 6 月第 1 次印刷
定　　价　36.00 元
（图书出现印装质量问题，本社负责调换）

前　言

随着科技的进步、社会的发展，人们的生活水平显著提高，生存环境却日益恶化。大气、水、土壤的污染威胁着人们的生活安全；同时，城市噪声的增长使人们明显地感觉到生活环境日益嘈杂，温室效应和城市热岛效应使城市小气候不断变热；眩光、电磁波等干扰着人们的生活……这些声、光、热、电磁等是人们生活所必需的，构成了人们生活的物理环境，当它们的量过高或过低时，就形成物理性污染，进而影响人们的生活、工作和学习，危害人们的健康。人类的健康生活离不开适宜的物理环境，必须对环境中的物理性污染进行控制和治理。

本书的编写适应环境学科发展、教育教学改革和人才培养需求，以“降噪声减振动，构建和谐社会；控光热防辐射，践行低碳减排”为总体目标。内容取材深度符合环境工程人才培养目标及课程教学的要求，能完整地表达本课程应有的知识，反映相关联系和规律，结构清晰完整，内容系统简练，并能反映学科研究的先进成果和技术进展。全书系统、全面地阐述了与人类生活密切相关的噪声、振动、电磁辐射、放射性、热、光等物理因素的基础知识、污染特性、评价方法及标准、控制原理与技术。本书编写内容在注重满足教学基本要求的同时，结合科研，突出了物理性污染控制工程技术和工程实践的内容。本教材适合32学时教学需要，可作为高等院校环境科学、环境工程、安全工程等专业的研究生、本科生及专科生教材，也可以作为从事环境保护工作的专业技术人员和科研人员的参考书。

在撰写本书过程中参阅了大量国内外教材、专著等相关文献资料，在此对这些文献的作者一并表示诚挚的感谢。

由于编者水平所限，书中不足之处在所难免，恳请读者批评指正。

编　者

2024年4月

目　录

第一章 绪 论

本章重点和难点

(1) 环境物理学的研究目标及特点。

(2) 物理性污染的特点。

工业革命以来，人类征服和改造自然的能力大大增强，环境污染问题也日趋严重。从污染物的性质上来看，环境污染可以分为三大类型：物理性污染、化学性污染、生物性污染。随着科学技术的发展，人们生活水平不断提高，对衣、食、住、行等各个方面的要求也越来越高，涉及噪声、振动、电磁辐射等的物理性污染及相关控制技术也逐渐被人们重视。

第一节 物理环境与环境物理学

一、物理环境

在人类生存的环境中，存在重力场、地磁场、电场、辐射场等各种物理因素，各种物质都在以不同的运动形式进行能量的交换和转化。这种物质能量的交换和转化，构成了物理环境。

物理环境与大气环境、水环境、土壤环境同样是人类生存环境的重要组成部分。人类生存于物理环境中，人类活动也影响着物理环境。物理环境可以分为天然物理环境和人工物理环境。

(一) 天然物理环境

天然物理环境即原生物理环境，从地球诞生就存在。自然声环境、振动环境、电磁环境、放射性辐射环境、热环境、光环境等构成了天然物理环境。

地震、海啸、火山爆发、台风、雷电等自然现象会产生噪声和振动，在局部区域形成自然声环境和振动环境；地球本身具有地磁场，形成自然电磁环境，同时火山爆发、雷电、地震、太阳黑子与耀斑等现象会严重干扰自然电磁环境；地球表层具有一定丰度的天然放射性核素，形成自然的放射性辐射环境；太阳辐射提供天然光源和天然热源，构成自然光环境和热环境。

(二) 人工物理环境

人工物理环境是人类活动的物理因素不同程度地干预天然物理环境所生成的次生物理环境。各种人工物理环境与天然物理环境在地球表层交叠共存，相互作用。

1. 人工声环境

声音伴随着人类的生活和生产，是人类生存所必需的。清晰的语言交流和优美动听的音乐，构成和谐的人工声环境；工业生产、交通运输、建筑施工、社会生活产生的噪声是人类不需要的声音，影响人的工作和休息，甚至危害人体的健康，形成人工噪声环境。

2. 人工振动环境

人类活动产生的振动构成了人工振动环境。随着社会经济的发展和城市的建设，人类活动产生的振动也日益增多，工业振动、铁路振动、公路振动、地铁振动均会对人们的正常生活产生不利的影响。

3. 人工电磁环境

人们的生活空间里到处都有电磁场，广播电视发射塔、人造卫星通信系统地面站、雷达站、高压输电线路、变电站、微波炉、手机……电磁辐射广泛存在，形成人工电磁环境。由于无线电广播、电视、通信以及微波技术的发展，射频设备的功率不断增大，过强的人工电磁场会给环境带来污染和危害。

4. 人工放射性环境

放射性核同位素在医学、核工业、农业育种等科学研究中被广泛利用，核武器试验、核电站等核工业的发展改变了区域天然本底放射性辐射场，形成次生的人工放射性环境。过大的放射剂量或突发事故会引发放射性环境污染。

5. 人工热环境

人类能够适应的温度范围很窄。为适应天然环境剧烈的寒暑变化，人类创造了房屋、火炉、空调系统等设施，获得生存所必需的人工热环境；现代工业生产和人类生活排放废热，损害环境质量，成为热污染。

6. 人工光环境

1879 年，爱迪生发明白炽灯，电光源迅速发展和普及，形成了人工光环境。人工光环境较天然光环境更容易满足人类活动的需要，但当光量过大时，则会对人们的生活、工作环境以及人体健康产生不利影响，形成光污染。

各种人工物理环境具有不同的特点和影响，是环境物理学的主要研究对象。

二、环境物理学的产生和发展

（一）环境物理学

环境物理学是在物理学的基础上发展起来的一门新兴学科，是环境科学的重要组成部分。环境物理学是研究物理环境同人类相互作用的科学。它从物理学角度探讨环境质量变化规律，以及保护和改善环境的措施。

（二）环境物理学的产生和发展

20 世纪初期，建筑物理学开始得到人们的关注和研究。建筑物理学研究建筑物内部声、振动、电磁辐射、放射性、热、光等对人类生活和工作的影响，通过对建筑物内部的物理环境进行科学分析和优化设计，为人类创造适宜的物理环境，旨在改善人们的舒适度、健康和工作效率。

20 世纪 50 年代后，不仅在建筑物内部，而且在建筑物外部，物理性污染也日趋严重，引起人们的重视，逐渐形成一门新兴的边缘学科——环境物理学。环境物理学研究的目标是为人类创造一个适宜的物理环境，主要研究声、光、热、振动、电磁辐射和放射性等物理因素对人类的影响，以及消除其影响的技术途径和控制措施。

三、环境物理学的学科体系

环境物理学按研究的对象可分为环境声学、环境振动学、环境电磁学、环境放射学、环境热学、环境光学等分支学科。

（一）环境声学

1974 年第八届国际声学会议正式使用了“环境声学”这一术语。由于环境声学和人们的工作、生活密切相关，因此较早引起学术界的关注，发展较快，环境声学是环境物理学中较成熟的分支学科。

环境声学是在建筑声学和噪声控制学的基础上建立起来的，以改善人类声环境为目的，主要研究声音的产生、传播和接收，噪声对人体产生的生理、心理及病理效应，制定科学标准进行评价，改善和控制声环境质量的噪声控制技术。

（二）环境振动学

环境振动学是研究振动环境及其同人类活动相互作用的科学，主要研究振动的产生、传播、测试、评价以及采取隔振、减振等消除振动危害的技术措施。环境振动学的任务是揭示振动的发生机制，追踪其传播和接收过程，评估其对不同受体的影响程度，提出有效的振动控制措施，从而减小振动的环境影响。

由于振动本身可形成噪声源，以噪声的形式影响和污染环境，因此环境振动学与环境声学是密切相关的学科。

（三）环境电磁学

电磁辐射看不见、摸不着，人体很难感知，又无处不在，具有一定隐蔽性。环境电磁学主要研究电磁辐射机理，高强度电磁辐射的物理、化学和生物效应及对人体的危害，电磁辐射的评价、标准及防治措施。环境电磁学还需要研究如何提高电子仪器和电气设备在强电磁干扰环境中的工作稳定性及可靠性。

（四）环境放射学

由于放射性同位素自身的特性，其环境影响具有持续性和长时效性，公众无法直接感知性和危害作用效果的累积性。

环境放射学主要研究放射性同位素污染及其特点、核污染的来源、控制核辐射危害和洗消核污染的对策和措施。

（五）环境热学

环境热学是研究热环境对人类和生态的影响，热污染形成机理、发展趋势，热污染控制技术和措施，为人类创造舒适热环境的学科。环境热学中“温室效应”和“城市热岛效应”已经成为当代人类关心的焦点。

（六）环境光学

环境光学是研究天然光环境和人工光环境对人的生理和心理的影响，光污染的危害和防治措施的科学。控制和改善人类需要的光环境，消除光污染的危害和影响，是环境光学的重要任务。

四、环境物理学的研究特点

环境物理学受物理环境和物理性污染的特征影响，其主要研究特点如下：① 物理环境的声、光、热、电等要素都是人类所必需的，因而环境物理学的研究同环境科学的其他分支学科不同，它不仅研究污染控制，而且研究适宜人类活动的声、光、热、电等物理条件；② 物理性污染程度是由声、光、热、电等在环境中的量决定的，因而环境物理学的研究同其他物理学科一样，注重物理现象的定量研究。

第二节　物理性污染及防控研究内容

一、物理性污染及其特点

物理性污染是指由于物理因素所引起的运动的强度超过人的耐受限度。

物理性污染与大气、水、土壤环境污染不同，后三者主要指有害物质和生物输入环境，或者是环境中的某些物质超过正常含量所致。而引起物理性污染的声、光、热、振动、放射性、电磁辐射等在环境中是永远存在的，它们本身对人无害，只是在环境中的强度过高或过低时，会危害人的健康和生态环境，造成污染或异常。例如，声音对人是必需的，但声音过强，会妨害人的正常活动。

与化学性、生物性污染相比，物理性污染有两个特点：① 物理性污染一般是局部的，区域性和全球性污染较少见；② 噪声、振动、电磁辐射、光等典型物理性污染具有瞬时性，它是以能量形式存在的，在环境中不产生残留物质，一旦污染源消除，污染即消失。

二、物理性污染防控研究内容及发展趋势

物理性污染的主要研究内容包括物理性污染产生机理及规律、物理性污染评价方法和标准、物理性污染测试和监测、物理性污染的环境影响评价、物理性污染控制基本方法和技术。

物理性污染控制涉及学科众多，在这个科技飞速发展的时代，物理性污染控制技术也得到了前所未有的发展。目前，我国在噪声与振动污染控制技术和设备的研究开发方面已取得大量科研成果。传统、经典的噪声与振动污染控制技术包括吸声、隔声、消声、隔振、阻尼减振技术等，在国内已发展得比较成熟，基本上能够较好解决生产和生活中遇到的噪声与振动污染控制问题，发展热点主要集中在铁路、公路、城市轨道交通领域，以及电力、冶金、化工行业的噪声控制工程与装备、隔振器产品与隔振工程、声学材料及建筑声学工程等领域。很多新技术、新材料的研发与应用也基本与国际接轨，甚至达到了国际领先水平。

物理性污染虽然能够利用技术手段进行控制，但是，还要结合经济、管理和立法等，所以要对防治技术进行综合研究，获得最佳方案。

思考题与习题

1. 何谓物理环境？
2. 人工物理环境是如何形成的？它与天然物理环境有何关系？
3. 环境物理学的研究目标和研究特点是什么？
4. 什么是物理性污染？其特点是什么？

第二章　噪声污染及其控制

本章重点和难点

(1) 噪声的叠加和相减计算。

(2) 噪声在传播中的衰减。

(3) 噪声评价量的定义和计算。

(4) 吸声、隔声、消声的原理及影响因素。

第一节　概　　述

一、声音和噪声

人们的生活、工作都离不开声音。声音是一种物理现象，以不同的方式和途径传递着信息。“声音”一词有两个意思：客观的声振动和主观的声感觉（也叫响度）。宛转悠扬和悦耳动听是人们对于声音的赞誉，而过大的声音或不需要的声音会影响人们的生活和工作，甚至造成危害。

(一) 噪声的定义

噪声的定义较多，各学科从各自的角度对噪声进行了阐述。从物理学观点来看，噪声是由许多不同频率和强度的声波无规则、杂乱无章地组合而成的。从心理学出发，凡是人们不需要的声音，都称为噪声。

一般认为，凡是干扰人们休息、学习和工作的声音即不需要的声音统称为噪声。当噪声超过人们的生活和生产活动所能容许的程度，就形成噪声污染。

2022 年 6 月 5 日实行的《中华人民共和国噪声污染防治法》中所称噪声，是指在工业生产、建筑施工、交通运输和社会生活中产生的干扰周围生活环境的声音。噪声污染，是指超过噪声排放标准或者未依法采取防控措施产生噪声，并干扰他人正常生活、工作和学习的现象。

噪声是声音的一种，它具有声波的一切特性，主要来源于物体（固体、液体、气体）的振动。通常将能够发声的物体称为声源，产生噪声的物体或机械设备称为噪声源。

(二) 噪声的分类

噪声的分类方法很多，按噪声的产生机理（声源的物理特性）可分为空气动力噪声、机械噪声和电磁噪声。

(1) 空气动力噪声主要是指空气流动或物体在空气中运动引起空气产生涡流、冲击或者压力突变导致空气扰动而形成的噪声，如通风机、鼓风机、空压机、燃气轮机、锅炉排气放空等动力设备所产生的噪声。

（2）机械噪声是指机械设备运转时，由机械撞击、摩擦、转动所产生的噪声，如织布机、球磨机、破碎机、电锯、汽锤等产生的噪声。

（3）电磁噪声是指由于磁场脉动、电源频率脉动引起电气部件振动而产生的噪声，如发电机、变压器、继电器等产生的噪声。

按人类活动方式可分为交通噪声、工业噪声、建筑施工噪声、社会生活噪声。

（1）交通噪声是城市噪声的主要来源，主要是汽车、火车、飞机、轮船等交通工具的启停及运行过程中发出的噪声，具有流动性大、污染面广、难于控制等特点，这部分噪声一般占城市噪声源的25％～75％。

（2）工业噪声指工业生产活动中产生的噪声，主要来自机器设备。工业噪声是造成职业性耳聋的主要原因。

（3）建筑施工噪声是指工程建设施工阶段产生的噪声，它使原来比较安静的环境成为噪声污染严重的场所。建筑施工包括建设公用设施如地下铁道、高速公路、桥梁，敷设地下管道和电缆等，以及从事工业与民用建筑的施工，这些施工现场都大量使用各种不同性能的动力机械，如打桩机、打夯机等，噪声危害大。

（4）社会生活噪声主要是生活、商业、学校、娱乐、比赛、集会等各种社会活动中产生的喧闹声及使用的设备、设施产生的噪声。关于社会生活噪声的投诉超过其他三类噪声投诉，对居民影响巨大，不容忽视。

按噪声的时间特性可分为稳态噪声、非稳态噪声。稳态噪声的强度不随时间变化，如电机、风机和织机的噪声；非稳态噪声的强度是随时间而变化的，有的是周期性噪声，有的是无规则的起伏噪声，如交通噪声，有的是脉冲噪声，如冲床的撞击声。

按噪声的频率特性可分为高频噪声、低频噪声、宽带噪声、窄带噪声等。

按噪声的影响可分为过响声、妨碍声、不愉快声、无影响声等。

二、噪声的特点与危害

（一）噪声的特点

噪声对周围环境造成不良影响，就形成噪声污染，噪声污染具有典型物理性污染的特点。其特点如下：① 噪声衰减很快，一般只会造成局部性污染，不会造成区域性和全球性污染；② 噪声污染是一种能量污染，没有残留污染物，不会积累；③ 噪声源停止运行后，污染即消失；④ 噪声的声能是噪声源能量中很小的部分，一般认为再利用的价值不大，故声能的回收尚未被重视。

（二）噪声的危害

噪声的危害不仅表现在对人的影响、对生物的影响上，还在一定程度上影响设备和建筑物结构。

1. 对人体的危害

（1）听力损失

人耳暴露在噪声中，导致听觉灵敏度下降，各频率的听阈升移（简称阈移），以声压级的单位分贝为单位。按国际标准化组织（ISO）的规定，用500 Hz、1 000 Hz和2 000 Hz的听力损失的平均值来表示听力损失。国际标准化组织确定听力损失25 dB(A)为耳聋标准，详见表2-1。

听力损失可能是暂时性的，也可能是永久性的。暂时性听力阈移（TTS），又称听觉疲劳，暴露在较强烈的噪声环境中一段时间，导致听阈升移，如果在安静的地方休息一段时间，听阈又会恢复到暴露前的水平。永久性听力阈移（PTS），又称噪声性耳聋，指长期暴露在强噪声环境中，导致内耳器官发生器质性病变，无法恢复暴露前的听阈。高强噪声[超过 140 dB(A)]能使得内耳鼓膜破裂，导致双耳完全失聪，成为永久性耳聋，称为暴振性耳聋。

表 2-1　听力情况与听力损失对应关系表

听力情况	正常	基本正常	轻度耳聋	中度耳聋	重度耳聋
听力损失/dB (A)	≤15	15～25	25～40	40～65	＞65

(2) 诱发疾病

噪声对大脑神经系统、心血管系统、视觉系统、消化系统等均有生理影响，主要症状表现为头痛、脑涨、耳鸣、多梦、失眠、心慌、记忆力减退、心跳加快、心律不齐、血管痉挛、血压升高、视力清晰度变差、食欲不振、恶心、肌无力、消瘦、体质减弱等。噪声对儿童生长发育也有影响，有研究表明在吵闹环境中生活的儿童智力发育要比安静环境中慢 20%。

(3) 干扰睡眠

人在睡眠时，受到连续噪声的影响，会使熟睡时间缩短，出现多梦。若经常受到噪声的干扰，会导致睡眠不足，出现头昏、头痛等现象。一般来说，低于 40 dB 的噪声对睡眠影响较小，高于 55 dB 的噪声对睡眠干扰严重。突然响起的噪声，一旦超过 60 dB，就能使 70% 睡觉的人惊醒。

科学研究表明，人的睡眠一般分四个阶段，依次为：瞌睡阶段、入睡阶段、睡着阶段、熟睡阶段。睡眠质量好坏，取决于熟睡阶段的时间长短，时间越长，睡眠越好。噪声会影响人的睡眠质量，强烈的噪声甚至使人无法入睡，心烦意乱。噪声促使人们由熟睡向瞌睡阶段转化，缩短熟睡时间。

(4) 干扰交流通信

噪声会干扰人们的语言交流。这种干扰与说话者与听者间距离、声音的频率、背景噪声有关。比如普通说话 60 dB，两人相距 1.5 m，若环境噪声为 50 dB，双方可轻松交谈；噪声到 60 dB，还能满意地对话；当噪声达到 85 dB 以上时，则根本无法交谈。

(5) 影响工作效率

噪声对工作的影响复杂，很难定量反映。噪声的刺激会使人心情烦躁、注意力分散、易疲劳、反应迟钝，导致工作效率降低，甚至发生工作过失行为。高于 1 000～2 000 Hz 的高频噪声对工作效率的影响比低频噪声更严重。与简单工作相比较，复杂工作更可能受到噪声的不良影响。

2. 对生物生长发育的危害

噪声对自然界生物的生长、发育会产生危害。如强噪声会使鸟类羽毛脱落，不产卵，甚至会使其内出血或死亡。

3. 对设备和建筑物的损害

噪声会损坏仪器设备和建筑结构，带来灾难性破坏。特强噪声(＞140 dB)可使建筑物的墙振裂、瓦振落、门窗破坏，甚至发生倒塌，钢产生“声疲劳”而损坏。当超音速飞机在低空掠过时，引起的“隆隆”声相当于炸弹爆炸，会使门窗损坏、墙面开裂、屋顶掀翻、烟囱倒塌。强烈的噪声会使高精度、自动化的仪表失灵，当火箭发出低频噪声引起空气振动时，会使导弹和飞船产生大幅度的偏离，导致发射失败。

三、噪声控制途径

噪声控制的途径有三种：从声源上降低噪声、从传播途径上采取降噪措施和在接收点进行防护。根据实际情况可采用单一途径或多途径结合，使控制措施可行。

1. 从声源上降低噪声

从声源上降低噪声是噪声控制中最根本和最有效的措施。首先对噪声源进行检测，研究各种噪声源的发声机理及其涨落特性、频率特性。噪声源控制的具体措施主要有以下几种：

（1）改革生产工艺和革新技术是根本性措施，用低噪声工艺代替高噪声工艺，同时研究降低噪声源辐射噪声的激振力和噪声辐射部件对激振力的响应。例如，用低噪声的焊接代替高噪声的铆接、采用液压装置代替机械传动等方法均可以有效地、大幅度地降低噪声。

（2）选用低噪声的新型材料，如选用内阻尼大、内摩擦系数大的合金或高分子材料代替内阻尼、内摩擦系数都较小的金属材料。通常金属材料制成的机械零件和设备，在振动力的作用下，消耗振动能量的能力弱，会辐射较强的噪声，而低噪声新材料可以大幅度降低噪声辐射。

（3）改进机器设备的结构，提高加工精度和装配精度，减少因自身结构和装配而产生的噪声；减少振动、摩擦、碰撞及改变机器的动平衡等都能使声源输出大为减少。

2. 从传播途径上降低噪声

在噪声源上控制噪声受技术的制约，在一定程度上难以取得理想的效果，或者对现有设备无法采用控制措施。此时，最常用的方法是从传播途径上进行控制。

从传播途径上控制噪声是最常用的降噪方法。在噪声传播过程中，可以采取的声学控制方法是噪声控制中的重要内容，主要包括吸声技术、隔声技术、消声技术和隔振技术等四个方面。常用措施如下：

（1）合理规划设计声源位置。如利用噪声源的指向性合理布置声源位置；利用“闹静分开”的设计原则降低噪声，将高噪声区域与敏感区域分开，设置防护距离，缩小噪声干扰范围。

（2）利用自然地形、地物等降低噪声，如山丘、绿化带、下嵌式建筑物等。

（3）采用声学控制措施降低噪声，主要包括吸声、隔声和消声，如铺设吸声材料，设置声屏障、隔声罩、隔声窗等。

3. 在接收点进行防护

控制噪声还可在接收点进行防护。在高噪声环境中工作的职工，必须采取个人防护措施，如防护面具、头盔、耳塞、耳罩和防护棉等。这些防护用具，属于被动防护，主要是利用隔声原理，使强烈的噪声传不进耳内，从而达到保护人体不受噪声危害的目的。

第二节　声学基础

一、声波的形成及类型

（一）声波的形成

物体的振动是产生声音的根源，因振动而发出声音的物体称为声源。声源可以是固体、液体或气体。声源发出的声音通过所接触的介质才能传播出去，最常见的介质就是空气，液体和固体也能传播声音。但是，声音不能在真空中传播，因为真空中不存在能够产生振动的弹性介质。

声源振动时，会带动相邻的空气质点交替进行压缩和膨胀运动，就会把声源的振动以一定的速度沿着弹性介质向各方向传播出去。这种压缩、膨胀交替运动由近及远向前推进的空气振动称为声波。声波是声音的传播形式，是一种机械波，声波传播的空间就称为声场。

（二）声波的类型

1. 按照传声介质的质点振动方向和声波传播方向划分

质点振动方向和声波传播方向相同时的波称为纵波；质点振动方向与声波传播方向垂直的波称为横波。在空气中声波是一种纵波；在固体和液体中既可能是纵波，也可能是横波。

2. 按声波频率划分

按照频率声波可以分为超声波、声波、次声波（表 2-2）。频率小于 20 Hz 为次声波，大于 20 000 Hz 为超声波。人们把 20～20 000 Hz 之间能引起人们听觉的波称为声波。

表 2-2　声波的类型（按频率分）

频率范围/Hz	＜20	20～20 000			＞20 000
声音	次声	＜500	500～2 000	＞2 000	超声
		低频声	中频声	高频声	
		音频声			

3. 按照声波的波阵面划分

声波在传播过程中，同一时刻相位相同的轨迹称为波阵面。按照波阵面声波可以划分为平面声波、球面声波、柱面声波（表 2-3）。这种分类方法可以简化后续噪声的影响评价及相关计算。

表 2-3　声波的类型-按波阵面划分

类型	波阵面	声线	声源类型
平面声波	垂直于传播方向的平面	由声源发出的相互平行的直线	平面声源
球面声波	以任意值为半径的球面	由声源发出的半径线	点声源
柱面声波	同轴圆柱面	由线声源发出的半径线	线声源

平面声波的波阵面是垂直于传播方向的平面；声线是由声源发出的相互平行的直线，声

源是平面声源。

球面声波的波阵面是以任意值为半径的球面;声线是由声源发出的半径线,声源是点声源。点声源:取决于声源的几何尺寸与声波波长的相对尺度,当声源的几何尺寸比声波的波长小得多时或者测量点距离声源相当远的时候,可以将该声源视为点声源。

柱面声波的波阵面是同轴圆柱面;声线是线声源发出的半径线,声源是线声源。设想在无限均匀媒质里有一无限长的均匀线声源,它所产生的波就是理想的柱面声波。在柱面声波中,声压振幅沿轴向分布是均匀的,沿径向与距轴距离的平方根呈反比关系。其径向声强与离轴的距离的一次方呈反比关系。交通繁忙的公路上,汽车往往连成一条线行驶,这些汽车可认为是线声源,所辐射的噪声就是柱面波。

二、声波的基本物理量

声波的基本物理量包括声波的频率、波长和声速。

声波频率是指一秒钟内介质质点振动的次数,通常用 f 来表示,单位为 Hz。介质每秒钟振动的次数越多,其频率就越高。

质点振动往复一次所需要的时间称为周期,用 T 表示,单位为 s。频率 f 和周期 T 互为倒数,即

$$f=\frac{1}{T} \tag{2-1}$$

频率 f 与振动角频率 ω 的关系为

$$\omega=2\pi f \tag{2-2}$$

波长是两相邻波对应相同点之间的距离,即振动经过一个周期声波传播的距离,用 λ 表示,单位为 m。声波在介质中传播的速度称为声速,用 c 表示,单位为 m/s。

波长、频率和声速之间的关系为

$$c=\lambda f \quad \text{或} \quad c=\frac{\lambda}{T} \tag{2-3}$$

式(2-3)的基本关系适用于任何形式的波。

声速是介质特性的函数,因此在不同介质中,声速是不相同的。气体中的声速为

$$c=\sqrt{\frac{\gamma P_0}{\rho_0}} \tag{2-4}$$

空气的 $\gamma=1.4$,则式(2-4)有如下形式:

$$c=20.05\sqrt{T} \quad \text{或} \quad c=331.45+0.61t \tag{2-5}$$

式中 ρ_0——介质处于平衡态时的密度,kg/m^3;

P_0——介质处于平衡态时的压强,Pa;

γ——比热比,γ=定压比热容/定容比热容。

液体和固体中的声速与气体中的声速相差较大。表 2-4 列出一些常用介质在室温下的声速近似值。一般计算时,空气中的声速可取 340 m/s。

表 2-4 常用介质在室温下的声速近似值

介质名称	空气	水	混凝土	玻璃	铁	铅	钢	硬木	软木
声速/(m/s)	344	1 372	3 048	3 658	5 182	1 219	5 182	4 267	3 353

三、声音的频谱

（一）频程及频谱

人耳可以听到声音的频率范围大致为 20 Hz～20 kHz，高频和低频相差 1 000 倍。为了研究和应用的需要，在声学学科中，把这一宽广的频率变化范围划分为若干个小段，称其为频程或频带或带宽。

实测发现，两个不同频率的声音做比较时，有决定意义的是两个频率的比值，而不是它们的差值。一般对几倍频程做如下定义：

$$\frac{f_{上}}{f_{下}}=2^n \quad 或 \quad n=\log_2\frac{f_{上}}{f_{下}} \tag{2-6}$$

式中 $f_{上}$、$f_{下}$——任一频程的上限频率和下限频率，Hz。

n——频程倍数，为正实数。当 $n=1/3$ 时，称为 1/3 倍频程；$n=1$ 时，称为 1 倍频程（简称倍频程）；$n=2$ 时，称为 2 倍频程。

在噪声测量中经常使用的频程是倍频程（$n=1$）和 1/3 倍频程。各倍频程的中心频率值 f_0 是指上、下限频率的几何平均值，即

$$f_0=\sqrt{f_{上}f_{下}} \tag{2-7}$$

联立式(2-6)和式(2-7)，得

$$f_{上}=\sqrt{2^n}f_0=2^{n/2}f_0 \tag{2-8}$$

$$f_{下}=\frac{f_0}{\sqrt{2^n}}=2^{-n/2}f_0 \tag{2-9}$$

若 $f_{上}-f_{下}=\Delta f$，则 Δf 称为带宽。Δf 和 f_0 的关系式为

$$\Delta f=\left(\sqrt{2^n}-\frac{1}{\sqrt{2^n}}\right)f_0 \tag{2-10}$$

由式(2-10)可得到倍频程（$n=1$）和 1/3 倍频程（$n=1/3$）的带宽 Δf 分别为

$$\Delta f_{倍}=0.707f_0 \tag{2-11}$$

$$\Delta f_{\frac{1}{3}倍}=0.23f_0 \tag{2-12}$$

当频程倍数 n 一定时，带宽随中心频率的增加，按一定比例增加，见表 2-5。

表 2-5 倍频程和 1/3 倍频程频率特性 单位：Hz

倍频程			1/3 倍频程		
下限频率	中心频率	上限频率	下限频率	中心频率	上限频率
22	31.5	44	22.4	25	28.2
			28.2	31.5	35.5
			35.5	40	44.7
44	63	88	44.7	50	56.2
			56.2	63	70.8
			70.8	80	89.1

表 2-5(续)

倍频程			1/3 倍频程		
下限频率	中心频率	上限频率	下限频率	中心频率	上限频率
88	125	177	89.1	100	112
			112	125	141
			141	160	178
177	250	355	178	200	224
			224	250	282
			282	315	355
355	500	710	355	400	447
			447	500	562
			562	630	708
710	1 000	1 420	708	800	891
			891	1 000	1 122
			1 122	1 250	1 413
1 420	2 000	2 840	1 413	1 600	1 778
			1 778	2 000	2 239
			2 239	2 500	2 818
2 840	4 000	5 680	2 818	3 150	3 548
			3 548	4 000	4 467
			4 467	5 000	5 623
5 680	8 000	11 360	5 623	6 300	7 079
			7 079	8 000	8 913
			8 913	10 000	11 220
11 360	16 000	22 720	11 220	12 600	14 130
			14 130	16 000	17 780
			17 780	20 000	22 390

（二）频谱分析

声音的频谱是指声音强度(声压级、声强级等)随频率的分布图形，它使噪声强度成为频率的函数。以声音的强弱(声压级)为纵坐标，以频率(频程)为横坐标，绘出的声音强弱的频率分布图，叫作频谱图。人们可以由频谱图清楚地看出噪声的各个频率成分和相应的强度，这一过程就叫作频谱分析。如图 2-1 所示，频谱的形状大体可分为三种。

线状谱[图 2-1(a)]是由一些频率离散的单音形成的谱，在频谱图上是一系列竖直线段。线状谱声音可以确定单个频率处的声压。一些乐器发出的声音和周期或间断振动的声源产生的声音的频谱是线状谱。其中，与振动频率相同的声波频率称为基频，频率等于基频整数倍的称为谐波频率。

连续谱[图 2-1(b)]的频率在频谱范围内是连续的。其声能也连续地分布在所有频率范围内，形成一条连续的曲线。大部分噪声属于连续谱。

复合谱[图 2-1(c)]是连续频率和离散频率组合而成的频谱，一般有调噪声(既有连续频率成分，又有离散频率成分存在的噪声)的频谱为复合谱。在噪声控制中，频谱图中声压级比较突出的部分及其所对应的频率是重点控制目标。

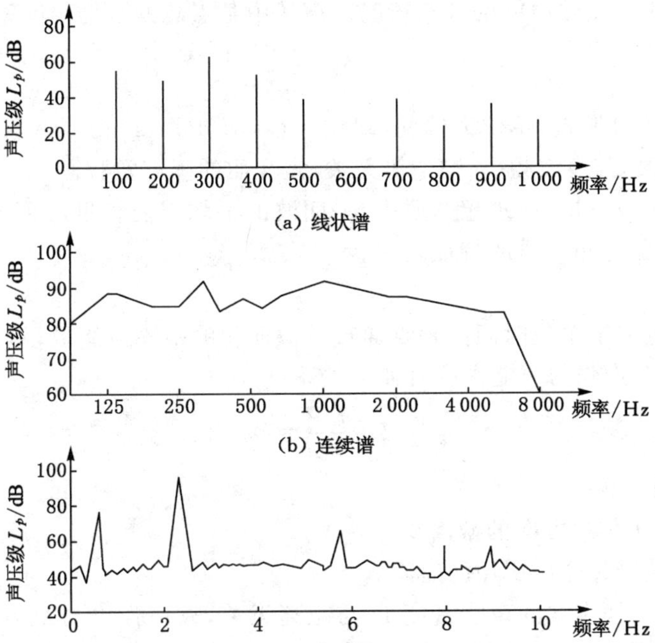

(a) 线状谱

(b) 连续谱

(c) 复合谱

图 2-1　声音的三种频谱

四、声压、声强、声功率

(一) 声压

当没有声波存在、大气处于静止状态时，大气中压强为大气压强。当有声波存在时，局部空气受声波的传播扰动产生压缩或者膨胀，压缩的地方压强增大，膨胀的地方压强减小，这样就在原来的大气压上叠加一个变化的压强。此压强变化是由于声波所引起的，称为声压。

声场中某一瞬时的声压称为瞬时声压，在一定时间间隔内最大的瞬时声压称为峰值声压。瞬时声压随时间起伏变化，人耳无法辨别出声压的起伏，即辨别的不是瞬时声压，而是一个稳定的有效声压。有效声压是一段时间间隔内，瞬时声压对时间求方均根，即

$$p_e = \sqrt{\frac{1}{t}\int_0^t p^2(t)\,dt} \tag{2-13}$$

式中　t——时间(t 是周期的整数倍)，s；

$p(t)$——某时间 t 时的瞬时声压，Pa。

对于正弦波来说，有效声压(p_e)和峰值声压(p_A)关系如式(2-14)所示。

$$p_e = \frac{p_A}{\sqrt{2}} \tag{2-14}$$

一般用电子仪器测得的声压是有效声压，习惯上所指的声压也是有效声压。

（二）声能密度

单位体积介质所含的声波能量称为声能密度，用 D 表示。因为介质某点处的瞬时声压随时间变化，所以声能密度也是一个随时间变化的量，为此常采用一个周期内声能密度的平均值来反映媒质中某点处声能的分布情况。声场中某点总的平均声能密度为

$$\overline{D}=\frac{p_e^2}{\rho_0 c^2} \tag{2-15}$$

式中 $\rho_0 c$——声特性阻抗，单位为瑞利，即帕·秒/米(Pa·s/m)。其仅与介质密度和声速有关，与声波频率、幅值等无关，是介质的固有常数。

由式(2-15)可以看出，在理想介质中，平面波的平均声能密度与距离无关，在传播范围内处处相等，这也是理想介质的特征之一。

（三）声强

在声波传播方向上单位时间内垂直通过单位面积的平均声能量，称为声强，通常用 I 表示，单位为 W/m^2。声强与声能密度有如下关系：

$$I=\frac{\overline{D}V}{S\Delta t}=\overline{D}c \tag{2-16}$$

式中 V——介质体积。

S——垂直于传播方向的截面积。

Δt——声波穿过介质所用的时间。

理想介质中，平面声波的声能密度 $\overline{D}$ 与距离无关，故声强也与距离无关。将式(2-15)代入式(2-16)，得声强与声压的关系式

$$I=\frac{p_e^2}{\rho_0 c}=u_e^2\rho_0 c \tag{2-17}$$

式中 u_e——质点振动速度的有效值。

通常影响声强的因素很多。如声源辐射具有一定的指向性，声波在传播过程中会发生反射、折射、扩散衰减和被吸收等现象，这些因素都使声强随距声源距离的增加而降低，说明声强与环境有关。

（四）声功率

声功率是指声源在单位时间内辐射的声能量。声功率用 W 表示，单位为瓦(W)。自由声场中，对于均匀辐射的声源，声功率与声强的关系为

$$W=IS \tag{2-18}$$

将式(2-17)代入式(2-18)，则声功率有如下形式：

$$W=S\frac{p_e^2}{\rho_0 c}=Sp_e u_e=S\rho_0 c u_e^2 \tag{2-19}$$

声源的声功率仅是声源总功率中以声波形式辐射出来的一小部分功率。如一辆汽车在行驶中，当其速度为 70 km/h 时，发出的汽车噪声的声功率只有 0.1 W 数量级。声功率是表征声源特性的不变量，反映了声源的本质。

五、声音的声压级、声强级、声功率级

（一）级的概念

选定基准量(或参考量)，对被量度量与基准量之比取对数，该对数值称为被量度量的

级，它代表被量度量比基准量高出多少级。通常，取对数以 10 为底，则级的单位为贝尔(B)。由于贝尔单位过大，把 1 贝尔分为 10 份，每一份的单位称为分贝(dB)。

（二）声压级

人耳能听到的声压的范围与频率一样，十分宽广。为了能够明显地区分和反映声压的大小程度，采用声压级衡量声音的相对强弱。声压级为该声音的声压与基准声压之比，取以 10 为底的对数，再乘以 20。其表达式为

$$L_p = 20\lg \frac{p_e}{p_0} \tag{2-20}$$

式中　p_e——有效声压，Pa；

p_0——基准声压，$p_0 = 2\times10^{-5}$ Pa。

将 $p_0 = 2\times10^{-5}$ Pa 代入式(2-20)，得

$$L_p = 20\lg p_e + 94 \tag{2-21}$$

（三）声强级

声强级 L_I 为该声音的声强与基准声强之比，取以 10 为底的对数，再乘以 10。其表达式为

$$L_I = 10\lg \frac{I}{I_0} \tag{2-22}$$

式中　I——声强，W/m²；

I_0——基准声强，$I_0 = 10^{-12}$ W/m²。

将 $I_0 = 10^{-12}$ W/m² 代入式(2-22)，得

$$L_I = 10\lg I + 120 \tag{2-23}$$

（四）声功率级

声功率级 L_W 为声音的声功率与基准声功率之比，取以 10 为底的对数，再乘以 10。其表达式为

$$L_W = 10\lg \frac{W}{W_0} \tag{2-24}$$

式中　W——声功率，W；

W_0——基准声功率，$W_0 = 10^{-12}$ W。

将 $W_0 = 10^{-12}$ W 代入式(2-24)，得

$$L_W = 10\lg W + 120 \tag{2-25}$$

六、噪声叠加和相减

现实情况中，往往会出现噪声叠加和相减的情况。

（一）噪声的叠加

在几个噪声源同时存在的情况下，通常要进行噪声的叠加，也就是计算声场中某点的总声压级、总声强级和总声功率级的叠加。

1. 声功率级的叠加

设 W、W_1、W_2、…、W_n 为总声功率和各声源声功率，则

$$W = W_1 + W_2 + \cdots + W_n \tag{2-26}$$

根据声功率级的定义可知总声功率级

$$L_W=10\lg\frac{W}{W_0}=10\lg W-10\lg W_0=10\lg(W_1+W_2+\cdots+W_n)+120 \tag{2-27}$$

2. 声强级的叠加

设 I、I_1、I_2、…、I_n 为总声强和各声源的声强，则

$$I=I_1+I_2+\cdots+I_n \tag{2-28}$$

根据声强级的定义，可知总声强级 L_I：

$$\begin{aligned}L_I&=10\lg\frac{I}{I_0}=10\lg(I_1+I_2+\cdots+I_n)-10\lg I_0\\&=10\lg(I_1+I_2+\cdots+I_n)+120\end{aligned} \tag{2-29}$$

3. 声压级的叠加

设 p、p_1、p_2、…、p_n 为总声压和各声源的声压(有效声压)，则

$$p^2=p_1^2+p_2^2+\cdots+p_n^2=\sum_{i=1}^{n}p_i^2 \tag{2-30}$$

根据声压级的定义有 $p=p_0\times10^{L_p/20}$，代入上式，得

$$10^{L_p/10}=10^{L_{p1}/10}+10^{L_{p2}/10}+\cdots+10^{L_{pn}/10} \tag{2-31}$$

两边取对数，并经整理得总声压级 L_p：

$$L_p=10\lg\sum_{i=1}^{n}10^{0.1L_{pi}} \tag{2-32}$$

若共有 n 个噪声源，且每个声压级都相等，均为 L_p'，则有

$$L_p=L_p'+10\lg n \tag{2-33}$$

例 2-1 在某测点处测得一噪声源的声压级如表 2-6 所示，试求测点处的总声压级。

表 2-6 某噪声源的声压级

中心频率/Hz	63	125	250	500	1 000	2 000	4 000	8 000
声压级/dB	84	87	90	95	96	91	85	80

解 根据式(2-32)计算，有

$$L_p=10\lg(10^{8.4}+10^{8.7}+10^{9.0}+10^{9.5}+10^{9.6}+10^{9.1}+10^{8.5}+10^{8})=100.2\ (\text{dB})$$

例 2-2 有两台机器同时工作，每台在某测点处的声压级都是 92 dB，求该点的总声压级。

解 根据式(2-33)有

$$L_p=92+10\lg 2=95\ (\text{dB})$$

(二) 噪声相减

由于存在背景噪声，被测对象的噪声级往往无法直接测定，只能测到合成噪声级。要确定被测对象的声压级，需从测得的总声级中减去背景噪声级。

设背景噪声为 L_{pb}，背景噪声和被测对象的总声压级为 L_p，被测对象真实的声压级为 L_{ps}。

根据 $L_p=10\lg\sum_{i=1}^{n}10^{0.1L_{pi}}$，可得

$$L_p=10\lg(10^{0.1L_{ps}}+10^{0.1L_{pb}}) \tag{2-34}$$

解得

$$L_{ps}=10\lg(10^{0.1L_p}-10^{0.1L_{pb}}) \tag{2-35}$$

例 2-3　某地下矿山，风机开动时，在某点测得声压级为 92 dB，关闭风机后，在该点测得的声压级为 85 dB，求该风机实际的噪声声压级。

解　已知 $L_p=92$ dB，$L_{pb}=85$ dB，由式(2-35)得

$$L_{ps}=10\lg(10^{0.1L_p}-10^{0.1L_{pb}})=91\ \text{dB}$$

七、噪声在传播中的衰减

噪声在实际传播过程中，声波由于扩散、空气吸收、地面条件、声屏障、气象条件等原因，随离开声源距离增加，声音逐渐减弱。可以感觉到，离噪声源近时，噪声大；离噪声源远时，噪声小。噪声在传播中的衰减量(A)可以用公式(2-36)表示：

$$A=A_{\mathrm{d}}+A_{\mathrm{a}}+A_{\mathrm{g}}+A_{\mathrm{b}}+A_{\mathrm{m}} \tag{2-36}$$

式中　A_{d}——扩散引起的衰减；

A_{a}——空气吸收引起的衰减；

A_{g}——地面效应引起的衰减；

A_{b}——声屏障引起的衰减；

A_{m}——气象条件引起的衰减。

1. 扩散引起的衰减

声波向四面八方传播时，波阵面随离声源的距离增加而增大，声能分散，因而声强将随传播距离的增加而衰减。由于波阵面扩展引起声强减弱的现象称为扩散衰减。声波的扩散衰减与声源的形状有关。

(1) 点声源辐射

对于点声源辐射的球面波或半球面波的扩散衰减，声压随距离衰减的关系式为

$$A_{\mathrm{d}}=20\lg\frac{r_2}{r_1}\quad 或\quad L_{p2}=L_{p1}-20\lg\frac{r_2}{r_1} \tag{2-37}$$

式中　L_{p2}——预测点(距声源 r_2 处)的声压级，dB；

L_{p1}——参考位置(距声源 r_1 处)的声压级，dB。

(2) 线声源辐射

线声源辐射的噪声，一般为道路交通噪声。可以分为无限长线声源和有限长线声源两种情况考虑。

无限长线声源几何发散衰减基本公式为：

$$A_{\mathrm{d}}=10\lg\frac{r_2}{r_1}\quad 或\quad L_{p2}=L_{p1}-10\lg\frac{r_2}{r_1} \tag{2-38}$$

当声源为有限长线声源时，设线声源长为 l，若 $r_1>l$ 且 $r_2>l$，可以近似按照公式(2-37)计算。即在有限长线声源的远场，有限长线声源可当作点声源处理。

若 $r_1<l/3$ 且 $r_2<l/3$，可以近似按照公式(2-38)计算。即在近场区，有限长线声源可当作无限长线声源处理。

若 $l/3<r_1<l$ 且 $l/3<r_2<l$，可以按公式 $L_{p2}=L_{p1}-15\lg\frac{r_2}{r_1}$ 计算。

(3) 矩形面声源

设其边长为 a、b，且 $a<b$，测点 D 距声源中心距离为 r_2。当 $r_2 \leqslant a/\pi$ 时，声源辐射平面波，声压级衰减值为 0，即距离声源近时，声压级不衰减；当 $a/\pi < r_2 < b/\pi$ 时，按无限长线声源考虑，$L_{p2} = L_{p1} - 10\lg \dfrac{r_2}{r_1}$；当 $r_2 \geqslant b/\pi$ 时，按点声源考虑，$L_{p2} = L_{p1} - 20\lg \dfrac{r_2}{r_1}$。

2. 空气吸收引起的衰减

空气吸收引起声波衰减有以下原因：

(1) 声波传播时，空气产生压缩和膨胀的变化，相应地出现温度的升高和降低，温度梯度的出现，将使得以热传导方式发生热交换，声能转变为热能。

(2) 声波在空气中传播时，空气中相邻质点的运动速度不同而产生黏性力，使声能转变为热能。

(3) 空气中主要成分是氧和氮，一定状态下，分子的平动能、转动能和振动能处于一种平衡状态，当有声扰动时，这三种能量发生变化，打破原来的平衡，建立新的平衡，这需要一定的时间，此种由原来的平衡到建立新平衡的过程，称为热弛豫过程，热弛豫过程将使声能耗散。

空气对声波的吸收与空气的温度、湿度和声波的频率有关，习惯用衰减常数表示。衰减常数指在空气中声波传播 1 m 衰减的分贝数，单位为 dB/m。大气中噪声传播的衰减常数 α 见表 2-7。

表 2-7　大气中噪声传播的衰减常数(单位:dB/m)

温度/℃	相对湿度/%	频率/Hz					
		125	250	500	1 000	2 000	4 000
30	10	0.000 9	0.001 9	0.003 5	0.008 2	0.026	0.088
	20	0.000 6	0.001 8	0.003 7	0.006 4	0.014	0.044
	30	0.000 4	0.001 5	0.003 8	0.006 8	0.012	0.032
	50	0.000 3	0.001 0	0.003 3	0.007 5	0.013	0.025
	70	0.000 2	0.000 8	0.002 7	0.007 4	0.014	0.025
	90	0.000 2	0.000 6	0.002 4	0.007 0	0.015	0.026
20	10	0.000 8	0.001 5	0.003 8	0.012 1	0.040	0.109
	20	0.000 7	0.001 5	0.002 7	0.006 2	0.019	0.067
	30	0.000 5	0.001 4	0.002 7	0.005 1	0.013	0.044
	50	0.000 4	0.001 2	0.002 8	0.005 0	0.010	0.028
	70	0.000 3	0.001 0	0.002 7	0.005 4	0.010	0.023
	90	0.000 2	0.000 8	0.002 6	0.005 6	0.010	0.021
10	10	0.000 7	0.001 9	0.006 1	0.019 0	0.045	0.070
	20	0.000 6	0.001 1	0.002 9	0.009 4	0.032	0.090
	30	0.000 5	0.001 1	0.002 2	0.006 1	0.021	0.070
	50	0.000 5	0.001 1	0.002 0	0.004 1	0.012	0.042
	70	0.000 4	0.001 0	0.002 0	0.003 8	0.009	0.030
	90	0.000 3	0.001 0	0.002 1	0.003 8	0.008	0.025

表 2-7(续)

温度/℃	相对湿度/%	频率/Hz					
		125	250	500	1 000	2 000	4 000
0	10	0.001 0	0.003 0	0.008 9	0.018 0	0.023	0.026
	20	0.000 5	0.001 5	0.005 0	0.016 0	0.037	0.057
	30	0.000 4	0.001 0	0.003 1	0.010 8	0.033	0.074
	50	0.000 4	0.000 8	0.001 9	0.006 0	0.021	0.067
	70	0.000 4	0.000 8	0.001 6	0.004 2	0.014	0.051
	90	0.000 3	0.000 8	0.001 5	0.003 6	0.011	0.041

声波在空气中传播，设点声源在 r_1、r_2 处的声压级分别为 L_{p_1}、L_{p_2}。声波从 r_1 传播到 r_2 处，由于空气吸收引起的衰减量为

$$A_a=\alpha(r_2-r_1) \tag{2-39}$$

3. 地面效应引起的衰减

地面效应指声波在地面附近传播时由于土地表面结构的反射和吸收，以及绿化带所引起的声能量衰减。土地表面结构对声波传播有影响，刚性地面如水泥地面对声波的吸收小，而疏松土地的声特性阻抗一般与空气的声特性阻抗同数量级，声波由空气投射到地面时，只有部分反射，大部分能量通过土壤的孔隙传播并衰减，因此，短距离(30～50 m)其衰减可以忽略，在 50 m 以上应予以考虑。

绿化带的降噪效果与其林带宽度、植物高度、位置、配置以及树木种类等有密切关系。一般来说，树木越密、枝叶越茂盛、声波的频率越高，绿化带的吸收越明显。单排树木对噪声的吸收效果不明显。一般的阔叶树林或针叶树林对噪声的吸收量为 1～5 dB/(10 m)。地面效应引起的附加衰减可以用式(2-40)计算。

$$A_g=5\lg\frac{r}{r_0} \tag{2-40}$$

4. 声屏障引起的衰减

位于声源和预测点之间的实体障碍物，如围墙、建筑物等都起屏障作用。声屏障的存在使声波不能直达预测点，从而引起声能量较大衰减。一般可将各种形式的屏障简化为具有一定高度的薄屏障。声屏障引起的衰减将在本章第五节叙述。

5. 气象条件引起的衰减

气象条件对声波传播也会产生影响，其中温度和风速对声波传播影响较大。

在夜晚，大气温度随高度增加而升高，声速也随高度增加而增大，声波传播方向将向地面弯曲；在晴朗的白天，大气温度随高度增加而下降，声速将随高度增加而降低，声线向上空弯曲，声源辐射的噪声在距离声源一定距离的地面上掠过，在较远处形成声影区，即声线不能到达的区域，如图 2-2 所示。

声音传播时，风也会引起声速的分布不同，使声线弯曲的情况如图 2-3 所示。当有风时，声速应叠加上风速。由于风速一般随高度增加而增大，因此顺风时，叠加效果使声速随高度的增加而增大，声线向地面弯曲；逆风时，情况恰好相反，声线将向上空弯曲，距声源一定距离处形成声影区。

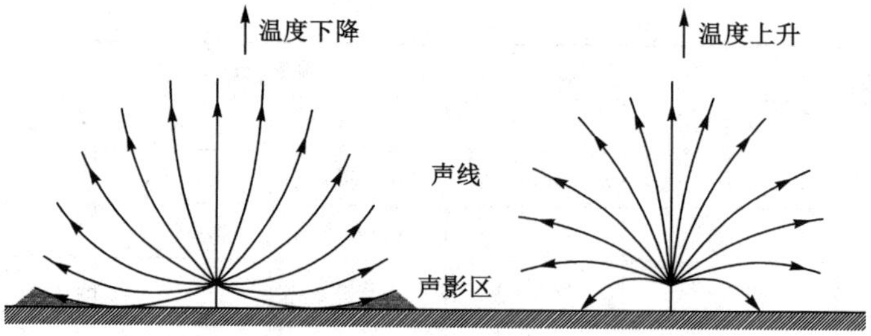

图 2-2　温度对声传播的影响

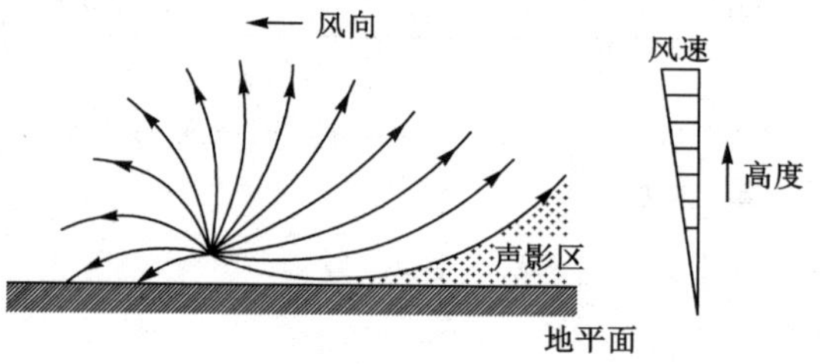

图 2-3　风速对声传播的影响

第三节　噪声的评价标准

一、噪声的评价量和评价方法

不同类型的噪声有各自的物理特性，且与人的主观感觉有关。环境和时间不同，人们对噪声的反应亦不同，需要建立不同的噪声评价量和评价标准来评价各种噪声对人类的影响。

噪声的评价量的建立基于以下原则：不同频率的声音对人的影响不同，如中高频噪声比低频噪声对人的影响更大；噪声涨落对人的影响存在差异，如涨落大的噪声及脉冲噪声比稳态噪声更能引起人的烦躁。噪声出现的时间不同对人的影响不同，如夜间比白天对人的影响更明显；同样的声音对不同心理和生理特征的人群影响不同，对同一种声音，有人认为是美妙的音乐，有人则认为是难以忍受的噪声。

目前，使用比较广泛的评价方法有噪声的响度、响度级；能够模拟人耳特性的 A 声级和以 A 声级为基础的等效连续 A 声级；能够评价非稳态噪声的累计百分数声级；评价建筑物室内噪声的较佳噪声标准（PNC）曲线和噪声评价数（NR）曲线；评价语言干扰的语言干扰级；等等。

（一）响度、响度级和等响曲线

1. 响度、响度级

人能听见声音的最低频率为 20 Hz，最高频率为 20 kHz。在声压方面，人耳的可听范围大致为 2×10^{-5}～20 Pa，其上下限分别称为可听阈和痛阈。试验和调查表明，对强度相同但频率不同的声音，人耳听起来是响得不一样的。

响度是描述声音大小的主观感觉量，1 000 Hz 纯音声压级为 40 dB 时的响度为 1 sone，其符号为 N，单位是宋（sone）。响度较好地表征了人对噪声主观反应的感觉。

当某一频率的纯音和 1 000 Hz 的纯音听起来同样响时，这时 1 000 Hz 纯音的声压级就定义为该声音的响度级。响度级的符号为 L_N，单位为方(phon)。

以响度级为 40 phon 的响度为参考，响度每增 1 倍，响度级就增加 10 phon。即设响度级为 40 phon 时的响度为 1 sone，那么响度级为 50 phon 的响度为 2 sone，响度级为 60 phon 的响度为 4 sone。响度与响度级的关系为

$$N=2^{0.1(L_N-40)} \quad 或 \quad L_N=40+10\log_2 N \tag{2-41}$$

一般利用响度下降百分率来衡量噪声治理的效果，响度下降的百分率公式为

$$\eta=\frac{N_1-N_2}{N_1}\times 100\% \tag{2-42}$$

式中　N_1、N_2——噪声治理前和治理后的响度，sone。

2. 等响曲线

等响曲线是相同响度水平的不同频率纯音的声压级连成的曲线，相当于声压级、频率不同，但响度级相同的声音，如图 2-4 所示。从图中可以观察到，① 各曲线上的数字表示声音的响度级，即和这个声音同样响的 1 000 Hz 纯音的声压级。② 最下面的曲线(虚线)是听阈曲线，即零方响度级曲线。虚线上的点表明人耳刚能听到声音的频率和声压级，低于这条曲线的点所表示的一定频率和声压级的声音人耳都听不到。120 phon 的曲线是痛阈曲线。③ 任一条曲线的低频区声压级高，高频区声压级低，说明人耳对低频声不敏感，对高频声敏感。人耳最敏感的声音频率为 1 000～4 000 Hz，尤其是 3 000～4 000 Hz。④ 当声压级高于 100 dB 时，等响曲线渐平缓，说明人耳分辨高、低频声音的能力变差，此时声音的响度级与频率关系小，主要决定于声压级。

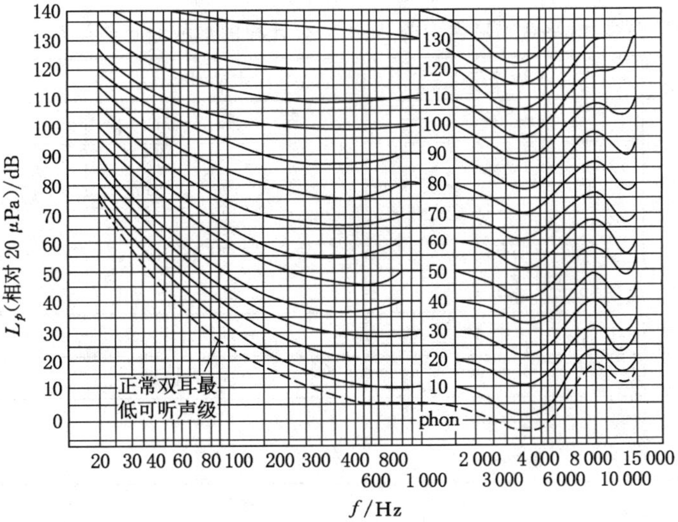

图 2-4　等响曲线

(二) A 声级

A 计权声级简称 A 声级，能较好地反映人耳对噪声强度与频率的主观感觉，它通过对不同频率声音的声压级经过某一特定的加权修正，再叠加计算得到总的声压级。

$$L_A=L_p+\Delta L_A \tag{2-43}$$

式中 L_A——经过计权修正后的 A 计权声级。

L_p——仪器平直响应测得的声压级。

ΔL_A——A 计权加权修正值。

为了使声音的客观量度与人耳的听觉主观感受接近一致，模拟人耳的听觉特性，计权声级通过声学仪器测量时，安装一套滤波器，亦称计权网络，对不同频率的声音进行一定的衰减和放大，实际上是对不同频率的声压级进行一定的加权修正。国际电工委员会(IEC)规定了 A、B、C、D 共 4 种计权网络，如图 2-5 所示。A、B 和 C 计权分别模拟人耳对 40 phon、70 phon 和 100 phon 纯音的响应，D 计权常用于航空噪声的测量。不同频率 A、B 和 C 计权的加权修正值见表 2-8。

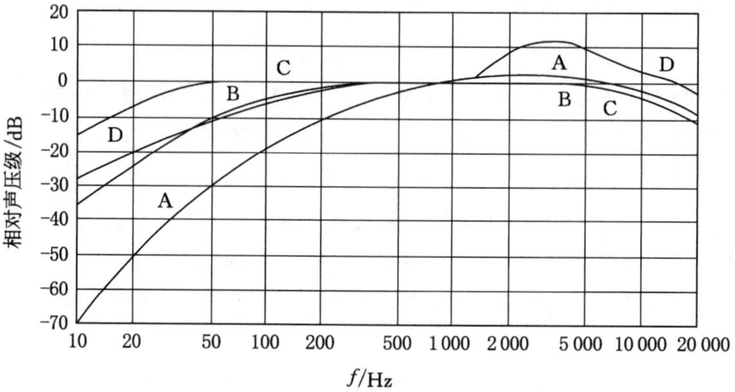

图 2-5 A、B、C、D 计权网络的频率响应

表 2-8 由平直响应得到的 A、B 和 C 计权的加权修正值(ΔL_A)

频率/Hz	A 计权/dB	B 计权/dB	C 计权/dB
10	−70.4	−38.2	−14.3
12.5	−63.4	−33.2	−11.2
16	−56.7	−28.5	−8.5
20	−50.5	−24.2	−6.2
25	−44.7	−20.4	−4.4
31.5	−39.4	−17.1	−3.0
40	−34.6	−14.2	−2.0
50	−30.2	−11.6	−1.3
63	−26.2	−9.3	−0.8
80	−22.5	−7.4	−0.5
100	−19.1	−5.6	−0.3
125	−16.1	−4.2	−0.2
160	−13.4	−3.0	−0.1
200	−10.9	−2.0	0
250	−8.6	−1.3	0

表 2-8(续)

频率/Hz	A 计权/dB	B 计权/dB	C 计权/dB
315	−6.6	−0.8	0
400	−4.8	−0.5	0
500	−3.2	−0.3	0
630	−1.9	−0.1	0
800	−0.8	0	0
1 000	0	0	0
1 250	+0.6	0	0
1 600	+1.0	0	−0.1
2 000	+1.2	−0.1	−0.2
2 500	+1.2	−0.2	−0.3
3 150	+1.2	−0.4	−0.5
4 000	+1.0	−0.7	−0.8
5 000	+0.5	−1.2	−1.3
6 300	−0.1	−1.9	−2.0
8 000	−1.1	−2.9	−3.0
10 000	−2.5	−4.3	−4.4
12 500	−4.3	−6.1	−6.2
16 000	−6.6	−8.4	−8.5
20 000	−9.3	−11.1	−11.2

A 声级与人们的主观感觉反应有良好的相关性。目前 A 计权网络已被大多数管理机构和工业部门普遍采用，是主要的噪声评价量之一。

(三) 等效连续 A 声级

等效连续 A 声级，用来评价非稳态噪声。等效连续 A 声级用能量平均的方法，将某时段内的非稳态噪声用一个连续不变的 A 声级来表示。公式为

$$L_{eq}=10\lg\frac{1}{T}\int_0^t 10^{0.1L_A}\,dt \tag{2-44}$$

式中　L_{eq}——等效连续 A 声级，dB(A)；

t——噪声暴露时间，h 或 min；

L_A——时间 t 内的 A 声级，dB(A)。

当测量值 L_A 是非连续离散值时，式(2-44)可写为

$$L_{eq}=10\lg\frac{1}{\sum_i t_i}\sum_i 10^{0.1L_{Ai}}t_i \tag{2-45}$$

式中　t_i——第 i 段时间，h 或 min；

L_{Ai}——t_i时段内的 A 声级，dB(A)。

对于等时间间隔取样，若时间划分的段数为 N，则有

$$L_{eq} = 10\lg \frac{1}{N}\sum_{i=1}^{N} 10^{0.1L_{Ai}} \tag{2-46}$$

在工业噪声测量中，还可以采用如下方法计算等效连续 A 声级。把一个工作日(8 h)的 A 声级从小到大排列，略去 78 dB(A)以下的声级，第 1 段规定用中心声级 80 dB(A)代替 78～82 dB(A)，其余各段依此类推，相邻段中心声级相差 5 dB(A)。段数与相应的中心声级和暴露时间见表 2-9。

表 2-9　各段中心声级和暴露时间

段数 n	1	2	3	4	5	6
中心声级/dB(A)	80	85	90	95	100	105
暴露时间/min	t_1	t_2	t_3	t_4	t_5	t_6

一天的等效连续 A 声级可近似计算为

$$L_{eq} = 80 + 10\lg \sum_{i=1}^{n}(10^{\frac{i-1}{2}} t_i) - 10\lg 480$$

$$= 53.2 + 10\lg \sum_{i=1}^{n}(10^{\frac{i-1}{2}} t_i) \tag{2-47}$$

式中　t_i——第 i 段时间，min。

例 2-4　某工人一天工作 8 h，受噪声的影响状况如下：每小时 4 次噪声达 102 dB(A)，每次持续 6 min；1 次达 106 dB(A)，持续时间 1 min；其余时间仅受背景噪声 79 dB(A)影响。求该工人一天接触噪声的等效连续 A 声级。

解　查表 2-9 得：

102 dB(A)的段数 $n=5$，有 $t_5=6\times4\times8=192$ (min)。

106 dB(A)的段数 $n=6$，有 $t_6=1\times8=8$ (min)。

79 dB(A)的段数 $n=1$，有 $t_1=480-192-8=280$ (min)。

所以有

$$L_{eq}=53.2+10\lg(10^{\frac{1-1}{2}}\times180+10^{\frac{5-1}{2}}\times192+10^{\frac{6-1}{2}}\times8)=96.7\ [\text{dB(A)}]$$

等效连续 A 声级是衡量工人噪声暴露量的一个重要参数，许多噪声的生理效应均可以以等效连续 A 声级为指标。等效连续 A 声级忽略了噪声的变动特性，有时会低估噪声的效应。

(四) 昼夜等效声级

昼夜等效声级表示一昼夜 24 h 噪声的等效作用，用来评价区域环境噪声。同样的噪声在夜间对人的影响更大，影响人的睡眠休息，因此对在夜里 22:00 至次日早晨 7:00 时出现的声级，均以比实际声级高出 10 dB 来处理。昼间等效声级为 L_d，夜间等效声级为 L_n，则昼夜等效声级 L_{dn} 为

$$L_{dn}=10\lg\frac{1}{24}[16\times10^{0.1L_d}+8\times10^{0.1(L_n+10)}] \tag{2-48}$$

(五) 累计百分数声级

累计百分数声级也叫统计声级，用于评价测量时间段内噪声强度随时间分布的特征，指

占测量时间段一定比例的累计时间内 A 声级的最小值，用 L_x 表示，单位为 dB(A)。累计百分数声级可以描述非稳态噪声随时间变化的特性，它表示在测量时间内高于 L_x 声级所占的时间为 $x\%$。

对于同一测量时段内的噪声级，按从大到小的顺序进行排列，可以看出噪声涨落的变化程度。其中 L_{90} 是背景噪声；L_{50} 为中值噪声；L_{10} 为峰值噪声。例如，$L_{10}=70$ dB(A)，表示在整个测量时间内，噪声级高于 70 dB(A)的时间占 10%，其余 90%的时间内噪声级都低于 70 dB(A)；同理 $L_{50}=75$ dB(A)，表示在整个测量时间内，噪声级高于 75 dB(A)的时间占 50%，其余 50%的时间内噪声级都低于 75 dB(A)；$L_{90}=50$ dB(A)，表示整个测量时间内噪声级高于 50 dB(A)的时间占 90%。

累计百分数声级一般只用于符合正态分布规律噪声的评价。对于统计特性符合正态分布的噪声，其统计声级与等效连续 A 声级之间的近似关系为

$$L_{eq}\approx L_{50}+\frac{(L_{10}-L_{90})^2}{60} \tag{2-49}$$

累计百分数声级的标准偏差 σ 用下式计算：

$$\sigma=\sqrt{\frac{n}{n-1}\sum_{i=1}^{n}(\bar{L}-L_i)^2} \tag{2-50}$$

式中　$\bar{L}$——所有声级的算术平均值；

L_i——第 i 个声级；

n——测得声级的总个数。

等效连续 A 声级的标准偏差 σ 可通过下式计算：

$$\sigma=\frac{1}{2}(L_{16}-L_{84}) \tag{2-51}$$

由等间隔测量数据求统计声级，可将测到的 100 个数据从大到小顺序排列，第 10 个数据为 L_{10}，第 50 个数据为 L_{50}，第 90 个数据为 L_{90}。

（六）语言干扰级(SIL)

语言干扰级是美国著名声学专家 Beranak(白瑞纳克)提出的，最初用于飞机客舱噪声的评价，现已广泛用于其他场合。语言干扰级是中心频率 600～4 800 Hz 的 6 个倍频带声压级的算术平均值。优选语言干扰级(PSIL)利用 500、1 000、2 000 Hz 为中心频率的三个倍频带的平均声压级来表示语言干扰级。

$$\text{PSIL}=\text{SIL}+3 \tag{2-52}$$

如表 2-10 所示，表中分贝值表示的是以稳态连续噪声作为背景噪声的 PSIL 值。例如，两个人相距 0.15 m，以正常声音对话，能保证听懂话的干扰级(作为背景噪声级)只允许干扰级 74 dB(A)；远隔 3.7 m 对话，只允许干扰级 46 dB(A)。如果干扰级再高，就必须提高讲话声音，这样才能听懂讲话。

表 2-10　优选语言干扰级[单位:db(A)]

讲话者与听者间的距离/m	声音正常	声音提高	声音很响	非常响
0.15	74	80	86	92
0.30	68	74	80	86

表 2-10(续)

讲话者与听者间的距离/m	声音正常	声音提高	声音很响	非常响
0.60	62	68	74	80
1.20	56	62	68	74
1.80	52	58	64	70
3.70	46	52	58	64

（七）室内噪声评价曲线

较佳噪声标准曲线和噪声评价数曲线常用作评价室内噪声工具。

1. 较佳噪声标准曲线

Beranak 以语言干扰级和响度级为基础，提出了用 NC 曲线评价室内噪声，经实践后发现 NC 曲线有些频率与实际情况有差异，修正后，提出了较佳噪声标准曲线，如图 2-6 所示。

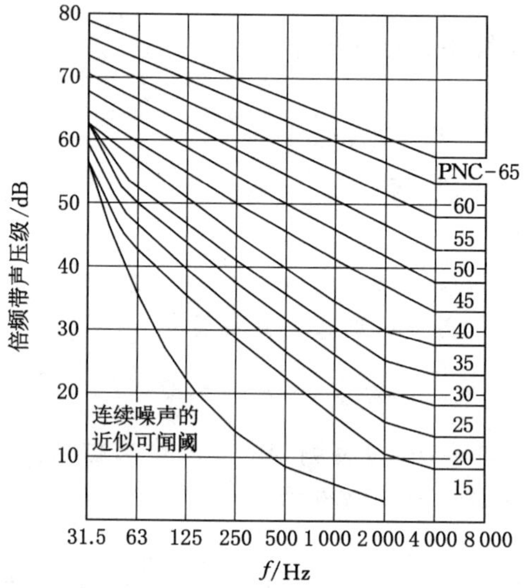

图 2-6 PNC 曲线

PNC 曲线的代号均为曲线通过中心频率 1 000 Hz 时的声压级数值，如 PNC-45 曲线，表示这条曲线在 1 kHz 处的声压级为 45 dB。评价时，是将测得的噪声各倍频带的声压级与图中曲线上的声压级做比较，得出对应的 PNC 曲线号，其中最大的 PNC 号为评价值。PNC 曲线也常用作室内噪声控制设计标准。表 2-11 所列是不同声学要求的室内空间在 PNC 曲线上应达到的推荐值。

表 2-11 部分环境在 PNC 曲线上应达到的推荐值

空间类型(声学上的要求)	推荐值/dB
音乐厅、歌剧院(能听到微弱的音乐声)	10～20
播音室、录音室(使用时远离传声器)	10～20
大型观众厅、大剧院(优良的听闻条件)	不超过 20
广播电视录音室(使用时靠近传声器)	不超过 25

表 2-11(续)

空间类型(声学上的要求)	推荐值/dB
小型音乐厅、剧院、音乐排练厅、大会堂和会议室(具有良好的听闻效果),或行政办公室和 50 人的会议室(不用扩音设备)	不超过 25
卧室、宿舍、医院、住宅、公寓、旅馆、公路旅馆(适宜睡眠、休息、休养)	25～40
单人办公室、小型会议室、教室、图书馆等(具有良好的听闻条件)	30～40
起居室和住宅中类似的房间(适合交谈或听收音机和电视)	30～40
大的办公室、接待区域;商店、食堂、饭店(要求比较好的听闻条件)	35～45
休息(接待)室、实验室、制图室、普通秘书室(有清晰的听闻条件)	40～50
维修车间、办公室和计算机设备室、厨房和洗衣店(中等清晰的听闻条件),车间、汽车库、发电厂控制室等(能比较满意地听语言和进行电话通信)	50～60

2. 噪声评价数曲线

对室内噪声除可以用 PNC 曲线评价外,也可以采用噪声评价数曲线(图 2-7)来评价。噪声评价数曲线考虑了高频噪声比低频噪声对人的干扰更大,弥补了 A 声级反映频率特性的不足。NR 曲线以 1 kHz 倍频带声压级值作为噪声评价数 NR,其噪声级范围是 0～130 dB,频率范围是 31.5～8 000 Hz 内 9 个倍频程。每条曲线上的 NR 值为曲线通过中心频率 1 000 Hz 的声压级数值。

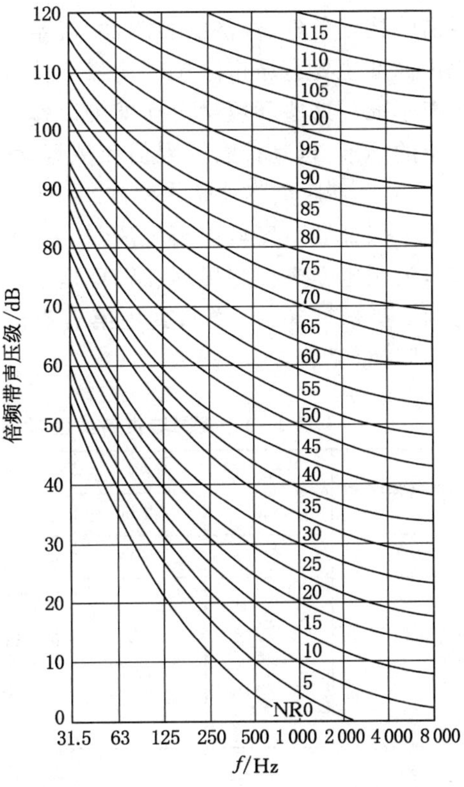

图 2-7　噪声评价数曲线

若噪声的频谱已知,可由噪声评价数曲线查得各频带相应的 NR,其中最大者即该噪声评价数 NR。根据已知的倍频带声压级,相应的 NR 为

$$NR=\frac{L_p-a}{b} \quad (2\text{-}53)$$

式中　L_p——各中心频率下 NR 数对应的声压级,dB;

a、b——各中心频率对应的系数,其值见表 2-12。

NR 数与 A 声级有较好的相关性,两者之间有如下近似关系:

$$L_A \approx NR+5 \quad (2\text{-}54)$$

式中　L_A——A 声级,dB(A)。

表 2-12　不同中心频率的系数 a 和 b

倍频带中心频率/Hz	a	b
63	35.5	0.790
125	22.0	0.870
250	12.0	0.930
500	4.8	0.974
1 000	0	1.000
2 000	−3.5	1.015
4 000	−6.1	1.025
8 000	−8.0	1.030

二、环境噪声标准

噪声对人的影响与噪声的物理特性有关，还与人在噪声中暴露时间、场合、人的个体差异等因素有关。因此，考虑在不同环境场所对各类人群的保护，防止噪声的污染危害，并兼顾目前的技术条件、经济的合理性，规定了噪声排放的允许限值，形成了环境噪声标准。环境噪声标准主要有城市区域环境噪声标准、噪声排放标准、工业企业噪声设计标准、机电产品噪声标准。这些环境噪声标准可以作为对产品、企业及某些地区和区域环境进行环境影响评价的标准，也是控制的限值和规划设计的依据。

（一）城市区域环境噪声标准

为了保证城市区域声环境质量，我国更新颁布并实施了《声环境质量标准》(GB 3096—2008)，为制定噪声控制规划和管理提供了依据。《声环境质量标准》将城市按不同社会功能划分为 5 类区域(0～4 类)，其中第五类区域又进一步划分为两类，并规定了各类区域的环境噪声限值(见表 2-13)。

表 2-13　我国城市各类区域环境噪声最高限值(等效连续 A 声级 L_{eq})

<table>
<tr><th rowspan="2">声功能区域类别</th><th colspan="2">噪声限值/dB(A)</th><th rowspan="2" colspan="2">适用区域</th></tr>
<tr><th>昼间</th><th>夜间</th></tr>
<tr><td>0</td><td>50</td><td>40</td><td colspan="2">康复疗养区等特别需要安静的区域</td></tr>
<tr><td>1</td><td>55</td><td>45</td><td colspan="2">以居民住宅、医疗卫生、文化教育、科研设计、行政办公为主要功能，需要保持安静的区域</td></tr>
<tr><td>2</td><td>60</td><td>50</td><td colspan="2">以商业金融、集市贸易为主要功能，或者居住、商业、工业混杂，需要维护住宅安静的区域</td></tr>
<tr><td>3</td><td>65</td><td>55</td><td colspan="2">以工业生产、仓储物流为主要功能，需要防止工业噪声对周围环境产生严重影响的区域</td></tr>
<tr><td>4a</td><td>70</td><td>55</td><td rowspan="2">交通干线两侧一定距离之内，需要防止交通噪声对周围环境产生严重影响的区域</td><td>高速公路、一级公路、二级公路、城市快速路、城市主干路、城市次干路、城市轨道交通(地面段)、内河航道两侧区域</td></tr>
<tr><td>4b</td><td>70</td><td>60</td><td>铁路干线两侧区域</td></tr>
</table>

该标准还规定，各类声环境功能区夜间突发噪声，其最大声级超过环境噪声限值的幅度不得高于 15 dB(A)。

(二) 噪声排放标准

环境噪声排放标准是依据《声环境质量标准》，为了保护环境和居民健康而制定的规定，包括对工业企业、交通、建筑等领域的噪声排放进行限制。

1. 工业企业厂界环境噪声排放标准

《工业企业厂界环境噪声排放标准》(GB 12348—2008)规定了五类声环境功能区中工业企业和固定设备厂界环境噪声排放限值及其测量方法，排放标准如表 2-14 所示。

表 2-14　工业企业厂界环境噪声排放标准

厂界外声环境功能区类别	噪声限值/dB(A)	
	昼间	夜间
0	50	40
1	55	45
2	60	50
3	65	55
4	70	55

夜间频发噪声的最大声级超过限值的幅度不得高于 10 dB(A)，夜间偶发噪声的最大声级超过限值的幅度不得高于 15 dB(A)。工业企业若位于未划分声环境功能区的区域，当厂界外有噪声敏感建筑物时，参照《声环境质量标准》和《声环境功能区划分技术规范》(GB/T 15190—2014)的规定确定厂界外区域的声环境质量要求，并执行相应的厂界环境噪声排放限值。

2. 建筑施工场界环境噪声排放标准

《建筑施工场界环境噪声排放标准》(GB 12523—2011)适用于周围有噪声敏感建筑物的建筑施工噪声排放的管理、评价及控制。市政、通信、交通、水利等其他类型的施工噪声排放可参照此标准执行。此标准不适用于抢修、抢险施工过程中产生噪声的排放监督。

建筑施工过程中场界环境噪声标准执行昼间不得超过 70 dB(A)，夜间不得超过 55 dB(A)。夜间噪声最大声级超过限值的幅度不得高于 15 dB(A)。当场界距噪声敏感建筑物较近，其室外不满足测量条件时，可在噪声敏感建筑物室内测量，相应的限值减 10 dB 作为评价依据。

3. 社会生活环境噪声排放标准

《社会生活环境噪声排放标准》(GB 22337—2008)规定了营业性文化娱乐场所和商业经营活动中可能产生环境噪声污染的设备、设施的边界噪声排放限值和测量方法，适用于对营业性文化娱乐场所、商业经营活动中使用的向环境排放噪声的设备、设施的管理、评价与控制。

4. 铁路及机场周围环境噪声排放标准

《铁路边界噪声限值及其测量方法》(GB 12525—90)，规定了昼间、夜间噪声限值均为 70 dB(A)。中华人民共和国环境保护部 2008 年第 38 号公告对《铁路边界噪声限值及其测量方法》进行修改，新建铁路（含新开廊道的增建铁路）边界噪声夜间噪声限值修改为 60 dB(A)。新建铁路是指自 2011 年 1 月 1 日起环境影响评价文件通过审批的铁路建设项目（不包括改、扩建既有铁路建设项目）。

《机场周围飞机噪声环境标准》(GB 9660—88)和《机场周围飞机噪声测量方法》(GB 9661—88)配套使用。该标准用于评价特定活动（飞机起飞、降落、低空飞越）对特定区域（机场周围区域）内敏感目标的影响。标准把机场周围分成两类区域：一类区域包括特殊住宅区、居住区、文教区；二类区域包括除一类区域以外的生活区。一类区域执行 $L_{WECPN}\leqslant 70$ dB(A)，二类区域执行 $L_{WECPN}\leqslant 75$ dB(A)。飞机噪声 $L_{WECPN}>75$ dB(A)的机场周围区域，不得规划新建住宅、学校及幼儿园、医院等噪声敏感建筑物。

《机场周围区域飞机噪声环境质量标准（二次征求意见稿）》将飞机噪声评价量“一昼夜的计权等效连续感觉噪声级（L_{WECPN}）”更改为“昼夜等效声级（L_{dn}）”，并给出两者的换算关系：$L_{dn}=L_{WECPN}-13$。

（三）工业企业噪声设计标准

我国的《工业企业噪声控制设计规范》(GB/T 50087—2013)是工业企业噪声控制设计标准，也是工业企业内相应场所的环境噪声标准，适用于工业企业的新建、改建、扩建与技术改造工程的噪声控制设计。《工业企业噪声控制设计规范》规定了工业企业厂区内各类地点的噪声标准，以及不同噪声强度下的工作时间限制值。该规范还确定了车间内部的允许噪声级。

（四）机电产品噪声标准

我国已制定噪声标准的机电产品有鼓风机、空压机、电动机、内燃机、机动车辆、机械加工的车床、纺织机等，家用电器有空调机、洗衣机、电风扇等。随着科技水平的发展和环境噪声标准及相关法律法规的要求日益严格，出现了低噪声产品，如低噪声鼓风机、低噪声空压机等可供选用。

第四节　噪声控制技术——吸声

吸声降噪是控制室内噪声常用的技术措施之一。通过使用吸声材料和吸声结构来降低噪声的技术称为吸声。一般情况下，吸声控制能使室内噪声降低 3～5 dB(A)，使噪声严重的车间降噪 6～10 dB(A)。

一、评价吸声性能的指标

吸声材料和吸声结构的吸声性能用吸声系数 α 和吸声量 A 来评价。

（一）吸声系数

1. 定义

当声波入射到吸声材料或结构表面上时，声能部分被反射，部分被吸收，还有一部分透过它向前传播。吸声系数 α 定义为材料吸收的声能（E_α）与入射到材料上的总声能（E_i）之比，即

$$\alpha=\frac{E_\alpha}{E_i}=\frac{E_i-E_r}{E_i}=1-\gamma \tag{2-55}$$

式中　E_i——入射声能量；

E_α——被材料或结构吸收的声能量；

E_r——被材料或结构反射的声能量；

γ——声能量反射系数。

α 表示材料吸声能力的大小，α 值在 0～1 之间，α 值愈大，材料的吸声性能愈好；$\alpha=0$，声波完全反射，材料不吸声；$\alpha=1$，声能全部被吸收。

2. 吸声系数的影响因素

吸声系数的大小除与吸声材料本身的结构、性质、使用条件有关以外，对于同一种材料，还与声波入射的角度和频率有关。各种材料的吸声系数是声波频率的函数，因此，同一种吸声材料，对于不同频率的声波具有不同的吸声系数。工程中通常采用 125 Hz、250 Hz、500 Hz、1 000 Hz、2 000 Hz、4 000 Hz 六个频率的吸声系数的算术平均值表示某一种材料的平均吸声系数，用 $\bar{\alpha}$ 表示。通常 $\bar{\alpha}$ 在 0.2 以上的材料被称为吸声材料，$\bar{\alpha}$ 在 0.5 以上的材料就是理想的吸声材料。

声波入射角度对吸声系数有较大影响，吸声系数根据声波入射角度不同，分为垂直入射吸声系数、斜入射吸声系数、无规入射吸声系数三种。工程设计中常用的吸声系数有混响室法吸声系数(无规入射吸声系数)和驻波管法吸声系数(垂直入射吸声系数)。

3. 吸声系数的测量

混响室法吸声系数或无规入射吸声系数，通常记作 α_T，在专门的声学实验室——混响室中进行测试。使不同频率的声波以相等概率从各个角度入射到材料表面，接近于实际声场，测得的吸声系数为混响室法吸声系数。这种测试比较复杂，对仪器设备要求高，但比较接近实际情况，在吸声减噪设计中常被采用。

驻波管法吸声系数或垂直入射吸声系数，通常记作 α_0，采用专门的声学仪器——驻波管进行测试，相当于声波垂直入射于吸声材料时测得的吸声系数。驻波管法简便、精确，但与一般实际声场不符，多用于测试材料的声学性质和鉴定，在消声器设计中常用。

由于驻波管法简便、精确，所以经常测量材料的驻波管法吸声系数，然后根据两种吸声系数的关系，由垂直入射吸声系数 α_0 换算为无规入射吸声系数 α_T。换算关系如表 2-15 所示。

表 2-15　α_0 与 α_T 的换算关系

α_0	0.1	0.2	0.3	0.4	0.5	0.6	0.7	0.8	0.9
α_T	0.25	0.40	0.50	0.60	0.75	0.85	0.90	0.98	1.00

(二) 吸声量

工程上通常采用吸声量来评价吸声材料的实际吸声效果。吸声量，也叫等效吸声面积，为吸声系数与吸声面积的乘积，即

$$A=\alpha\cdot S \tag{2-56}$$

式中　A——吸声量，m^2；

α——某频率声波的吸声系数；

S——吸声面积，m^2。

由式(2-56)可以看出，若 50 m^2 的某种材料，在某频率下的吸声系数为 0.2，则该频率下

的吸声量应为 10 m^2。另一种材料的吸声系数为 1，面积为 10 m^2，吸声量仍为 10 m^2，此 10 m^2 即为等效吸声面积。

如果组成室内各壁面的材料不同，则壁面在某频率下的总吸声量 A 为

$$A = \sum_{i=1}^{n} A_i = \sum_{i=1}^{n} \alpha_i S_i \tag{2-57}$$

式中 A_i——第 i 种材料组成的壁面的吸声量，m^2；

S_i——第 i 种材料组成的壁面的面积，m^2；

α_i——第 i 种材料在某频率下的吸声系数。

（三）房间平均吸声系数

由于房间内各壁面材料的吸声系数不同，房间作为一个整体的平均吸声系数为 $\bar{\alpha}$。设房间内不同的反射面面积为 S_1、S_2、…、S_n，吸声系数分别为 α_1、α_2、…、α_n，房间内表面的平均吸声系数 $\bar{\alpha}$ 为

$$\bar{\alpha} = \frac{\sum_{i=1}^{n} S_i \alpha_i}{\sum_{i=1}^{n} S_i} \tag{2-58}$$

二、多孔吸声材料

多孔吸声材料是目前应用较为广泛的吸声材料。多孔材料是一种网状结构材料，内有大量相互贯通或不贯通的孔道，在生活中很常见。与连续介质材料相比，多孔材料相对密度较小，比强度和比表面积较高，有良好的机械性、渗透性和吸附性能。多孔吸声材料在各个领域都有广泛的应用，可以有效降低噪声水平，提升声环境质量和舒适性。

1. 吸声原理

多孔吸声材料包括固体材料部分和孔隙部分。其固体材料部分组成骨架，称作筋络。筋络间有许多贯通且与外界相通的微小孔隙，具有一定的通气性能。当声波入射到多孔吸声材料的表面时，一部分声波被反射，一部分声波沿着对外敞开的微孔进入多孔材料内部，激发孔内空气与筋络发生振动，空气分子之间的黏滞阻力、空气与筋络之间的摩擦阻力，使声能不断转化为热能而消耗；此外，空气与筋络之间的热交换也消耗部分声能，从而达到吸声的目的。

2. 分类

多孔吸声材料分为纤维吸声材料（包括有机和无机纤维）、颗粒吸声材料、泡沫状吸声材料和金属纤维多孔材料（表 2-16）。前三种应用比较广泛。这些材料可以是松散的，也可以加工成棉絮状或采用适当的黏结剂加工成毡状或板状。随着科技的发展，多孔吸声材料以其良好的吸声效果而被广泛应用于航空航天、汽车等领域。

表 2-16　常见吸声材料及性能对比

名称	应用举例	优点	缺点
有机纤维	动物纤维：毛毡； 植物纤维：苎麻、海草、椰子丝等	原材料易得，造价低，可降解，污染性小，吸声性能良好	结构性能弱，不防火防潮，化学稳定性差，适用范围小

表 2-16(续)

名称	应用举例	优点	缺点
无机纤维	矿渣棉、岩棉、玻璃棉等	质轻、不易腐蚀、抗老化等，应用场合多	脆性较大，降解性差，易断裂，形成粉尘，受潮后吸声性能下降，使用环境受限
泡沫材料	聚氨酯泡沫塑料、尿醛泡沫塑料、泡沫玻璃	阻尼特性好，价格较低，质量轻，不易老化	吸声性能不稳定
颗粒材料	陶土吸声砖、珍珠岩吸声砖等	耐腐蚀，性能稳定，不会产生纤维类吸声材料的二次污染	材料较重，用途单一，吸声性能较差
金属纤维材料	不锈钢金属纤维、铜纤维、铝纤维	耐高温，耐冲击，散热性好，加工性能好	成本高

3. 吸声特性及影响因素

大量的工程实践和理论分析表明，影响多孔吸声材料吸声性能的主要因素包括入射声波、吸声材料自身设计参数、使用环境条件。

(1) 入射声波

影响吸声特性的入射声波性质主要有声波入射角度、频率。一般多孔吸声材料对高频声吸收效果好，对低频声吸收效果差。这是因为低频声波激发微孔内空气与筋络的相对运动小，摩擦损失小，因而声能损失少，而高频声波容易使振动加快，从而消耗声能较多。所以多孔吸收材料常用于高、中频噪声的吸收。

(2) 吸声材料自身设计参数

当多孔吸声材料材质确定之后，多孔吸声材料吸声性能与吸声材料自身设计参数有关，如材料的厚度、孔隙、密度、使用时的结构形式等。

① 厚度对吸声性能的影响

工程实践表明，材料的厚度对吸声性能有关键的影响。同种材料，厚度增加 1 倍，吸声最佳频率向低频方向近似移动 1 个倍频程(图 2-8)。增加厚度可使材料的低频吸声性能大大提高，但对于高频吸声性能影响较小，频率在 500 Hz 以上时，吸声系数与材料的厚度关系不大，因为高频声在吸声材料的表面就被吸收了。

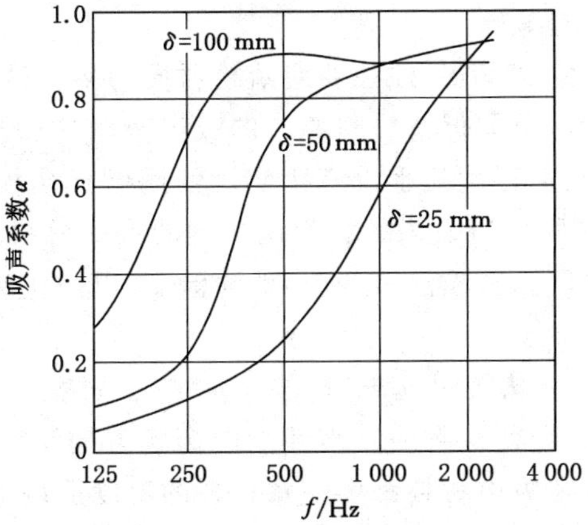

图 2-8　不同厚度的超细玻璃棉的吸声系数

② 材料的孔隙对吸声性能的影响

多孔吸声材料吸声性能受材料的孔隙尺寸和孔隙率影响。孔隙尺寸越大，孔隙越通畅，流阻越小。空气流阻反映了空气流过多孔材料的阻力大小。通常将吸声材料的流阻控制在一个适当的范围内，过大的流阻会影响通风系统等结构的正常工作，因此在吸声设计中必须兼顾流阻特性。

孔隙率是材料内部的孔洞体积占材料总体积的百分比。一般多孔吸声材料的孔隙率在50%以上。孔隙率越大，密度就越小；孔隙率越小，密度就越大。一种多孔吸声材料对应存在一个最佳吸声性能的密度范围。若多孔吸声材料的厚度不变，增大材料的密度可提高低、中频的吸声系数，但比增大厚度所引起的变化小，而且高频吸收会有所下降。

③ 材料背后空腔对吸声性能的影响

背后空腔是指留在材料层与刚性壁之间的一定距离的空气层，作用相当于增加了多孔材料的厚度，可以改善对低频声的吸声性能。空腔结构节省吸声材料，比单纯增加材料厚度更经济。如图 2-9 所示，材料的低频吸声性能随空腔厚度的增加而提高，但空腔增加到一定深度后，吸声系数不再增加。当腔深 D 近似等于入射声波的 1/4 波长时，吸声系数最大；当腔深为 1/2 波长或其整倍数时，吸声系数最小。一般推荐取腔深为 5～10 cm，天花板上的腔深可视实际需要及空间大小选取较大值。

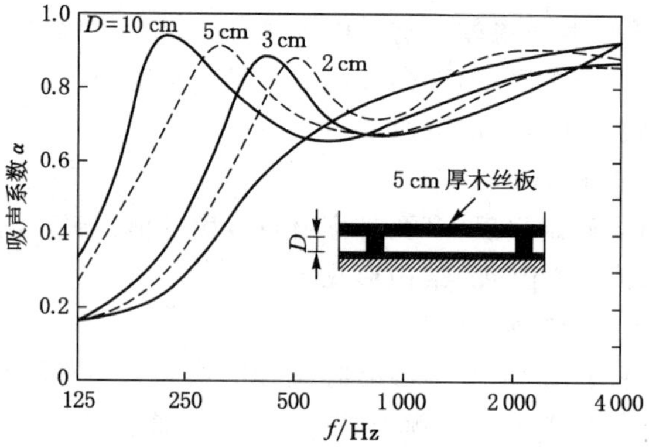

图 2-9 背后空气层厚度对吸声性能的影响

④ 护面层对吸声性能的影响

实际使用中，为便于固定和美观，往往要对疏松材质的多孔材料做护面处理。不同的护面层，吸声性能也不同。为尽可能保持材料原有的吸声特性，护面应具有良好的透气性。各种透气性较好的纺织品对吸声特性几乎没有影响。使用微穿孔板罩面时，穿孔板的穿孔率应大于 20%，否则会影响高频吸声效果。如使用成型的多孔材料板材，如木丝板、软质纤维板等，其表面粉饰应采用水质涂料喷涂，不宜用油漆涂刷，以防止涂料把孔隙封闭。

(3) 使用环境条件

① 温度的影响：温度的变化会引起声速、波长及空气黏性的变化，从而影响材料的吸声性能。使用过程中温度升高会使材料的吸声性能向高频方向移动，温度降低则向低频方向移动。工程实践中，使用多孔吸声材料都要注意材料的温度适用范围。

② 湿度的影响：空气湿度会引起多孔材料含水率的变化。湿度增大，会使孔隙内吸水

量增加，堵塞材料上的细孔，使吸声系数下降，而且先从高频开始。因此对于湿度较大的车间或地下建筑的吸声处理，应选用吸水量较小的耐潮多孔材料。

③ 气流影响：当多孔吸声材料用在通风管道和消声器内时，高速气流易吹散多孔材料，影响吸声效果，飞散的材料还会堵塞管道，损坏风机，造成事故。因此，应根据气流速度大小选择不同的护面层。

除上述条件外，尚须注意特殊的使用条件，如腐蚀、高温或火焰等情况对多孔吸声材料的影响。

近年来，出现大量关于降噪聚合物复合材料的研究，如石墨烯-聚氨酯泡沫材料、石墨烯-三聚氰胺泡沫材料、纤维纳米复合材料等。新型高降噪聚合物复合材料具有质量轻、阻尼高、耐热和耐化学腐蚀、易加工等特点，已逐渐成为各大材料领域的发展趋势。

三、吸声结构

吸声结构设计主要利用亥姆霍兹共振吸声原理。吸声结构固有频率与声波频率一致时，由于共振作用，声波激发吸声结构产生振动，使其达到最大振幅，声能转化为吸声结构的振动能，消耗声波的能量，从而达到吸声降噪的目的。吸声结构基本可以分为薄板(膜)共振吸声结构、穿孔板共振吸声结构与微穿孔板吸声结构三种类型，主要用于对低、中频噪声的吸声。

(一) 薄板(膜)共振吸声结构

1. 结构

将刚度很小的弹性材料(如聚乙烯薄膜、漆布、不透气的帆布以及人造革等)或板状材料(金属板、胶合板、纤维板或石膏板)固定在刚性壁上，框架(龙骨)薄板与刚性壁面间留有一定厚度的空气层，这样就构成了薄板(膜)共振吸声结构，如图 2-10 所示。

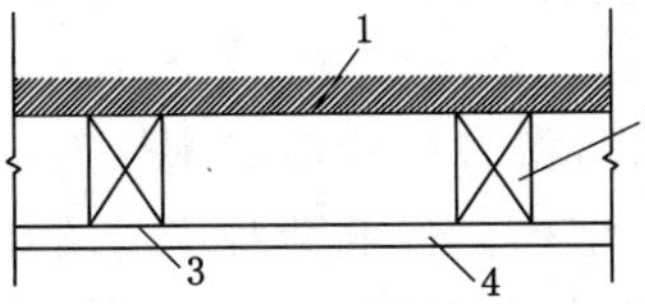

1—刚性壁面；2—龙骨；3—阻尼材料；4—薄板。

图 2-10　薄板共振吸声结构示意图

2. 薄板共振吸声的机理

声波入射到薄板上引起板面振动，薄板振动要克服本身的阻尼和板与框架之间的摩擦力，使一部分声能转化为热能而耗损。当入射声波的频率与振动系统的固有频率相同时，便发生共振，此时板的弯曲变形最大，振动最剧烈，声能消耗最多。此即薄板共振吸声的机理。

3. 共振频率的计算

薄板共振吸声结构的共振频率可由式(2-59)近似计算：

$$f_0=\frac{600}{\sqrt{MD}} \tag{2-59}$$

式中　M——板的面密度，kg/m^2，$M=mt$。其中 m 为板密度，kg/m^3；t 为板厚，m。

D——板后空气层厚度，cm。

由式(2-59)可知，增大材料的面密度或增加板后空气层的厚度，均可使共振频率下降。

通常取薄板厚度为 3～6 mm，空气层厚度一般取 3～10 cm，共振频率多在 80～300 Hz 之间，故薄板共振吸声结构通常用于低频吸声。但吸声频率范围窄，吸声系数不高，一般在 0.2～0.5 之间。常用薄板(膜)共振吸声结构的吸声系数见表 2-17。

表 2-17　常用薄板(膜)共振吸声结构的吸声系数(α_T)

材料(厚度)	构造	各倍频带中心频率(Hz)下的吸声系数					
		125	250	500	1 000	2 000	4 000
三合板(0.3 cm)	距墙 5 cm，龙骨间距 50 cm×45 cm	0.21	0.73	0.21	0.10	0.08	0.12
	距墙 10 cm，龙骨间距 50 cm×45 cm	0.59	0.38	0.18	0.05	0.04	0.08
五合板(0.5 cm)	距墙 5 cm，龙骨间距 50 cm×45 cm	0.08	0.52	0.17	0.06	0.10	0.12
	距墙 10 cm，龙骨间距 50 cm×45 cm	0.41	0.30	0.14	0.05	0.10	0.16
硬质纤维板	距墙 10 cm	0.25	0.20	0.14	0.08	0.06	0.04
帆布	距墙 4.5 cm	0.05	0.10	0.40	0.25	0.25	0.20
帆布	距墙 4.5 cm，矿渣棉 2.5 cm	0.20	0.50	0.65	0.50	0.32	0.20
聚乙烯薄膜	玻璃棉 5 cm	0.25	0.70	0.90	0.90	0.60	0.50
人造革	玻璃棉 2.5 cm	0.20	0.70	0.90	0.55	0.33	0.20

如果要改善薄板共振吸声结构的吸声性能，可以采用如下措施。① 可在薄板结构边缘(板与龙骨的交接处)放置能增加结构阻尼的软材料，如泡沫塑料条、软橡皮、海绵条、毛毡等。② 可在空腔中，沿着框架四周放置一些多孔吸声材料，如矿渣棉、玻璃棉等。这样可使吸声频带变宽，吸声系数增大，薄板共振吸声结构的吸声性能得到明显改善。③ 采用组合不同材质或不同腔深的薄板，拓宽吸声频带。

(二) 穿孔板共振吸声结构

以一定孔径和穿孔率穿孔的薄板与其背后和刚性壁面之间留一定深度的空腔所组成的吸声结构称为穿孔板共振吸声结构。按照薄板上穿孔数目的多少，将穿孔板共振吸声结构分为单腔共振吸声结构与多孔穿孔板共振吸声结构。单腔共振吸声结构又称为亥姆霍兹共振吸声器或单腔共振吸声器。它是一个封闭的空腔，在腔壁上开一个小孔与外部空气相通，如图 2-11 所示。单腔共振吸声结构可类比为一个弹簧与质量块组成的简单振动系统。

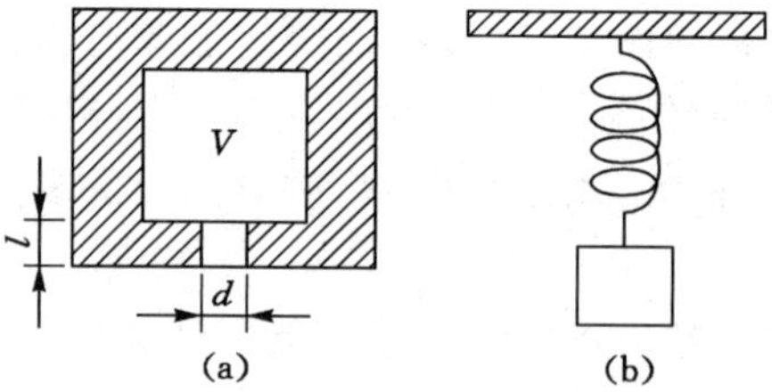

图 2-11　单腔共振吸声结构示意图

多孔穿孔板共振吸声结构是每一个孔后都有对应的空腔，相当于许多并联的亥姆霍兹共振腔。穿孔板孔颈中的空气柱受声波激发产生振动，由于摩擦和阻尼作用而消耗掉一部分声能量。当入射声波的频率与结构的固有频率一致时，发生共振，这时颈中空气柱往复振动的振幅、速度达到最大值，此时消耗的声能量最多，性能也最好。穿孔板共振吸声结构上小孔均匀分布且孔径大小相同，每一小孔占有的空间体积相同，穿孔板结构的共振频率为

$$f_0=\frac{c}{2\pi}\sqrt{\frac{S}{Fhl_k}}=\frac{c}{2\pi}\sqrt{\frac{P}{hl_k}} \tag{2-60}$$

式中　c——声波速度，m/s；

S——每一小孔的面积，m^2；

F——每一共振单元所分占薄板的面积，m^2；

P——穿孔率，$P=S/F$。

h——空腔深度，m；

l_k——小孔有效颈长，m。

若小孔为圆形则有

$$l_k=l+\frac{\pi}{4}d\approx l+0.8d \tag{2-61}$$

当空腔内壁贴多孔材料时，有

$$l_k=l+1.2d \tag{2-62}$$

式中　l——颈的实际长度（即板厚度），m；

d——颈口的直径，m。

穿孔板上的穿孔排列方式一般有正方形和三角形两种。穿孔率越高，每个共振腔所占的体积越小，共振频率就越高。可通过改变穿孔率来控制共振频率。工程设计中，穿孔率控制为1%～10%，最高不超过20%，否则会大大降低其吸声性能。板厚一般取2～13 mm，孔径为2～10 mm，孔心距为10～100 mm，穿孔率为0.5%～5%，甚至可达15%；板后空腔深为50～100 mm，此共振频率为100～400 Hz，吸声系数为0.2～0.5。产生共振时吸声系数可达0.7以上。

设在共振频率f_0处的最大吸声系数为α，则在f_0左右能保持吸声系数为$\alpha/2$的频带宽度Δf称为吸声带宽。穿孔板吸声结构的吸声带宽较窄，通常仅几十赫兹到200 Hz、300 Hz。吸声系数高于0.5的频带宽度Δf可依下式估算：

$$\Delta f=4\pi\frac{f_0}{\lambda_0}h \tag{2-63}$$

式中　f_0——共振频率，Hz；

λ_0——共振频率对应的波长，cm；

h——空腔深度，m。

由式(2-63)可知，穿孔板共振吸声结构的吸声带宽和腔深h有很大的关系，而腔深又影响共振频率的大小，故需合理选择腔深。

穿孔板吸声结构具有较强的频率选择性，仅在共振频率附近才有最佳吸声性能，偏离共振频率，吸声效果明显下降。实际应用中，为增大吸声系数与吸声带宽可采取如下办法：① 组合几种不同尺寸的共振吸声结构，各自吸收一小段频带，使总的吸声频带变宽；② 在穿孔板后面的空腔中充填多孔吸声材料，材料距板的距离视空腔深度而定；③ 穿孔板孔径取偏小值，提高孔内阻尼；④ 采用不同穿孔率、不同腔深的多层穿孔板结构，改善频谱特性；

⑤ 在穿孔板后蒙一层透声纺织品如薄层玻璃丝布，可以增加孔颈摩擦。部分常用组合穿孔板共振吸声结构的吸声系数见表 2-18。

表 2-18　部分常用组合穿孔板共振吸声结构的吸声系数(α_T)

材料	结构尺寸	各倍频带中心频率(Hz)下的吸声系数					
		125	250	500	1 000	2 000	4 000
穿孔板加超细玻璃棉	孔径 5 mm，板厚 2 mm，穿孔率 5%，距墙 10 cm	0.39	0.45	0.36	0.42	0.32	0.25
	孔径 5 mm，板厚 2 mm，穿孔率 25%，距墙 5 cm	0.11	0.36	0.89	0.71	0.79	0.75
	孔径 9 mm，板厚 2 mm，穿孔率 25%，距墙 6 cm	0.13	0.73	0.51	0.28	0.19	0.70
穿孔板加聚氨酯泡沫塑料	孔径 4 mm，板厚 2 mm，穿孔率 12%，距墙 4 cm	0.10	0.22	0.58	0.99	0.99	0.65
	孔径 5 mm，板厚 2 mm，穿孔率 25%，距墙 5 cm	0.25	0.30	0.50	0.51	0.51	0.50
	孔径 10 mm，板厚 2 mm，穿孔率 25%，距墙 5 cm	0.25	0.31	0.49	0.51	0.51	0.43
穿孔板加棉再加空气玻璃层	孔径 5 mm，板厚 1 mm，穿孔率 10%，距墙 150 mm	0.20	0.55	0.75	0.60	0.60	0.25
	孔径 6 mm，板厚 1 mm，穿孔率 5%，距墙 150 mm	0.50	0.85	0.90	0.60	0.35	0.20
	孔径 8 mm，板厚 5 mm，穿孔率 8%，距墙 150 mm	0.30	0.80	0.80	0.70	0.65	0.55

（三）微穿孔板吸声结构

我国著名声学专家马大猷教授于 20 世纪 60 年代研制成微穿孔板吸声结构，该结构克服了穿孔板共振吸声结构吸声频带较窄的缺点。

1. 结构

在厚度小于 1 mm 的金属薄板上穿以孔径小于 1 mm、穿孔率为 1%～5%的小孔，安装方法同薄板共振吸声结构，后部留有一定厚度的空气层，起到共振薄板的作用，空气层内不填任何吸声材料。这样便构成了微穿孔板吸声结构，常用的是单层或双层微穿孔板，如图 2-12 所示。薄板常用铝板或钢板制作，因其板特别薄与孔特别小，为与一般穿孔板共振吸声结构相区别，故称为微穿孔板吸声结构。

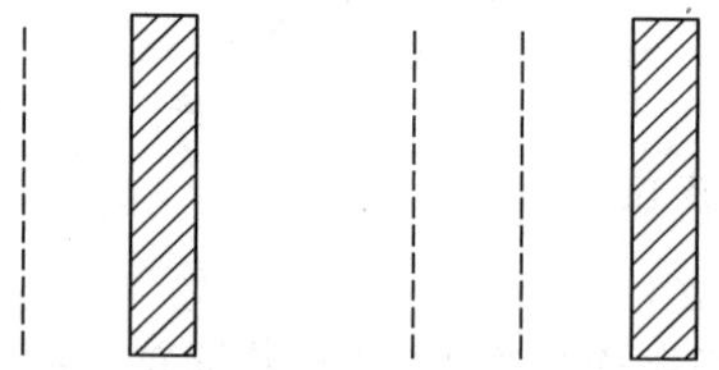

图 2-12　单层、双层微穿孔板吸声结构示意图

2. 机理

微穿孔板吸声结构实质上仍属于共振吸声结构，但由于其板薄孔细，与普通穿孔板相比，声阻显著增加，声质量显著减小，因此明显提高了吸声系数，展宽了吸声频带。其吸声系

数很高，可达0.9以上；吸声频带宽，可达4～5个倍频程以上。

使用双层与多层微孔板，可增大吸声系数，展宽吸声带宽。双层微穿孔板之间留有一定的距离，如果要吸收较低频率的声波，距离要大些，一般控制在20～30 mm范围内；如果以吸收中、高频声波为主，此距离可减小到10 mm甚至更小。另外，减小微穿孔板的孔径，提高穿孔率也可增大吸声系数，展宽吸声带宽。但孔径太小，易堵塞，故孔径多选0.5～1.0 mm，穿孔率以1%～3%为好。

微穿孔板的制作材料主要有铝板、钢板、镀锌板、不锈钢板、塑料板等。微穿孔板吸声结构具有吸声系数大，吸声频带宽，成本低，构造简单，无须添加多孔吸声材料的特点。与多孔吸声材料相比，该结构还具有耐高温和腐蚀，不怕潮湿和冲击的特性，可广泛用于吸声降噪工程中。微穿孔板的缺点是孔小，易堵塞，宜用于清洁的场所。

四、室内吸声设计计算

室内声波在封闭空间中传播及其特性比在露天场合要复杂得多。室内声波受到封闭空间各个界面，如顶棚、地面、墙壁等的反射、吸收与透射，因而存在许多与露天声波不同的声学问题。研究室内吸声降噪设计对室内音质设计和噪声控制具有重要的意义。

（一）声场的定义与分类

传播声波的空间称为声场，按声场性质的不同，声场分自由声场、混响声场。自由声场，即在声波传播的空间中无反射面，声源在该声场中发声，在声场中的任一点只有直达声，无反射声，如开阔的旷野和消声室。经过房间顶棚、壁面等一次或多次反射后达到受声点的反射声波形成的声场称为混响声场，如声学混响室。

从声源发出的声音经壁面及空气不断被吸收，当声源在单位时间内发出的声能等于被吸收声能时，房间的总声能保持一定。房间内声能量均匀分布，声波在各传播方向呈无规分布的声场叫扩散声场。室内吸声设计计算都建立在室内扩散声场的基础上。

（二）室内声场的衰减

当声源开始向室内辐射声能时，声波在室内空间传播，部分声能被壁面及其他物体吸收，部分被反射。在继续传播的过程中声波被多次吸收和反射，在空间形成一定的声能密度分布。随着声源不断供给能量，室内声能密度将随时间延长而增加；经过一段时间后，当声源提供的声能等于被吸收掉的声能时，室内声能密度不再增加，处于稳定状态。从理论上讲，达到稳态声场的时间需无限长，而实际上，一般只需1～2 s即可接近稳态，如图2-13左侧曲线所示。当声场处于稳态时，若声源突然停止发声（图2-13右侧），室内声音并不马上消失，而要有一个过程。首先是直达声消失，混响声每反射一次，声能便被吸收一部分，因此，室内声能密度逐渐减小，直到完全消失，如图2-13中右侧曲线所示，这个过程就是混响过程。

（三）室内声场的计算

1. 直达声场的计算

当室内声源的声功率恒定时，单位时间内在某接收点处获得的直达声能是恒定的。点声源的声强 $I=W/(4\pi r^2)$，声能密度与声强的关系为 $\overline{D}=I/c$，所以对于指向性因数为 Q 的声源，在距声源中心 r 处的直达声声能密度为

$$\overline{D}_d=\frac{WQ}{4\pi r^2 c} \tag{2-64}$$

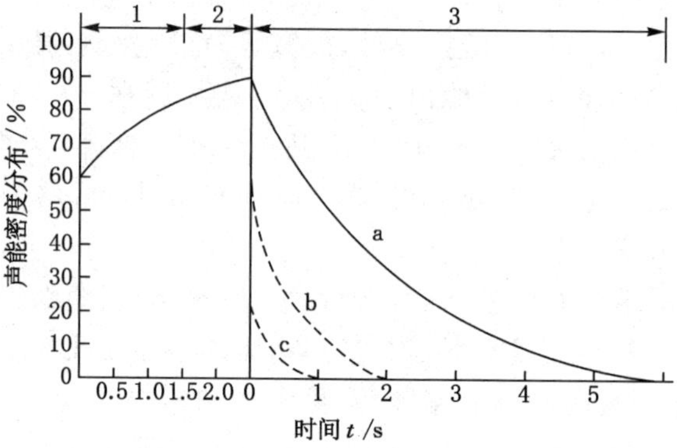

1—增长过程；2—稳态过程；3—衰减过程(混响过程)；

a—吸声状况差；b—吸声状况中等；c—吸声状况好。

图 2-13 室内吸收不同对声音衰减的影响

2. 混响声场的计算

声源辐射的声能经第一次吸收后，剩下的便是混响声，单位时间内声源向室内提供的混响声能为 $W(1-\bar{\alpha})$。因声源声功率恒定，提供的混响声能也恒定。壁面吸声只能吸收混响声，设房间体积为 V，当室内声场达到稳态时，平均混响声能密度为 $\bar{D}_r$，声波每碰撞壁面一次，吸收的混响声能则为 $\bar{D}_r V\bar{\alpha}$。

设声波在房间各壁面每秒钟碰撞 n 次，n 为 c/d，这里 d 是平均自由程，指单位时间内，室内声波经过相邻两次反射间路程的平均值；d 为$\frac{4V}{S}$。

声波碰撞壁面 n 次，吸收的总声能则为 $\bar{D}_r V\bar{\alpha}\ \frac{cS}{4V}$。因室内声场达稳态时，每秒钟由声源提供的混响声能等于被吸收的混响声能，所以 $\bar{D}_r V\bar{\alpha}\ \frac{cS}{4V}=\overline{W}(1-\bar{\alpha})$。

可得

$$\bar{D}_r=\frac{4W(1-\bar{\alpha})}{cS\bar{\alpha}} \tag{2-65}$$

令 $R_r=\frac{S\bar{\alpha}}{1-\bar{\alpha}}$，平均声能密度可表示为

$$\bar{D}_r=\frac{4W}{cR_r} \tag{2-66}$$

R_r称为房间常数，单位为 m^2。当房间的内表面积一定时，室内吸声状况愈好，R_r值愈大，故通常也用 R_r来表示房间的吸声状况。

3. 室内总声场的计算

设室内某点的平均声能密度为 $\bar{D}$，$\bar{D}$ 应为该点直达声和混响声的声能之和，即

$$\bar{D}=\bar{D}_d+\bar{D}_r \tag{2-67}$$

由声压级 L_p与声功率级 L_W定义，得到室内某点的声压级

$$L_p=L_W+10\lg\left(\frac{Q}{4\pi r^2}+\frac{4}{R_r}\right) \tag{2-68}$$

由式(2-68)可以看出，室内某点声压级与声源声功率级有一定关系，L_W 愈大，L_p 愈高。指向性因数 Q 取决于声源的指向性和声源在室内的位置等因素。点声源在室内位置不同，Q 值也不同。如图 2-14 所示，$Q=1$，声源放置在房间中心；$Q=2$，声源放在地面或墙面中间；$Q=4$，声源放在两个墙面或墙面与地面的交线上；$Q=8$，声源在三面墙的交点上。

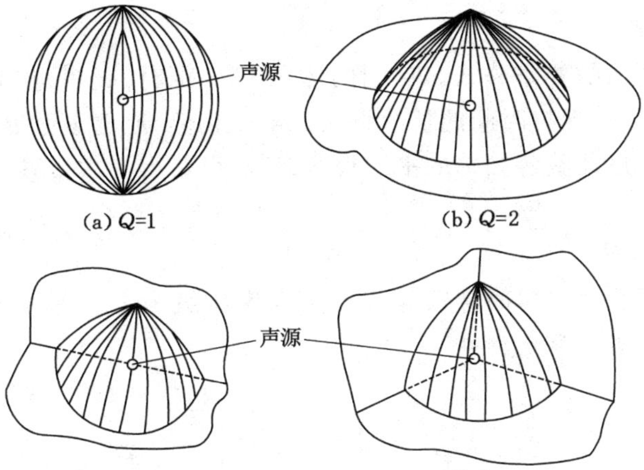

图 2-14　声源指向性因素 Q

式(2-68)括号内第一项来自直达声，表达了直达声场对该点声压级的影响，r 愈大，该项值愈小，即距声源愈远，直达声愈小；第二项来自混响声。当 r 较小，即接收点离声源很近时，$\frac{Q}{4\pi r^2}\gg\frac{4}{R_r}$，室内声场以直达声为主，混响声可以忽略；反之，则以混响声为主，直达声可以忽略不计，此时 L_p 与 r 无关。当 $\frac{Q}{4\pi r^2}=\frac{4}{R_r}$ 时，直达声与混响声声能密度相等，r 称为临界半径($Q=1$ 时的临界半径又称为混响半径)，记为 r_c，可得

$$\frac{1}{4}\sqrt{\frac{QR_r}{\pi}}=0.14\sqrt{QR_r} \tag{2-69}$$

由式(2-69)可知，临界半径与房间常数和声源指向性因数有关。房间内吸声状况愈好，声源指向性愈强，临界半径则愈大，声源周围的较大范围可近似地看作自由声场；反之，房间内大部分范围可看作混响声场。

例 2-5　某演播厅体积为 $2\times10^4\ \mathrm{m}^3$，室内总表面积为 $6.25\times10^3\ \mathrm{m}^2$，已知 500 Hz 平均吸声系数为 0.232，演员声功率为 340 μW，在舞台口处发声，求距声源 40 m 处(观众席最后一排座位)的声压级。

解　这里 $Q=4$。

$$L_p=L_W+10\lg\left(\frac{Q}{4\pi r^2}+\frac{4}{R_r}\right)=L_W+10\lg\left(\frac{4}{4\pi r^2}+\frac{4}{\frac{S\bar{\alpha}}{1-\bar{\alpha}}}\right)$$

$$=10\lg\frac{340\times10^{-6}}{10^{-12}}+10\lg\frac{4}{4\times3.14\times39^2}+10\lg\frac{4}{\frac{6.25\times10^3\times0.232}{1-0.232}}=58.96\ (\mathrm{dB})$$

4. 混响时间

在扩散声场中，在声源停止发声后，室内声场的声能衰减快慢可用混响时间来表述。混响时间定义为当室内声场达到稳态后，声源立即停止发声，室内声能密度衰减到原来的百万分之一，即声压级衰减 60 dB 所需要的时间，记作 T_{60}，单位为 s。

$$T_{60}=\frac{0.161V}{S\bar{\alpha}} \tag{2-70}$$

式(2-70)就是著名的赛宾公式。房间的体积 V 一定时，吸声量 $A=S\bar{\alpha}$，所以得出室内 A 愈大，混响时间愈短。混响时间的长短直接影响室内音质，过长会感到听音混浊不清，过短有沉寂的感觉。通过调整各频率的平均吸声系数，可获得各主要频率的最佳混响时间，使室内音质达到良好。

（四）吸声降噪量的计算

设未经吸声处理前室内房间常数为 R_{r1}，某点声压级为 L_{p1}，采用吸声处理后房间常数为 R_{r2}，声压级为 L_{p2}，则降噪效果为

$$\Delta L_p=L_{p1}-L_{p2}=10\lg\left(\frac{\dfrac{Q}{4\pi r^2}+\dfrac{4}{R_{r1}}}{\dfrac{Q}{4\pi r^2}+\dfrac{4}{R_{r2}}}\right) \tag{2-71}$$

在声源附近，直达声占主要地位，$\dfrac{Q}{4\pi r^2}\gg\dfrac{4}{R_r}$，故可省去$\dfrac{4}{R_r}$，得

$$\Delta L_p=10\lg\left(\frac{\dfrac{Q}{4\pi r^2}}{\dfrac{Q}{4\pi r^2}}\right)=0 \tag{2-72}$$

由式(2-72)可以看出，在声源附近直达声占主要地位，吸声降噪没有效果。反之，当房内混响声占主要地位时，同理可省去$\dfrac{Q}{4\pi r^2}$，得出

$$\Delta L_p=10\lg\left(\frac{\bar{\alpha}_2}{\bar{\alpha}_1}\ \frac{1-\bar{\alpha}_1}{1-\bar{\alpha}_2}\right) \tag{2-73}$$

由式(2-73)可知，要在房间内取得降噪效果，必须将原有的房间平均吸声系数 $\bar{\alpha}_1$ 提高到 $\bar{\alpha}_2$。对于一般室内稳态声场，如工厂厂房，都是砖及混凝土砌墙、水泥地面，吸声系数都很小，因此有 $\bar{\alpha}_1\cdot\bar{\alpha}_2$ 远小于 $\bar{\alpha}_1$ 或 $\bar{\alpha}_2$，因此上式可简化为

$$\Delta L_p\approx10\lg\frac{\bar{\alpha}_2}{\bar{\alpha}_1}=10\lg\frac{A_2}{A_1} \tag{2-74}$$

可见，$\bar{\alpha}_2$ 与 $\bar{\alpha}_1$ 的比值越大，噪声级降低越多，但大到一定程度时，不再变化，因此 $\bar{\alpha}_2/\bar{\alpha}_1$ 应取适当值。

由于 $\bar{\alpha}_1$ 和 $\bar{\alpha}_2$ 通常按实测混响时间 T_{60} 得到，若以 T_1 和 T_2 分别表示吸声装置前后的混响时间，则得到

$$\Delta L_p=10\lg\frac{T_1}{T_2} \tag{2-75}$$

由于混响时间可以用专门的仪器测得，利用式(2-75)计算吸声降噪量，免除了计算吸声系数的麻烦和不准确。$\dfrac{\bar{\alpha}_2}{\bar{\alpha}_1}$或$\dfrac{T_1}{T_2}$的比值与降噪量的关系见表 2-19。

表 2-19　$\frac{\bar{\alpha}_2}{\bar{\alpha}_1}$或$\frac{T_1}{T_2}$的比值与降噪量的关系

$\frac{\bar{\alpha}_2}{\bar{\alpha}_1}$或$\frac{T_1}{T_2}$	1	2	3	4	5	6	8	10	20	40
降噪量/dB	0	3	5	6	7	8	9	10	13	16

由表 2-19 可以看到，吸声处理前后平均吸声系数相差越大，吸声处理效果越明显。如地面和壁面（墙面）平均吸声系数为 0.03，吸声处理后平均吸声系数为 0.3 左右，则声压级衰减 10 dB 左右。

例 2-6　尺寸为 20 m×10 m×3 m 的控制室内在侧墙边有一台发电机，其噪声波及整个车间。采用吸声降噪措施，使距车床 8 m 以外处噪声降至噪声评价曲线 NR-55 的容许标准，试做吸声处理设计。

解　该吸声降噪设计计算步骤见表 2-20。

表 2-20　设计计算步骤

序号	项目	各倍频带中心频率(Hz)下的数值						说明
		125	250	500	1 000	2 000	4 000	
(1)	距噪声源 8 m 处倍频程声压级/dB	67	62	65	60	56	53	实测值
(2)	噪声容许标准/dB(NR-55)	70	63	58	55	52	50	设计目标值
(3)	所需降噪量 ΔL_p/dB	0	0	7	5	4	3	(1)－(2)
(4)	处理前的平均吸声系数 $\bar{\alpha}_1$	0.06	0.08	0.08	0.09	0.11	0.13	计算或实测
(5)	处理后应有的平均吸声系数 $\bar{\alpha}_2$	0.06	0.08	0.40	0.28	0.28	0.26	$\bar{\alpha}_2=\bar{\alpha}_1\times 10^{0.1\Delta L_p}$
(6)	现有吸声量/m^2	34.8	46.4	46.4	52.2	63.8	75.4	$A_1=S\bar{\alpha}_1$
(7)	应有吸声量/m^2	34.8	46.4	232.6	165.1	160.3	150.4	$A_2=A_1\times 10^{0.1\Delta L_p}$
(8)	需要增加的吸声量/m^2	0	0	186.2	112.9	96.5	75	(7)－(6)
(9)	选用穿孔板加玻璃丝布时的吸声系数 α	0.11	0.36	0.89	0.71	0.79	0.75	查表 2-18
(10)	所需吸声材料量/m^2	0	0	209	159	122.2	100	(8)÷(9)

计算步骤说明如下：

① 在设计前，现场测量距噪声源 8 m 处各倍频带声压级数值。

② 据噪声控制目标值，查噪声评价曲线 NR-55，得各倍频带容许的声压级数值。记录在第二行。

③ 计算各倍频带声压级所需的降噪值，出现负值时记为 0。

④ 由 $\bar{\alpha}_1=\dfrac{\sum_{i=1}^{n}S_i\alpha_i}{\sum_{i=1}^{n}\alpha_i}$ 计算吸声处理前后各倍频带的平均吸声系数或进行实际测量。

⑤ 根据所需降噪量及 $\bar{\alpha}$ 公式求出处理后应有的各倍频带的平均吸声系数 $\bar{\alpha}_2$，如 500 Hz 处应有的吸声系数为：

$$\bar{\alpha}_2 = \bar{\alpha}_1 \times 10^{0.1\Delta L_p} = 0.08 \times 10^{0.1\times 9} = 0.40$$

⑥ 计算吸声处理前的吸声量 A_1，该房间的体积 $V = 600\ \mathrm{m}^3$，表面积 $S = 580\ \mathrm{m}^2$，则 500 Hz 处的吸声量为：

$$A_1 = S\bar{\alpha}_1 = 580 \times 0.08 = 46.4\ (\mathrm{m}^2)$$

⑦ 计算应有吸声量。如在 500 Hz 处的吸声量为：

$$A_2 = A_1 \times 10^{0.1\Delta L_p} = 46.4 \times 10^{0.1\times 7} = 232.6\ (\mathrm{m}^2)$$

⑧ 计算所需增加的吸声量。如 500 Hz 处为：

$$A_2 - A_1 = 232.6 - 46.4 = 186.2\ (\mathrm{m}^2)$$

⑨ 选择穿孔板加超细玻璃棉吸声结构。穿孔板孔径 5 mm，板厚 2 mm，穿孔率 25%，距墙 5 cm。

⑩ 计算所需吸声材料的量。如在 500 Hz 处，需要吸声材料的量为 186.2÷0.89 = 209 (m^2)，由计算结果可知，室内加装 209 m^2 吸声组合结构，即可满足 NR-55 的要求。

第五节　噪声控制技术——隔声

一、隔声概述

隔声是噪声控制中常用且有效的技术之一。隔声是通过将某些特殊的材料或者构件放置在噪声传播途径上，达到降噪目的的措施。隔声方法很多，可以设置隔声墙、隔声屏、隔声罩、隔声间来衰减噪声。

（一）隔声原理

当声波在空气中传播，入射到匀质屏蔽物时，部分声能被屏蔽物反射回去，部分被屏蔽物吸收，还有部分声能可以透过屏蔽物传到另一个空间去，如图 2-15 所示。显然，透射声能仅是入射声能的一部分，因此，设置适当的屏蔽物便可以使大部分声能反射回去，从而削弱噪声的传播。具有隔声能力的屏蔽物称为隔声构件。采用适当的隔声措施，如隔声墙、隔声屏、隔声罩、隔声间，一般能降低噪声级 15～20 dB。

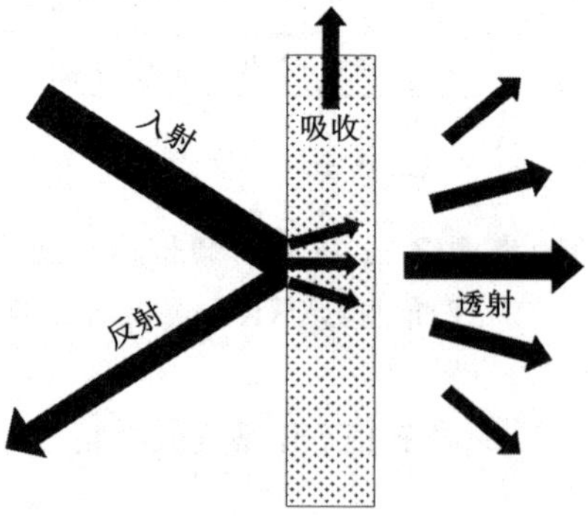

图 2-15　隔声基本原理示意图

（二）评价隔声性能的物理量

1. 透声系数

常采用透声系数 τ 来表示隔声构件本身透声能力的大小。透声系数也叫传声系数或透射系数，它是透射声功率（W_t）与入射声功率（W_i）的比值，即

$$\tau = W_t / W_i \tag{2-76}$$

式中　W_t——透过隔声构件的声功率，W；

W_i——入射到隔声构件表面的声功率，W。

根据 τ 的定义，又可写为 $\tau = I_t / I_i = p_t^2 / p_i^2$。通常所指的 τ 是无规入射时各入射角度透声系数的平均值。

2. 隔声量

一般隔声构件的 τ 值在 $10^{-5} \sim 10^{-1}$ 之间，远远小于 1，为了计算方便，采用隔声量来表示构件本身的隔声能力。隔声量（R）等于透声系数的倒数取以 10 为底的对数的 10 倍，即

$$R = 10\lg \frac{1}{\tau} \quad 或 \quad R = 10\lg \frac{I_i}{I_t} = 20\lg \frac{p_i}{p_t} \tag{2-77}$$

隔声量又称传声损失或透射损失，单位为 dB。τ 值愈小，R 值越大，表示隔声性能愈好。

隔声量的大小与隔声构件的结构、性质有关，也与入射声波的频率有关。同一隔墙对不同频率的声音，隔声性能可能有很大差异，故工程中常用 125～4 000 Hz 6 个倍频程或 100～3 150 Hz 的 16 个 1/3 倍频程的隔声量做算术平均，来表示某一构件的隔声性能，称为平均隔声量（$\bar{R}$）。

3. 插入损失

插入损失通常在现场用来评价隔声罩、隔声屏等构件的隔声效果。离声源一定距离某处测得的隔声构件设置前的声功率级 L_{W1} 和设置后的声功率级 L_{W2} 之差值称为插入损失，记作 I_L，即

$$I_L = L_{W1} - L_{W2} \tag{2-78}$$

二、隔声墙

在隔声技术中，通常将板状或墙状的隔声构件称为隔声墙。仅有一层墙板称为单层隔声墙；有两层或多层，层间夹有空气或其他材料，称为双层或多层隔声墙。

（一）单层匀质隔声墙的隔声特性

1. 单层匀质隔声墙隔声量随频率变化曲线

单层匀质墙的隔声量与入射声波的频率有很大关系，其变化规律如图 2-16 所示。单层匀质墙的隔声频率特性曲线大致可分为 4 个区。

第Ⅰ区称为刚度控制区，又称劲度控制区。刚度控制区的频率范围从零直到墙体的第一共振频率 f_0 为止。在该区域内，墙板对声压的反应类似于弹簧，墙板的隔声量与墙板刚度和声波频率的比值呈反比关系。随着入射声波频率的增加，墙板的隔声量以 6 dB/倍频程的斜率下降。对一定频率的声波，墙板的劲度愈大，隔声量愈高。

第Ⅱ区称作阻尼控制区，又称共振区。当入射声波的频率与墙板固有频率相同时，引起共振，墙板振幅大，振速高，透射声能急剧增大，隔声量曲线呈现低谷。第 1 共振频率（f_0）

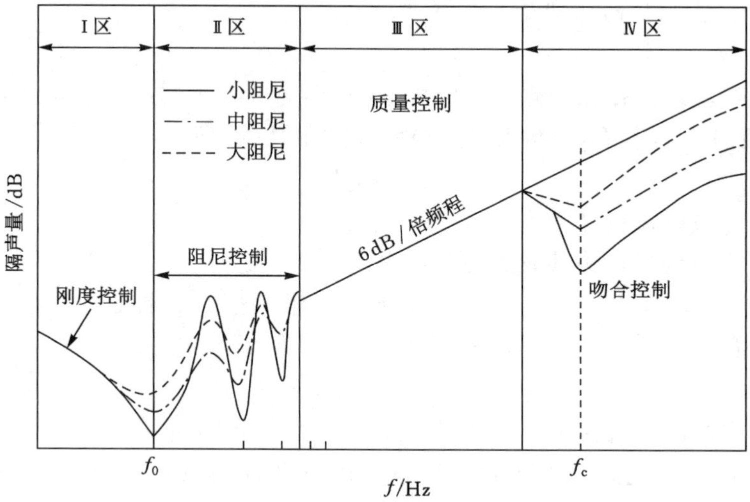

图 2-16 单层匀质墙的隔声频率特性曲线

处，此时墙板的隔声量最小。一般的建筑结构中，共振基频很低，为 5～20 Hz。随着声波频率的增加，共振现象愈来愈弱，直至消失，所以隔声量总体呈上升趋势。

阻尼控制区的宽度取决于墙板的几何尺寸、弯曲劲度（弹性系数）、面密度、结构阻尼的大小及边界条件等，对一定的墙板，主要与其阻尼大小有关，增加阻尼可以抑制墙板的振幅，提高隔声量，并降低该区的频率上限，缩小该区范围。对一定的墙板，阻尼越大，对共振的抑制就越强。对于一般砖、石等厚重的墙，共振频率很低，通常可不考虑；对于薄板，共振频率较高，一般采用增加墙板的阻尼来抑制共振现象。

第Ⅲ区是质量控制区。随着声波频率的提高，墙板的隔声量受墙板惯性质量影响。墙板的面密度愈大，即质量愈大，隔声量愈大，故称质量控制区。在该区域内，隔声量随入射声波频率的增加而以斜率为 6 dB/倍频程直线上升。

第Ⅳ区是吻合效应区。声波频率继续提高，就进入吻合效应区。在该区域内，随着入射声波频率的继续升高，隔声量反而下降，曲线上出现一个深深的低谷，这是由于出现了吻合效应。越过低谷后，隔声量以每倍频程 10 dB 趋势上升，然后逐渐接近质量控制的隔声量。增加板的厚度和阻尼，可使隔声量下降趋势得到减缓。

2. 吻合效应

一定频率的声波以某一角度投射到墙板上，会激起构件的弯曲振动，若入射声波的波长在墙板上的投影正好与墙板的固有弯曲波波长相等，墙板弯曲波振动的振幅便达到最大，因而向墙板的另一面辐射较强的声波，这时墙板的隔声量明显下降，这一现象称为吻合效应，此时的入射声波频率称为吻合频率。发生吻合效应的频率不只是一个，产生吻合效应的最低频率称为临界吻合频率 f_c。

临界吻合频率受墙板厚度、密度、弹性等因素影响，墙板越厚，f_c越低；轻质高模的隔板的 f_c常常降到听觉敏感的声频范围内，对隔声造成不利影响，因此要避免选择。几种常用材料的密度和弹性模量见表 2-21。

表 2-21　几种常用材料的密度和弹性模量

材料名称	$E/(N/m^2)$	$\rho/(kg/m^3)$	$(\rho/E)/[kg/(N\cdot m)]$
铝	7.15×10^{10}	2.7×10^3	0.38×10^{-7}
铸铁	8.8×10^{10}	7.8×10^3	0.89×10^{-7}
钢	19.6×10^{10}	7.8×10^3	0.40×10^{-7}
铅	1.67×10^{10}	11.3×10^3	6.77×10^{-7}
砖	2.45×10^{10}	1.8×10^3	0.73×10^{-7}
混凝土	2.45×10^{10}	2.6×10^3	1.06×10^{-7}
玻璃	8.5×10^{10}	2.4×10^3	0.28×10^{-7}
胶合板	0.36×10^{10}	0.5×10^3	1.39×10^{-7}

综上所述可知，单层匀质墙的隔声性能主要由墙板的面密度、刚度和内阻尼决定，入射声波的频率不同，起作用的因素不同，从而单层匀质墙隔声性能呈现不同特点。

3. 单层匀质墙的隔声量

单层匀质墙的隔声量公式成立条件：① 垂直入射声波；② 空间被墙分成两个半无限大空间，整个空间均为通常状况下的空气；③ 墙无限大，不考虑边界的影响；④ 把墙看成一个质量系统，即不考虑墙的刚度、阻尼；⑤ 墙上各点以相同的速度振动。

基于以上条件，从透声系数的定义及平面声波理论，得出单层墙在质量控制区的垂直入射声波的隔声量 $R_\perp$

$$R_\perp=10\lg\left[1+\left(\frac{\pi fm}{\rho c}\right)^2\right] \tag{2-79}$$

式中　m——墙板面密度，kg/m^2；

f——入射声波频率，Hz；

ρ——空气密度，kg/m^3，常温下取 $\rho=1.2\ kg/m^3$。

一般情况下，$\pi fm\gg\rho c$，因此

$$R_\perp=20\lg m+20\lg f-43 \tag{2-80}$$

式(2-80)称为隔声质量定律。它表明了单层匀质墙的隔声量与其面密度及入射声波频率有一定关系。面密度越大，入射声波频率越高，隔声量越大。墙板面密度或入射声波频率增加一倍，隔声量都增加 6 dB。

若声波为无规入射，在只考虑墙板面密度和入射声波频率两个因素的条件下，无规入射的隔声量可由以下经验公式进行计算：

$$R=18\lg m+12\lg f-25 \tag{2-81}$$

根据式(2-81)可知，若入射声波频率不变，墙板面密度每增加一倍，隔声量增加约 5.4 dB；当墙板面密度不变时，入射声波频率每增加一倍，隔声量增加约 3.6 dB。

(二) 双层隔声墙的隔声特性

1. 双层隔声墙的隔声原理

增加墙的厚度或面密度，可以增加隔声量，但是仅靠增加墙体厚度或面密度来提高隔声量是不经济的，隔声效果也不理想。如果将单层墙体一分为二，中间夹一定厚度的空气层，构成双层墙，这样墙的总质量不变，但隔声效果比单层实心墙好得多。

双层墙提高隔声能力的主要原因是空气层的作用。当声波透过第一层墙时，由于墙外及夹层中空气与墙板特性阻抗不同，声波两次反射，形成衰减。空气层的弹性和附加吸收作用，使振动的能量衰减较大，然后再传给第二层墙，发生声波的两次反射，使透射声能再次减少，因而总的透射损失更大。

2. 双层墙的隔声特性曲线

图 2-17 所示为同质量单层墙组成的双层墙的隔声频率特性曲线，与单层墙的大致相同。双层隔声墙相当于一个由两层墙体与空气层组成的振动系统。由图 2-17 可以看出，当入射声波频率比双层墙共振频率低时，双层墙板将做整体振动，此时空气层不起作用，隔声能力与同样质量的单层墙没有区别；当入射声波频率达到共振频率时，隔声量出现低谷；超过$\sqrt{2}f_0$以后，双层墙隔声曲线以每倍频程 18 dB 的斜率急剧上升，充分显示出双层墙结构的优越性；随着频率的升高，两墙板间会产生一系列驻波共振，使隔声特性曲线上升趋势转为平缓，斜率为 12 dB 倍频程；随着频率进一步提高，曲线进入吻合效应区，后在临界吻合频率 f_c处又出现隔声量低谷，其 f_c与吻合效应状况取决于两层墙的临界吻合频率。结果表明，双层墙隔声性能较单层墙优越的区域主要在共振频率 f_0以后，故在设计中尽量将 f_0移往人耳不敏感的频率区域。

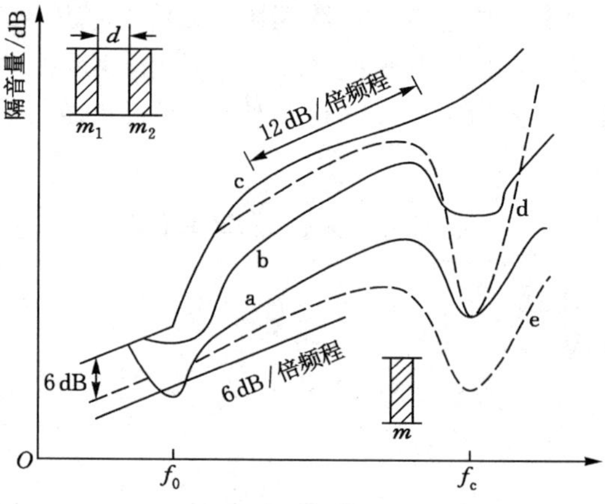

图 2-17　双层墙隔声特性

3. 双层墙的共振频率及隔声量的实际估算

双层墙的共振频率 f_0指入射声波法向入射时的墙板共振频率，f_0的计算公式近似为

$$f_0 \approx \frac{c}{2\pi}\sqrt{\frac{\rho_0}{h}\left(\frac{1}{m_1}+\frac{1}{m_2}\right)} \tag{2-82}$$

式中　m_1、m_2——双层墙板两板的面密度，kg/m^2；

h——空气层的厚度，m。

由式(2-82)可知，空气层越薄，双层墙的共振频率 f_0越高。在工程应用中，常用以下经验公式来估算双层结构的隔声量：

$$R = 16\lg(m_1+m_2) + 16\lg f - 30 + \Delta R \tag{2-83}$$

当 $m_1+m_2 \leqslant 200$ kg/m^{2}时，其平均隔声量为

$$\bar{R} = 13.5\lg(m_1+m_2) + 14 + \Delta R \tag{2-84}$$

当 $m_1+m_2>200\ kg/m^2$ 时，其平均隔声量为

$$\bar{R}=16\lg(m_1+m_2)+8+\Delta R \tag{2-85}$$

式中　ΔR——空气层附加隔声量，dB。

附加隔声量与空气层厚度有关，在工程应用中，受空间位置的限制，空气层不可能太厚，当空气层厚度取 20～30 cm 时，附加隔声量在 15 dB 左右；若空气层厚度取 10 cm 左右，附加隔声量一般为 8～12 dB。

（三）多层复合板隔声

在噪声控制工程中，常采用轻质多层复合板进行隔声。轻质多层复合板是由几层面密度或性质不同的板材组成的复合隔声构件，通常是用金属或非金属的坚实薄板作面层，内侧覆盖阻尼材料，或填入多孔吸声材料，或采用空气层等。多层复合板具有质轻、隔声性能良好的优点，如隔声门（窗）、隔声罩、隔声间的墙体等，被广泛用于多种隔声结构。

多层复合板的隔声量较同等质量的单层板有明显改善。其原因：① 使用厚度或材质不同的多层板，可以错开共振与临界吻合频率，改善共振区与吻合区的隔声低谷现象；② 分层材料的阻抗各不相同，使声波在分层界面上产生多次反射，阻抗相差越大，反射声能越多，透射声能越小；③ 夹层材料的阻尼和吸声作用，致使声能减弱，并削弱共振与吻合效应。

三、隔声间

当声源较多时，一般就把声源围蔽在局部空间内，以降低噪声对周围环境的污染。由不同隔声构件组成的具有良好隔声性能的房间叫作隔声间。

隔声间形状各异，主要有封闭式与半封闭式两种，封闭式隔声效果较好。隔声间除需要有足够隔声量的墙体外，还需设置具有一定隔声性能的门、窗或观察孔等（图 2-18）。

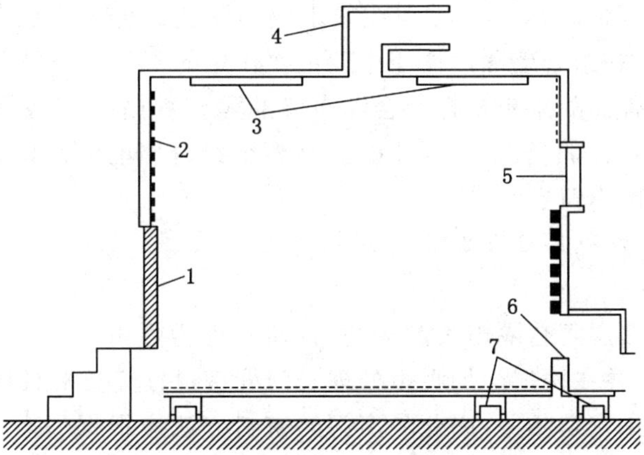

1—入口隔声门；2—隔声墙；3—照明器；4—排气管道（内衬吸声材料）和风扇；
5—双层窗；6—吸气管道（内衬吸声材料）；7—隔振底座。

图 2-18　隔声间

（一）组合墙平均隔声量计算

具有门、窗等不同隔声构件的墙体称为组合墙。由于门窗的隔声量比墙体本身的隔声量低，所以组合墙往往比单纯实体墙的隔声量低。组合墙的透声系数为各组成部件的透声系数的平均值，称作平均透声系数，按式（2-86）计算：

$$\bar{\tau}=\frac{\tau_1 S_1+\tau_2 S_2+\cdots+\tau_n S_n}{S_1+S_2+\cdots+S_n}=\frac{\sum_{i=1}^{n}\tau_i S_i}{\sum_{i=1}^{n}S_i} \tag{2-86}$$

式中 τ_i——墙体第 i 种构件的透声系数；

S_i——墙体第 i 种构件的面积，m^2。

组合墙的平均隔声量 $\bar{R}$ 为

$$\bar{R}=10\lg\frac{1}{\bar{\tau}} \tag{2-87}$$

例 2-7 某隔声间有一面 25 m^2的墙与噪声源相隔，该墙透声系数为 10^{-5}。在该墙上开一个面积为 3 m^2的门和一扇面积为 4 m^2的窗，其透声系数均为 10^{-3}。求此组合墙的平均隔声量。

解 根据式(2-87)求未开门窗之前墙的隔声量

$$\bar{R}=10\lg\frac{1}{\bar{\tau}}=10\lg\frac{1}{10^{-5}}=50\ (\mathrm{dB})$$

根据式(2-86)求组合墙的透射系数，得

$$\bar{\tau}=\frac{\tau_1 S_1+\tau_2 S_2+\tau_3 S_3}{S_1+S_2+S_3}=\frac{(25-3-4)\times10^{-5}+3\times10^{-3}+4\times10^{-3}}{3+4+(25-3-4)}=2.87\times10^{-4}$$

根据式(2-87)求组合墙的平均隔声量，得

$$\bar{R}=10\lg\frac{1}{\bar{\tau}}=10\lg\frac{1}{2.87\times10^{-4}}=35\ (\mathrm{dB})$$

根据计算结果，原有隔声墙在开门、窗后，其隔声量由 50 dB 下降到 35 dB。由此可知，尽管隔声墙自身的隔声量高达 50 dB，但在装上隔声量比它低得多的门、窗后，隔声墙隔声量大幅降低。这说明，在组合墙隔声性能中起主要作用的不是本身隔声量较高的墙体，而是隔声量较低的隔声构件。如果想要把组合隔声墙的隔声量提高，需要把各组合构件中隔声性能最差的构件的隔声性能提高，这样才能提高整个组合墙的隔声量。通常采用双层或多层结构来提高门窗的隔声量。

(二) 门(窗)的隔声和孔洞的处理

1. 门(窗)的隔声

采用轻质双层或多层复合隔声板制成的门(窗)，称为隔声门(窗)。通常采用多层复合结构做成双层轻便门，并在两层间加吸声处理。门缝密封方法及密封程度，与隔声门是否方便使用及实际隔声效果密切相关，因此隔声门的密封方法应根据隔声要求和门的使用条件确定。常见的一些门的隔声量见表 2-22。

隔声窗常采用双层或多层玻璃制作，其隔声量与玻璃的厚度、窗的结构、窗的密封程度有关。如图 2-19 所示，通常采用两层以上的玻璃，中间夹空气层的结构来提高隔声效果，相邻两层玻璃不宜平行布置，朝声源一侧的玻璃有一定倾角，以便减弱共振效应；选用不同厚度的玻璃，可以错开吻合效应频率，削弱吻合效应；严格密封，玻璃板要紧嵌在弹性垫衬中，以防止阻尼板面的振动；层间四周边框宜做吸声处理。常见隔声窗的隔声量见表 2-23。

表 2-22 门的隔声量

序号	构造	各倍频带中心频率(Hz)下的数值/dB						
		125	250	500	1 000	2 000	4 000	平均
普通门	三合板门(门厚 45 mm)	13.4	15	15.2	19.7	20.6	24.5	16.8
	三合板门(门厚 45 mm,门上开一小观察孔,玻璃厚 3 mm)	13.6	17	17.7	21.7	22.2	27.7	18.8
	重料木门(四周用橡皮和毛毡密封)	30	30	29	25	26	—	27
	分层木门(用软橡皮密封)	20	28.7	32.7	35	32.8	31	31
	分层木门(不密封)	25	25	29	29.5	27	26.5	27
	双层木板实拼门(板厚 100 mm)	16.4	20.8	27.1	29.4	28.9	—	29
	钢板门(厚 6 mm)	25.1	26.7	31.1	36.4	31.5	—	35
特制门	分层特制木门	29.6	29	29.6	51.5	35.3	43.3	32.6
	分层特制钢门	24	24	26	29	36.5	39.5	29
	分层特制木钢门	41	36	38	41	53	60	43

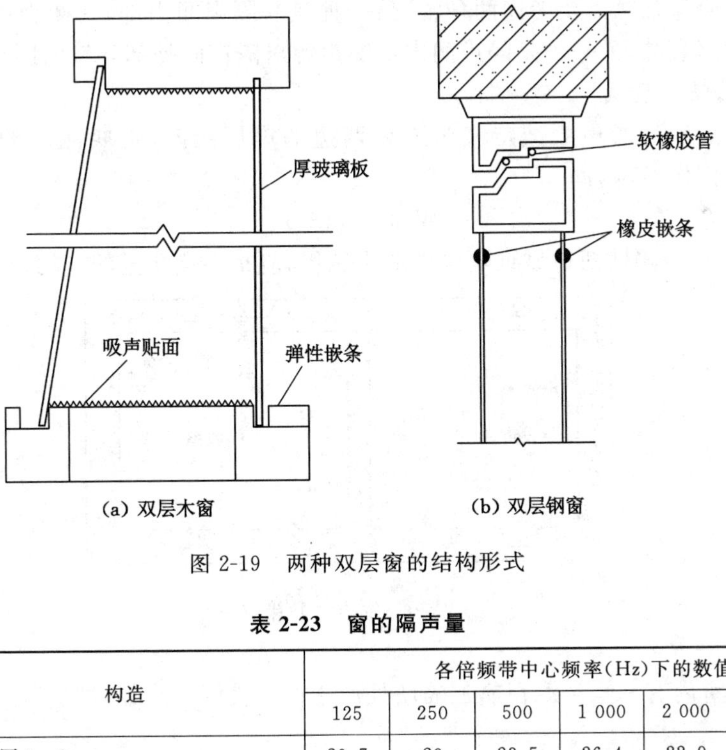

图 2-19 两种双层窗的结构形式

表 2-23 窗的隔声量

序号	构造	各倍频带中心频率(Hz)下的数值/dB						
		125	250	500	1 000	2 000	4 000	平均
单层玻璃窗	玻璃厚 3～6 mm	20.7	20	23.5	26.4	22.9		22±2
	玻璃厚 6 mm,四周用橡皮密封	17	27	30	34	38	32	29.7
	玻璃厚 15 mm,四周用腻子密封	25	28	32	37	40	50	35.5
双层固定窗	玻璃厚 3 mm、6 mm,空气层厚 20 mm,一层玻璃倾斜 85°	28	31	29	41	47	40	35.5
三层固定窗	底部粘贴吸声材料	37	45	42	43	47	56	45

2. 孔洞缝隙的处理

由于声波的衍射，孔洞和缝隙对隔声墙板的影响很大。门窗的缝隙、各种管道的孔洞、隔声罩的安装缝隙等都会大大降低墙板等组合件的隔声量。低频声波波长较长，透过孔隙的声能要比高频声少些，所以孔洞对隔声的影响主要在高频段。随着孔洞的加大，高频隔声量持续下降，同时向中、低频方向扩展。孔隙对隔声的影响，还与隔声墙板的厚度有关，墙板越厚，孔隙对隔声性能的影响越小。为了不降低墙的隔声量，必须对墙上的孔洞和缝隙进行密封处理。

为了防止孔洞和缝隙透声，常采用以下措施对孔洞加以处理。

(1) 对于经常开启的门窗与边框的交接处，在保证开启方便的前提下应尽量加以密封，密封材料可选用柔软而富有弹性的材料，如细软橡皮、海绵乳胶、泡沫塑料、毛毡等，但不能用实心硬橡皮条。使用中应注意，如果橡胶类密封材料老化，应及时更换。

(2) 在土建工程中注意使砖墙灰缝饱满，混凝土墙砂浆捣实。

(3) 隔声间的通风换气口应有消声装置。

(4) 隔声间的各种管线通过墙体结构需打孔时，应在孔洞周围用柔软材料包扎封紧。

(三) 隔声间降噪计算

隔声间的降噪计算需要考虑两种情况：一种是在隔声间内部，一侧噪声源通过隔墙后，在另一侧的噪声衰减；另一种是隔声间内部噪声源对隔声间外部环境的影响。

1. 隔墙的噪声衰减

隔声间中隔墙的噪声衰减定义为隔墙两边的声压级差，也叫隔墙的噪声降低量，如图 2-20 所示，记作 W_{NR}，即

$$W_{NR}=L_{p1}-L_{p2} \tag{2-88}$$

式中 L_{p1}、L_{p2}——隔墙两边靠近隔墙处的声压级，应是多点测量的平均值。

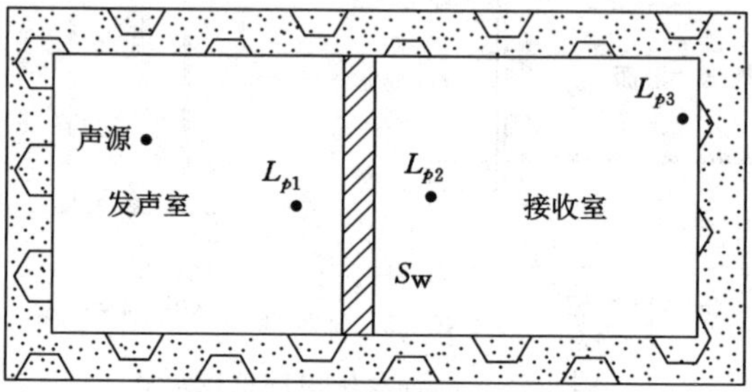

图 2-20 发声室和接收室

假设发声室内有一噪声源在靠近隔墙处产生一个纯混响声场，即$\frac{4}{R}\gg\frac{Q}{4\pi r^2}$，则靠近隔墙的声压级为

$$L_{p1}=L_{W1}+10\lg\frac{4}{R_{r1}} \tag{2-89}$$

式中 L_{W1}——发声室中声源的声功率级，dB；

R_{r1}——发声室的房间常数，m^2。

假设隔墙在发声室一侧附近为混响声场，则可认为整个隔墙面上有恒定的声压级，因

此，接收室靠近隔墙的区域可认为是一个由隔墙向外辐射平面波的区域，接收室靠近隔墙处的声压级 L_{p2} 为

$$L_{p2}=L_{W1}+10\lg\frac{4}{R_{r1}}-R+10\lg\left(\frac{1}{4}+\frac{S_W}{R_{r2}}\right) \tag{2-90}$$

式中 S_W——隔墙的面积，m^2；

R_{r2}——接受室的房间常数，m^2。

整理，得隔墙的噪声衰减 W_{NR}：

$$W_{NR}=L_{p1}-L_{p2}=R-10\lg\left(\frac{1}{4}+\frac{S_W}{R_{r2}}\right) \tag{2-91}$$

式(2-91)是在发声室一侧隔墙附近为混响声场，接收室一侧靠近隔墙处有确定声压级的情况下推导出来的。由式(2-91)可以看出，隔声墙实际也就是向接收间内辐射噪声的传声墙，隔墙的噪声衰减 W_{NR} 与隔墙本身的隔声量 R 并不等同，W_{NR} 不仅与隔墙的隔声量 R 有关，还与接收室的房间常数 R_{r2} 及隔声墙的面积 S_W 有关。在 S_W 一定时，增加隔墙的隔声量 R，提高接收室的房间常数 R_{r2}，可以降低接收室内的声压级获得高的噪声衰减，这也是设计隔声间的原理。

例 2-8 某发电机房与操作室的隔墙面积为 20 m²，操作室内表面积为 100 m²，平均吸声系数为 0.02。隔墙上开一观察窗，此组合墙的隔声量为 30 dB。求此墙在操作室一侧近处的噪声衰减。如对操作室进行吸声处理后，平均吸声系数增至 0.4，再求其噪声衰减。

解 由题意，吸声处理前操作室的房间常数为

$$R_{r2}=\frac{S\bar{\alpha}_2}{1-\bar{\alpha}_2}=\frac{100\times0.02}{1-0.02}=2.04\ (m^2)$$

隔墙的噪声衰减为

$$W_{NR}=R-10\lg\left(\frac{1}{4}+\frac{S_W}{R_{r2}}\right)=30-10\lg\left(\frac{1}{4}+\frac{20}{2.04}\right)=20\ (dB)$$

进行吸声处理后，设房间常数记作 R'_{r2}，则

$$R'_{r2}=\frac{100\times0.4}{1-0.4}=66.7\ (m^2)$$

$$W'_{NR}=30-10\lg\left(\frac{1}{4}+\frac{20}{66.7}\right)=32.6\ (dB)$$

本例表明，接受室内不做吸声处理时，噪声衰减量较隔墙的隔声量减少 10 dB，若进行吸声处理，使平均吸声系数达到 0.4，隔墙的噪声衰减量会增加约 13 dB。所以隔声间内有无吸声处理对隔声效果影响很大。

2. 隔声间的实际隔声量

隔声间的插入损失 I_L 计算公式为

$$I_L=\bar{R}+10\lg\frac{A}{S} \tag{2-92}$$

式中 I_L——隔声间的插入损失，dB；

$\bar{R}$——隔声间的平均隔声量，dB；

A——隔声间的吸声量，m^2；

S——传声间内表面积，m^2。

通常隔声间的插入损失在 20～50 dB 之间。式(2-92)可用作设计隔声间的依据，以此确定传声墙的面积，选择隔声构件与室内的吸声结构。

四、隔声罩

隔声罩是将噪声源封闭在一个相对小的空间内，以减少向周围辐射噪声的罩状壳体。隔声罩由罩板、阻尼涂料和吸声层等构成。罩板常采用薄金属板、木板、纤维板等轻质材料，当采用薄金属板做罩板时，必须涂覆相当于罩板 2～4 倍厚度的阻尼层以改善共振区和吻合效应处的隔声性能。隔声罩技术措施简单、投资少、隔声效果好，主要用于控制机器噪声，如空压机、鼓风机、内燃机发电机组等。

隔声罩通常是兼有隔声、吸声、阻尼、隔振和通风、消声等功能的综合结构体。常用的隔声罩有密封型、局部开敞型以及固定型与活动型之分。密封型隔声罩不设开口，多用来隔绝体积小、散热要求不高的机械设备。局部开敞隔声罩设有开口或局部无罩板，罩内仍存在混响声场，一般应用于大型设备的局部发声部件或发热严重的机电设备。应根据噪声源设备的操作、安装、维修、冷却、通风等具体要求采用适当的隔声罩形式。隔声罩上可设置观察孔，可采用对流通风或强制通风散热，如图 2-21 所示。隔声罩的降噪量一般在 10～40 dB 之间。

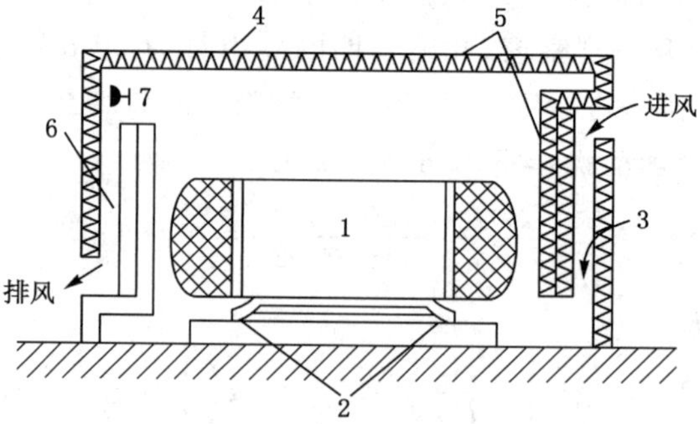

1—机器；2—减振器；3，6—消声通道；
4—吸声材料；5—隔声板壁；7—排风机。
图 2-21　带有进排气消声通道的隔声罩构造

(一) 隔声罩的插入损失

隔声罩的降噪效果通常用插入损失来表示，定义为隔声罩设置前后，同一接收点的声压级之差，记作 I_L。隔声罩的插入损失可由式(2-93)计算：

$$I_L = 10\lg \frac{\bar{\alpha}}{\bar{\tau}} \quad 或 \quad I_L = \bar{R} + 10\lg \bar{\alpha} \tag{2-93}$$

式中 $\bar{\alpha}$——隔声罩内表面的平均吸声系数；

$\bar{\tau}$——隔声罩壁与顶板的平均透声系数；

$\bar{R}$——隔声罩壁与顶板的平均隔声量，dB。

由式(2-93)可知，隔声罩壳体的平均隔声量愈大，插入损失愈大；内表面的平均吸声系数愈大，插入损失愈大。一般情况下，$0<\bar{\tau}<\bar{\alpha}<1$，隔声罩的插入损失都小于其壳体的平均隔声量。下面讨论两个极端的情况：

(1) $\bar{\alpha}=1$ 时，有 $I_L=\bar{R}$，说明当隔声罩的插入损失与其材料平均固有隔声量相等时，由这种材料构成的隔声罩的隔声量达到最大值。

(2) $\bar{\alpha}=\bar{\tau}$ 时，$I_L=0$，说明当隔声罩内的平均吸声系数小到与平均透声系数相等时，隔声罩的插入损失等于 0。

(二) 隔声罩设计

隔声罩的结构形式不同，插入损失也不同，如表 2-24 所示。因此在设计隔声罩时，应根据现场情况进行结构设计，依据式(2-93)计算隔声罩的插入损失。

表 2-24　不同形式隔声罩的插入损失

隔声罩结构形式	隔声罩的插入损失/dB(A)
固定密封型	30～40
活动密封型	15～30
局部敞开型	10～20
带通风散热消声器的隔声罩	15～25

隔声罩的设计应注意以下几点：

(1) 隔声罩应选用适当的材料和形状。罩壳壁材须有足够的隔声量，且为了便于制造、安装及维修，宜采用 0.5～2 mm 厚的钢或铝板等轻薄、密实的材料制作，有些大而固定的场合也可用砖或混凝土等厚重材料制作。

(2) 罩内壁与设备之间应留有较大的空间，一般为设备所占空间的 1/3 以上，各内壁面与设备的空间距离不得小于 10 cm，以免产生耦合共振，使隔声量减小。

(3) 用刚性轻薄材料制作时，须在壁面上加筋，涂贴阻尼层，以抑制与减弱共振和吻合效应的影响。

(4) 罩体与声源设备及其机座之间不能有刚性接触，以避免形成声桥，使隔声量降低。同时隔声罩与地面之间应进行隔振处理，防止罩体振动和固体声传播。

(5) 隔声罩内的所有缝隙应密封严实。罩壁上开有隔声门窗、通风与电缆等管线时，缝隙处必须密封，并且管线周围应有减振、密封措施。

(6) 罩内必须进行吸声处理，衬贴吸声系数较大的多孔或纤维状吸声材料，表面敷设较牢靠的护面层。

(7) 隔声罩的设计必须与生产工艺相配合，便于操作、安装与检修，需要时可做成能够拆卸的拼装结构。此外隔声罩必须考虑声源设备的通风、散热要求，通风口应安装消声器，消声量要与隔声罩的插入损失相匹配。

五、隔声屏

根据几何声学原理，在声源与接收点之间设置挡板，阻断声波的直接传播，这样的结构叫隔声屏或声屏障。它一般用于车间、办公室或道路两侧。设置噪声屏的方法简单、经济，便于拆装与移动，因而应用较广。

(一) 隔声屏的插入损失

噪声在传播途径中遇到障碍物，若障碍物的尺寸远大于声波波长，则大部分声能量被反射，一部分发生衍射，于是在障碍物背后一定距离内形成声影区，声影区的大小与声波的频率有关，频率越高，声影区的范围就越大。声屏障将声源和保护目标隔开，使受声点的保护目标落在声影区范围内。声屏障对声影区的降噪效果通常用插入损失 I_L 来衡量。

如果是不透声的理想隔声屏，且安放在自由声场中，屏为无限长，如图 2-22 所示，则隔声屏的插入损失为

$$I_L = 10\lg N + 13 \tag{2-94}$$

$$N = \frac{2}{\lambda}\sigma = \frac{\sigma f}{17d} = \frac{2(A+B-d)}{\lambda} \tag{2-95}$$

式中 σ——声程差，$\sigma = A+B-d$，m；

λ——声波的波长，m；

f——声波的频率，Hz；

A——声源到屏顶的距离，m；

B——接收点到屏顶的距离，m；

d——声源与接收点之间的直线距离，m。

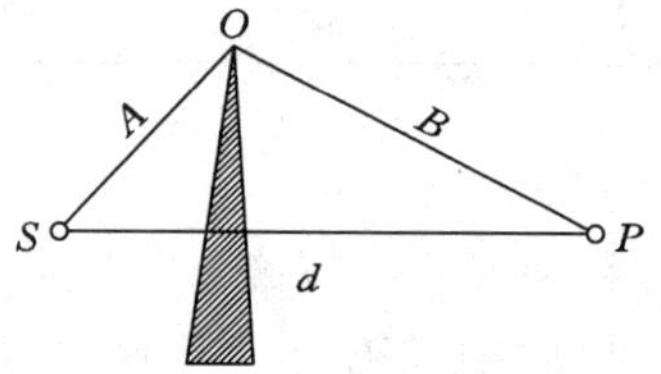

图 2-22　隔声屏结构参数示意图

由式(2-94)、式(2-95)可知，隔声屏的插入损失与声程差 σ 密切相关，声程差 σ 愈大，插入损失愈大。因此，屏障高度应足够大，且宜设置在靠近声源或接收点外；此外，屏的插入损失与入射声波波长有关，波长愈长，插入损失愈低。换言之，隔声屏对高频声的降噪效果优于低频声。

隔声屏主要是遮挡直达声，在混响明显的房间中隔声效果不明显，因此配合吸声措施，方才有效。对于防治交通噪声的隔声屏，如果表面不加吸声材料，噪声则会在道路两旁的隔声屏间多次反射，形成声廊，并向屏障外辐射，从而使隔声屏失去应有的降噪效果。

(二) 隔声屏设计要点

设计隔声屏时，须注意以下几点：

(1) 隔声屏应有足够的高度，保证减噪效果。隔声屏的宽度也是影响减噪效果的重要参量，通常宽度大于高度，一般宽度为高度的 1.5～2 倍。

(2) 使用隔声屏，必须配合吸声处理，尤其是在混响声明显的场合。吸声处理愈好的房间，降噪效果愈明显。在实际工程中，也应尽可能采用吸声型声屏障，特别是面对声源的一侧，可以增加额外的吸声面积。为此，除房间适当进行吸声处理外，在隔声屏朝向声源一侧也往往敷贴吸声材料；在混响明显的房间，可在屏的两侧都敷贴吸声材料。在房间内进行吸声处理时，靠近声源的壁面宜首先进行妥善的吸声处理。

(3) 隔声屏主要用于控制直达声，能有效地防止噪声的发散。如图 2-23 所示，其结构简单，形式多样，有二边形、三边形、遮檐式等，其中带遮檐的多边形隔声屏效果尤为明显。

(4) 为了形成有效的声影区，隔声屏的隔声量要比声影区所需的声级衰减量大 10 dB，如要求 15 dB 的声级衰减量，隔声屏本身要具有 25 dB 以上的隔声量，这样才能达到要求。

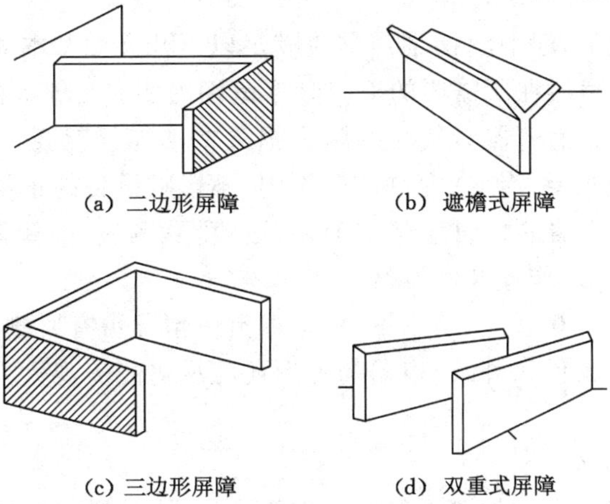

(a) 二边形屏障　(b) 遮檐式屏障

(c) 三边形屏障　(d) 双重式屏障

图 2-23　隔声屏的基本形式

第六节　噪声控制技术——消声

一、概述

(一) 消声器

消声器是一种允许气流通过,又能有效阻止或减弱声能向外传播的装置。消声器主要针对空气动力声,一般安装在进、排气口或气流通过的管道中。性能优良的消声器可使气流噪声降低 20～40 dB(A),因此被广泛应用在噪声控制工程中。

消声器的种类很多,按其消声机理的不同大致可分为阻性消声器、抗性消声器、阻抗复合式消声器、微穿孔板消声器和扩散消声器等五大类,见表 2-25。其各自具有不同的消声频谱特性,可根据设备的空气动力性及噪声频谱选用适当的消声器。

表 2-25　消声器的种类与适用范围

消声器分类	消声原理	常用形式	消声频率特性	适用范围
阻性消声器	利用吸声材料消声	直管式、片式、折板式、蜂窝式、声流式	具有中、高频消声性能	控制风机的进排气鸣声、燃气轮机进气噪声
抗性消声器	利用声抗的大小来消声	扩张室消声器、共振腔消声器	具有低、中频消声性能	适于消除空气压缩机、内燃机、汽车排气噪声
阻抗复合式消声器	兼具阻性和抗性消声器的原理	阻性-扩张室式、阻性-共振腔式、阻性-扩张室-共振腔式	具有低、中、高频消声性能	适于消除鼓风机、大型风洞、发动机试车台噪声
微穿孔板消声器	利用微穿孔板吸声结构制成	单层、多层微穿孔板	具有宽频带消声性能	适用于高温、高湿、有油雾及要求特别清洁卫生的场合
扩散消声器	利用扩散降速、变频或改变喷注气流参数消声	小孔喷注消声器、节流减压排放消声器、多孔扩散消声器	具有宽频带消声性能	适用于消除高压气体排放噪声,如锅炉排气、高炉放风、化工工艺气体放散

（二）对消声器的评价要求

根据消声器的用途和使用条件，消声器应满足以下几方面基本要求：

（1）消声性能。消声器在所需要的消声频率范围内要有足够大的消声量。

（2）空气动力性能。消声器对气流的阻力损失或功能损耗要小，即安装消声器后所增加的压力损失和功率损失要控制在允许的范围内，不影响设备的正常工作。

（3）结构性能。消声器的材料应坚固耐用，耐高温、耐腐蚀、耐潮湿、耐粉尘，且结构简单、体积小、质量轻，便于制作安装和维修。

上述三方面的要求互相联系、缺一不可，根据具体情况可有所侧重。除几何尺寸和外形应符合实际安装空间的条件以外，消声器的外形还应尽可能美观大方，表面装饰与设备总体相协调。

（三）消声器的评价量

衡量消声器性能优劣常用的评价量主要有插入损失、传递损失和减噪量。

1. 插入损失 L_{IL}

插入损失指系统中插入消声器前在系统外某定点测得的声压级（L_{p1}）与插入消声器后测得的声压级（L_{p2}）之差。

用插入损失作为评价量的优点是比较直观实用，测量简单，适于在现场测量中评价安装消声器前后的综合效果。但应注意，插入损失不仅与消声器本身的特性有关，还与噪声源的阻抗特性和出口端的负载特性密切相关，它们对抗性消声器的影响特别明显。

2. 传递损失 L_R

传递损失指消声器进口端入射声的声功率级（L_{W1}）与出口端透射声的声功率级（L_{W2}）之差：

$$L_R = 10\lg\frac{W_1}{W_2} = L_{W1} - L_{W2} \tag{2-96}$$

传递损失反映的是消声器自身的特性，与声源等因素无关，因此适用于理论分析计算和在实验室中检验消声器自身的消声特性。

3. 减噪量 L_{NR}

减噪量指消声器进口端平均声压级（$\overline{L}_{p1}$）与出口端平均声压级（$\overline{L}_{p2}$）之差：

$$L_{NR} = \overline{L}_{p1} - \overline{L}_{p2} \tag{2-97}$$

这种测量方法易受气象条件、背景噪声等影响，误差较大，实际中采用较少。

二、阻性消声器

（一）阻性消声原理

阻性消声器是一种利用吸声材料消声的吸收型消声器。吸声材料固定在气流通道内，利用声波在多孔吸声材料中传播时，摩擦阻力和黏性阻力将声能转化为热能，达到消声的目的。与电学类比，吸声材料相当于电阻，故称阻性消声器。一般而言，阻性消声器具有良好的中、高频消声性能，低频的消声性能相对较差。主要用于控制风机的进排气鸣声、燃气轮机进气噪声。

（二）阻性消声器的结构形式

阻性消声器按气流通道几何形状可以分为直管式、片式、折板式、蜂窝式、声流式等，如图 2-24 所示。

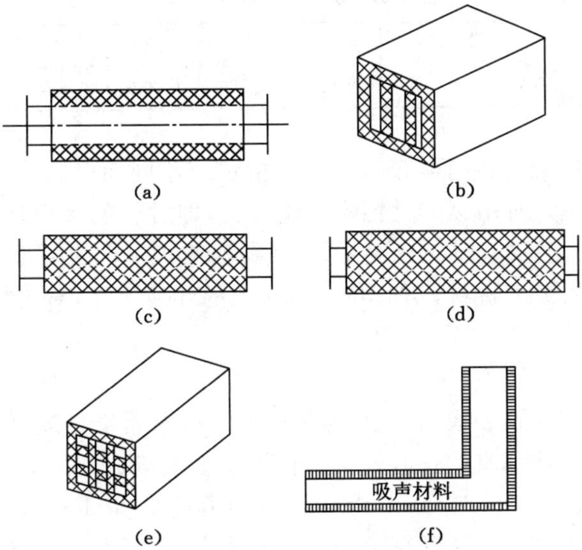

图 2-24　阻性消声器结构示意图

1. 单通道直管式消声器

单通道直管式消声器是阻性消声器中较常见、简单的一种结构形式，仅在管道内壁上加衬一定厚度的吸声材料或吸声结构，如图 2-24(a)所示，其特点是结构简单、气流直通、阻力损失小，适用于小流量管道消声。

直管消声器的消声衰减量与吸声材料的声学性能、气流通道周长、断面面积以及管道长度有关，常用别洛夫公式计算，即

$$L_A=\varphi(\alpha_0)\frac{P}{S}l \tag{2-98}$$

式中　L_A——消声量，dB；

P——消声器通道断面的有效周长，m；

S——消声器通道的有效截面积，m^2；

l——消声器有效长度，m；

α_0——垂直入射吸声系数；

$\varphi(\alpha_0)$——消声系数，与材料的垂直入射吸声系数有关，由表 2-26 查得。

表 2-26　$\varphi(\alpha_0)$与 α_0的关系

α_0	0.05	0.10	0.15	0.20	0.25	0.30	0.35	0.40	0.45	0.50	0.55	0.60～1.0
$\varphi(\alpha_0)$	0.05	0.11	0.17	0.24	0.31	0.39	0.47	0.55	0.64	0.75	0.86	1～1.5

赛宾计算式是直通道阻性消声器声衰减量的另一种计算式：

$$L_A=1.03\bar{\alpha}^{1.4}\frac{P}{S}l \tag{2-99}$$

式中　$\bar{\alpha}$——吸声材料无规入射平均吸声系数，表 2-27 列出了 $\bar{\alpha}$ 与 $\bar{\alpha}^{1.4}$之间的关系。

表 2-27 $\bar{\alpha}$ 与 $\bar{\alpha}^{1.4}$ 的换算关系

$\bar{\alpha}$	0.05	0.10	0.15	0.20	0.25	0.30	0.35	0.40	0.45	0.50	0.60
$\bar{\alpha}^{1.4}$	0.015	0.040	0.070	0.105	0.144	0.185	0.230	0.277	0.327	0.329	0.489

式(2-98)和式(2-99)大致相同，仅仅是对 α_0 的修正不同而已。由两个公式可以看出，阻性消声器的消声量首先与所用吸声材料的性能有关，即材料的吸声性能越好，消声值越高；其次，还与消声器的长度、周长呈正比关系，与横截面面积呈反比关系。设计消声器时，应尽可能选用吸声系数高的吸声材料，并详细计算通道的几何尺寸，对于相同截面积的通道，P/S 值以矩形最大，圆形最小。

2. 片式消声器

对于气流流量大、通风面积大的管道，为了增大消声器周长与截面积的比值，在直管内插入一定量的平板吸声片，将原有的管道分成若干小通道，就构成了片式消声器，如图 2-24(b)所示。通常取吸声片厚度为 50～100 mm，片间距离(通道宽度)取 100～250 mm。当片式消声器每个通道的构造尺寸相同时，只要计算单个通道的消声量，即为该消声器的消声量。所以，片式消声器的消声量计算公式与单通道直管式消声器计算公式相似。

3. 折板式消声器

折板式消声器是片式消声器的变型，为了增加高频的消声效果而将直通道改为曲折通道，如图 2-24(c)所示。在给定直线长度情形下，该种消声器可以增加声波在管道内的传播路程，使材料更多地接触声波，特别是高频声波，能增加传播途径中的反射次数，从而提高高频消声量。为了减小阻力损失，折角不要过大，一般小于 20°。

4. 声流式消声器

声流式消声器是折板式消声器的改进形式，如图 2-24(d)所示。声流式消声器使折板式消声器的折角变得平滑，当声波通过时，增加反射次数，并对某些频率的声波产生吻合振动，从而改善吸声性能，而且还使气流较为通畅地通过，达到高消声、低阻损的要求。

5. 蜂窝式消声器

蜂窝式消声器结构如图 2-24(e)所示，由若干个小型直管消声器并联而成，形似蜂窝。因小型管道的周长 P 与截面积 S 之比要比直管式和片式的大，所以消声量较高，且小管的尺寸很小，使上限失效频率大大提高而改善了高频消声特性。因为每个小型直管消声器都是相互并联的，所以只需计算一个小型直管消声器的消声量，就可以表示整个消声器的消声量。

6. 消声弯头

消声弯头结构如图 2-24(f)所示，在弯管壁面衬贴吸声材料，就成为一个有明显消声效果的消声弯头。消声弯头能改变管道内气流的方向。弯头上衬贴吸声材料的长度，一般相当于管道截面尺寸的 2～4 倍。其形式有圆管弯头、矩形管弯头、圆弧形弯头和直角形弯头等。弯头的插入损失大致与弯折角度呈正比关系。

(三) 阻性消声器性能的影响因素

1. 高频失效频率的影响

对于一定截面积的气流通道，当入射声波的频率高至一定限度时，由于方向性很强而形成“光束状”传播，很少接触贴敷的吸声材料，消声量明显下降，这一现象称之为高频失效。

产生高频失效所对应的频率称为上限失效频率 $f_{上}$。以直管式消声器为例，可用如下经验公式计算：

$$f_{上}=1.85\frac{c}{D} \tag{2-100}$$

式中　c——声速，m/s。

D——消声器通道的当量直径，m。对矩形管道取边长平均值，圆形管道取直径，其他可取面积的开方值。

当频率高于失效频率时，每增高一个倍频带，消声量约下降 1/3，按下式估算：

$$\Delta L'=\frac{3-n}{3}\Delta L \tag{2-101}$$

式中　$\Delta L'$——高于失效频率的某倍频带的消声量，dB；

ΔL——失效频率处的消声量，dB；

n——高于失效频率的倍频程频带数。

2. 结构因素的影响

消声器的结构会引起高频失效现象。在设计消声器时，对于小风量的细管道可选用直管式，但对于较大风量的粗管道一般采用多通道形式，可以在消声器通道中加装消声片，或将消声器设计成片式、折板式、蜂窝式或弯头式等，以提高消声器在中、高频范围内的消声效果。在高频失效频率附近采取上述办法可显著地提高高频消声效果。但是通道过多或出现弯曲，会显著增加阻力损失，使消声器的空气动力性能变差。因此，阻性消声器的结构形式应根据实际情况来决定。

3. 气流的影响

气流对阻性消声器声学性能的影响主要表现为：一方面，气流会影响声波的传播和衰减规律；另一方面气流速度过大时，会在消声器内产生附加噪声，称为气流再生噪声。气流再生噪声主要是气流经过消声器时因局部阻力和摩擦阻力形成湍流而产生的噪声，另外，高速气流激发消声器构件振动会辐射气流再生噪声。管道中各倍频带气流再生噪声的声功率经验计算公式为

$$L_W=72+60\lg v-20\lg f \tag{2-102}$$

式中　L_W——倍频带的气流再生噪声，dB；

f——倍频带的中心频率，Hz；

v——气流速度，m/s。

气流再生噪声的大小主要取决于气流的速度和消声器的结构。气流速度增加，使消声量减少，当气流速度高到一定程度时，消声量变为负值，此时消声器失去消声作用。所以消声器的设计不应使气流的流速过高，否则不仅消声器的性能受到影响，而且空气动力性能也会变差。

（四）阻性消声器的设计

（1）根据气流流量和流速，计算所需要的通流截面积，合理选择阻性消声器的形式。一般当气流通道截面的当量直径小于 300 mm 时，可选用单通道直管式；当直径介于 300～500 mm 时，可在通道中加设吸声片或吸声芯；当通道直径大于 500 mm 时，则应考虑把消声器设计成片式、蜂窝式或其他形式。综合考虑噪声源的强度、降噪现场要求、所允许的安装

空间尺寸，消声器长度一般为 1～3 m。

(2) 合理选用吸声材料。一般除考虑吸声频率范围、吸声系数的大小、吸声材料厚度外，同时还要考虑消声器的使用环境，在高温、潮湿、有腐蚀性气体等特殊环境中，吸声材料还应具有耐热、防潮、抗腐蚀性能。

(3) 合理确定消声器的长度。增加消声器的长度可以提高消声量。消声器的长度应根据噪声源的强度和现场降噪的要求来决定。一般空气动力设备如风机的消声器长度为 1～3 m，特殊情况下为 4～6 m。

(4) 合理选择护面结构。阻性消声器中的吸声材料是在气流中工作的，所以吸声材料必须用牢固的护面结构固定。常用的护面结构有玻璃布、穿孔板、铁丝网等。如果护面结构选取不合理，吸声材料会被气流吹跑或激起护面结构振动，导致消声性能下降。护面结构形式主要由消声器通道内的气流速度来决定，如表 2-28 所示。

表 2-28　不同流速条件下的护面结构

气流速度/(m/s)		护面形式
平行/(m/s)	垂直/(m/s)	
<10	<7	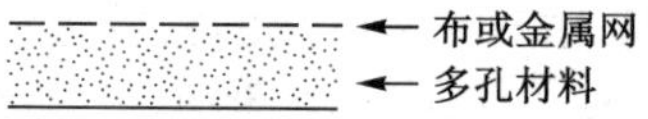
10～23	7～15	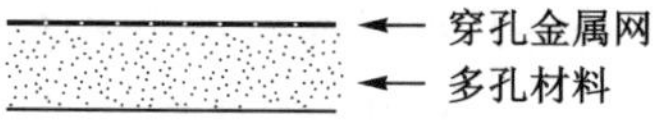
23～45	15～38	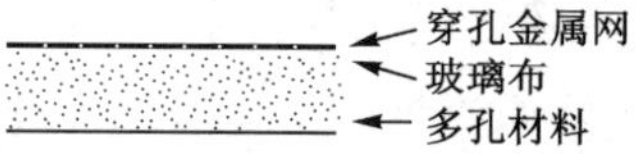
45～120		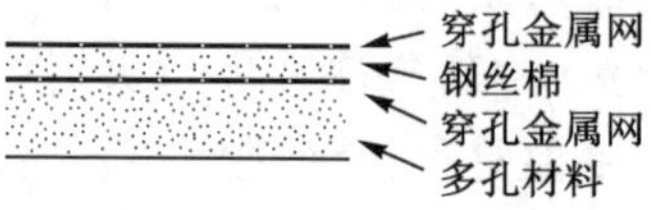

(5) 根据高频失效和气流再生噪声的影响验算消声效果。

三、抗性消声器

抗性消声器主要依靠管道截面的突变或旁接共振腔等在声传播过程中引起阻抗的改变，使沿管道传播的声波产生反射、干涉等现象，从而达到消声的目的。常用的抗性消声器有扩张室消声器和共振消声器两大类。抗性消声器的选择性较强，适用于窄带噪声和低、中频噪声的控制。

(一) 扩张室消声器

扩张室消声器是抗性消声器常用的结构形式，其最基本的形式是采用单节扩张室，其是由连接管和扩张室组成的，如图 2-25 所示。

1. 消声量的计算

根据管道传播理论，只考虑扩张室本身特性。声波通过扩张室时，单节扩张室消声器消声性能主要取决于扩张比 m 和扩张室的长度，其消声量计算式为

$$L_R = 10\lg\left[1+\frac{1}{4}\left(m-\frac{1}{m}\right)^2\sin^2(kl)\right] \tag{2-103}$$

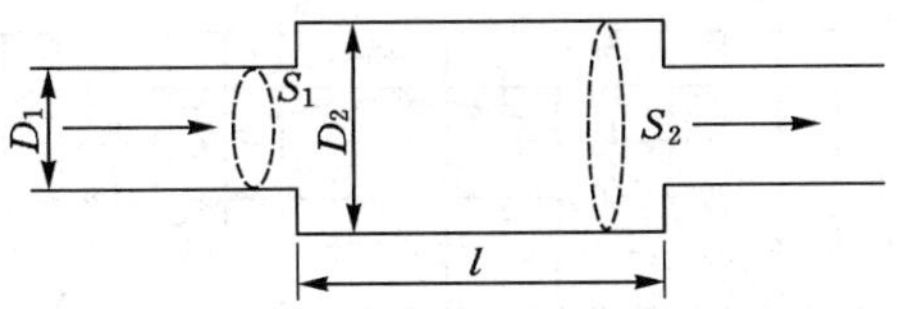

图 2-25　单节扩张室消声器

式中　k——角波数，$k=2\pi/\lambda$，m^{-1}。

m——扩张比，$m=S_2/S_1$，其中 S_1 为进、出气管截面积，m^2；S_2 为扩张管截面积，m^2。

l——扩张室长度，m。

由公式(2-103)可以看出以下几点：① 不管管道截面收缩为原来的$\frac{1}{m}$还是扩张 m 倍，其消声作用都是相同的，在工程中为了减少对气流的阻力，常用扩张管。② 消声量 L_R 随 kl 做周期性变化。当 $kl=(2n+1)\frac{\pi}{2}(n=0,1,2,3,\cdots)$ 时，$\sin^2(kl)=1$，扩张室消声量达最大值，此时式(2-103)可写成

$$L_R=10\lg\left[1+\frac{1}{4}\left(m-\frac{1}{m}\right)^2\right] \tag{2-104}$$

由式(2-104)可以更清楚地看出，增大扩张比 m，可增大消声量。通常 m 大于 1，当 m 大于 5 时，可近似地取

$$L_R=20\lg\frac{m}{2}=20\lg m-6 \tag{2-105}$$

由 $kl=(2n+1)\frac{\pi}{2}$时，消声量最大，可以导出消声量达最大值时的相应频率：

$$f_{\max}=(2n+1)\frac{c}{4l} \tag{2-106}$$

当 $kl=n\pi$ 时，$\sin^2(kl)=0$，消声量 $L_R=0$，表明声波无衰减地通过消声器，这是单节扩张室消声器的主要缺点。此时，对应的频率称为消声器的通过频率：

$$f_{\min}=\frac{n}{2l}c \tag{2-107}$$

为了消除某一频率的噪声可适当选择扩张室的长度，以使消声器在该频率上有最大消声量。工程实际设计中，将式(2-103)绘成图 2-26 所示，即扩张比 m 不同，kl 不同的消声量曲线。

2. 扩张室消声器的截止频率

扩张室有效消声的上限截止频率可按下式计算：

$$f_{上}=1.22\frac{c}{D} \tag{2-108}$$

式中　c——声速，m/s；

D——扩张室截面当量直径，m。

由式(2-108)可以看出，扩张室截面积越大，$f_{上}$ 的值越小，其消声频率范围越窄。因此，选择扩张比要兼顾消声量和消声频率两个方面。

扩张室消声器的消声频率范围，还存在下限截止频率。在低频范围内，当声波波长远大

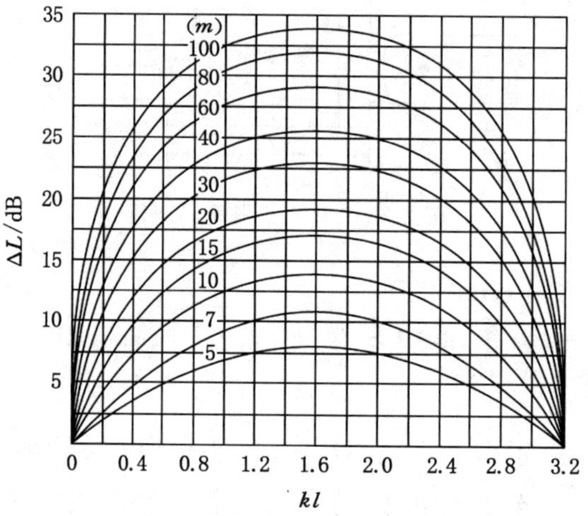

图 2-26 单节扩张室消声器的消声量

于扩张室或连接管的长度时，扩张室和连接管可以看作声学元件构成的声振系统，当入射声波的频率和这个系统的固有频率相等时，会发生共振，消声器不但不消声，反会将声音放大，这个频率称为下限频率 $f_{下}$。只有在大于 $f_{下}$ 的频率范围，消声器才有消声作用。所以扩张室消声器的下限截止频率应为

$$f_{下}=\frac{c}{\sqrt{2}\pi}\cdot\sqrt{\frac{S_1}{Vl_1}} \tag{2-109}$$

式中 S_1——连接管的截面积，m^2；

V——扩张室的体积，m^3；

l_1——连接管的长度，m。

3. 改善消声频率特性的方法

单节扩张室消声器的主要缺点是存在许多通过频率，在通过频率处的消声量为零，即声波会无衰减地通过消声器而达不到消声的目的。解决的方法通常有两种：一是在扩张室内插入内接管，二是将多节扩张室串联。

利用内接管的方法将内接管的入口管和出口管分别插入扩张室，如图 2-27(a)所示。由理论分析可知，当插入管长度等于 $l/2$ 时，可消除式 $f_{\min}=\frac{n}{2l}c$ 中 n 为奇数的通过频率。当插入管的长度等于 $l/4$ 时，可消除式 $f_{\min}=\frac{n}{2l}c$ 中 n 为偶数的通过频率。将两者结合，则可得到较为理想的消声效果，如图 2-27(b)中的虚线所示。

将多节扩张室消声器串联起来，可以将各节扩张室的长度设计为不同数值，使其通过频率互相错开，例如使前一节的最大消声频率恰好是后一节的通过频率，如图 2-28 所示。这样就可以改善整个消声频率特性，同时也使总的消声量提高。但由于各节之间有耦合现象，总消声量并不等于各节扩张室消声量的算术和。

在实践中，通常将上述两种方法结合使用。考虑到消声器的空气动力性，串联的腔室一般以 2～4 腔为宜。

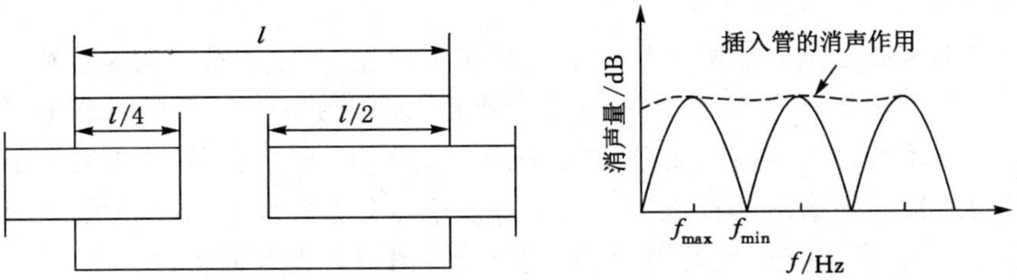

(a) 带插入管的扩张室消声器　　(b) 插入管消声的作用

图 2-27　带插入管的扩张室消声器及消声频率特性

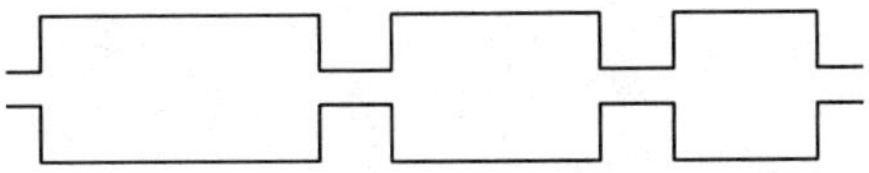

图 2-28　多节扩张室串联消声器

4. 扩张室消声器的设计

(1) 根据声源的频谱特性,合理地布置最大消声频率,并以此来确定各节扩张室及其插入管的长度。插入管的长度一般按 1/4 和 1/2 腔长设计。

(2) 根据需要的消声量和气流速度,确定扩张比 m,设计扩张室各部分截面尺寸。在允许的范围内,尽量选用较大的扩张比。一般情况下,取 $9<m<16$;通道直径小时,可取 $m>16$,但不宜大于 20。通道直径较大时,可取 $m<9$,但不应小于 5。

(3) 验算所设计的扩张室消声器的上、下限截止频率是否在所需要的频率范围以外,否则应参照有关要求重新修改设计方案。再验算气流对消声量的影响,检查在给定的气流速度下,消声量是否还能满足要求,否则应重新设计,直到满足为止。

(二) 共振消声器

共振消声器是利用共振吸声原理进行消声的,在一段气流通道的管壁上开一些小孔,使其与管外闭合的空腔相通,如图 2-29 所示。其最简单的结构形式是单腔共振消声器,如图 2-30 所示。

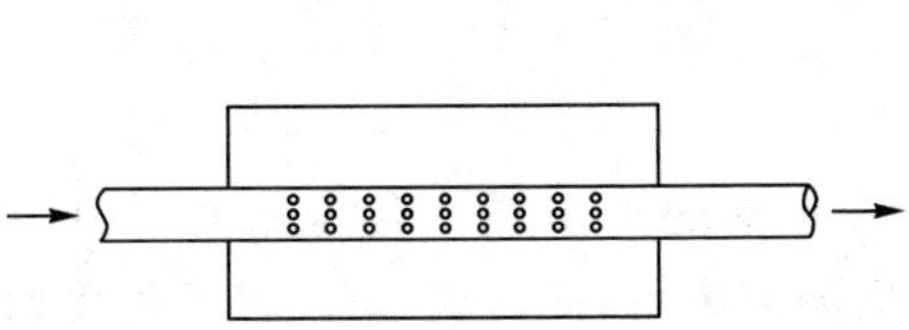

图 2-29　共振消声器

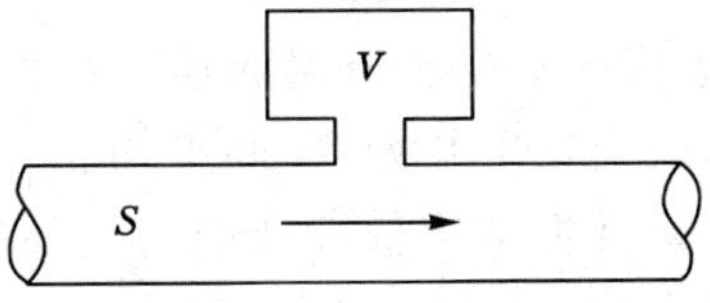

图 2-30　单腔共振消声器

1. 消声原理与消声量的计算

共振消声器实质上是共振吸声结构的一种应用，其基本原理基于的是亥姆霍兹共振器。管壁小孔中的空气柱类似活塞，具有一定的声质量，腔体内空气对声质量起着弹簧作用，两者组成一个共振系统。当声波传至颈口时，在声压作用下空气柱便产生振动，振动时的摩擦阻尼使一部分声能转换为热能耗散掉。当声波频率与共振腔固有频率相同时，便产生共振，空气柱振动速度达到最大值，此时消耗的声能最多，消声量也就最大。

当声波波长大于共振腔消声器的最大尺寸的 3 倍时，其共振吸收频率为

$$f_r=\frac{c}{2\pi}\sqrt{\frac{G}{V}} \tag{2-110}$$

式中 c——声速，m/s。

V——空腔体积，m^3。

G——传导率，有长度的量纲，其值为

$$G=\frac{S_0}{t+0.8d}=\frac{\pi d^2}{4(t+0.8d)} \tag{2-111}$$

式中 S_0——孔颈截面积，m^2；

d——小孔直径，m；

t——小孔颈长，m。

工程上应用的共振消声器很少是开一个孔的，而是开多个孔。此时要注意各孔间要有足够的距离，当孔心距为小孔孔径的 5 倍以上时，各孔间的声辐射互不干涉，此时总的传导率等于各个孔的传导率之和，即 $G_{总}=nG$（n 为孔数）。

忽略共振腔声阻的影响，单腔共振消声器对频率为 f 的声波的消声量为

$$L_R=10\lg\left[1+\frac{K^2}{\left(\frac{f}{f_r}-\frac{f_r}{f}\right)^2}\right] \tag{2-112}$$

$$K=\frac{\sqrt{GV}}{2S} \tag{2-113}$$

式中 S——气流通道的截面积，m^2；

V——空腔体积，m^3；

G——传导率。

式(2-112)计算的是单一频率的消声量。在实际工程中的噪声源多是连续的宽带噪声，常需要计算在某一频带内的消声量，此时式(2-112)可简化如下：

对倍频带

$$L_R=10\lg(1+2K^2) \tag{2-114a}$$

对 1/3 倍频带

$$L_R=10\lg(1+19K^2) \tag{2-114b}$$

图 2-31 给出的是不同情况下共振腔消声器的消声特性曲线。可以看出，共振腔消声器的选择性很强。当 $f=f_r$ 时，系统发生共振，L_R 将变得很大；在偏离 f_r 时，L_R 迅速下降。K 值越小，曲线越尖锐，因此 K 值是共振消声器设计中的重要参量。

2. 改善消声性能的方法

共振腔消声器特别适于低、中频成分突出的噪声，且消声量比较大。但是其消声频带范围窄，可采用以下方法弥补此缺陷。

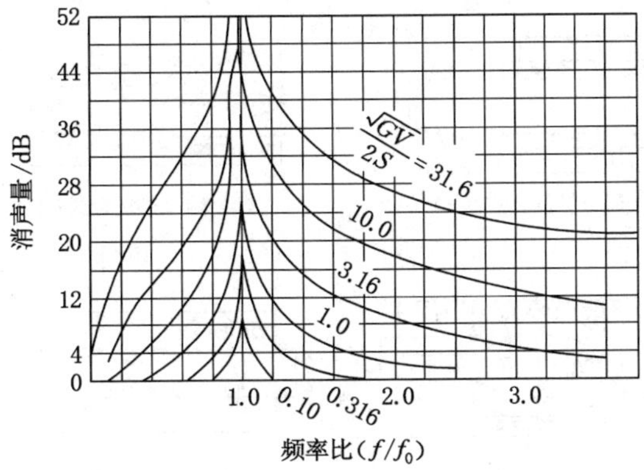

图 2-31　共振腔消声器的消声特性

(1) 选定较大的 K 值。由图 2-31 可以看出，在偏离共振频率时，消声量的大小与 K 值有关。K 值增大，消声量也增大，还能改善共振吸声的频带宽度，但同时消声器的体积也增大。因此，设计时，应全面考虑，适当地选取 K 值。

(2) 增加声阻。在共振腔中填充一些吸声材料，或在孔颈处衬贴薄而透声的材料，都可以增加声阻使有效消声的频率范围展宽。这样处理尽管会使共振频率处的消声量有所下降，但由于偏离共振频率后的消声量下降缓慢，从整体上看还是有利的。

(3) 采取多节共振腔串联。把具有不同共振频率的几节共振腔消声器串联，并使其共振频率互相错开，可以有效地展宽消声频率范围。

3. 共振消声器的设计

(1) 设计共振消声器，应根据实际的消声要求，首先确定共振频率和某一频率的消声量(倍频程或 1/3 倍频程的消声量)，再用公式(2-113)计算或以查表的方法求出相应的 K 值。当 K 值确定后，就可以考虑相应的 G、V 和 S，使之达到 K 值的要求。

(2) 设计消声器的结构尺寸。对某一确定的 V 值，可以有多种不同的共振腔形状和尺寸，对某一确定的 G 值也有多种的孔径、板厚和穿孔数的组合。在实际设计中，应根据现场条件和所用的板材，首先确定几个量，如板厚、孔径和腔深等，然后再设计其他参数。

四、阻抗复合式消声器

阻抗复合式消声器是由阻性消声器与抗性消声器组合而成的。常用的形式有阻性-扩张室式、阻性-共振腔式、阻性-扩张室-共振腔式等。图 2-32 给出阻抗复合式消声器的示意图。

阻抗复合式消声器由吸声材料和共振室、扩张室等声学原件组成，消声原理是阻性和抗性原理的结合。但当声波波长较长时，阻抗复合后因耦合作用而相互干涉，使声波在传播过程中的衰减机理变得极为复杂，难以确定简单的定量关系。因此，在实际应用中，阻抗复合式消声器的消声量通常由试验或实际测量确定。

(一) 阻性-扩张室复合消声器

图 2-32(a)所示是由阻性和抗性两部分消声结构组成的复合消声器。为了不增加消声器的长度，又不影响扩张室插入管的作用，将吸声材料附在扩张室的插入管上，主要用于消除风机等设备的高频噪声，消声效果约为 20 dB(A)。抗性消声部分由两节和多节不同长度

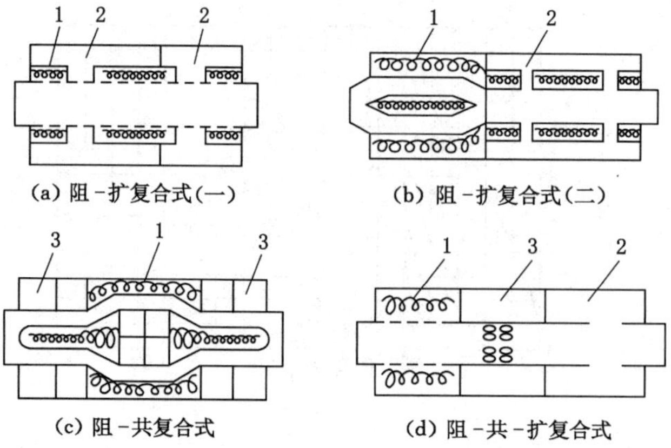

1—阻性材料;2—扩张室;3—共振腔。

图 2-32　几种阻抗复合式消声器示意图

的扩张室串联组成,主要用于消除低、中频噪声,一般有 10～20 dB(A)的效果。这种复合式消声器可在低、中、高频范围内获得良好的消声效果,一般用在风机进出口上。

(二) 阻性-共振腔复合型消声器

图 2-32(c)所示是阻性-共振室结构的复合消声器。消声器的阻性部分是将吸声材料粘贴在消声器通道的内壁上,用以消除压缩机噪声等的中、高频成分。抗性部分由具有不同消声频率的共振腔串联组成,其消声值为 20～30 dB(A),在低、中、高频的宽广范围上都有较好的消声性能。

五、微穿孔板消声器

微穿孔板消声器是利用微穿孔板吸声结构制成的一种消声器,在厚度小于 1 mm 的金属板上钻许多孔径为 0.5～1 mm 的微孔,穿孔率一般为 1%～3%,穿孔板后留有一定的空腔,就构成了微穿孔板吸声结构。

(一) 消声原理

由理论分析可知,穿孔板上的孔径与声阻呈反比关系。与一般穿孔板相比,微穿孔板吸声结构由于孔很小,所以声阻就很大,从而结构的吸声系数很大。低穿孔率降低了其声质量,使吸声频带宽度得到展宽,同时微穿孔板后面的空腔能够有效地控制共振吸收峰的位置。因此,微穿孔板消声器是一种高声阻、低声质量的吸声元件。为了保证在宽频带有较高的吸声系数,常采用双层微穿孔板结构。

(二) 消声量计算

微穿孔板消声器的最简单形式是单层管式消声器,这是一种共振式吸声结构。对于低频消声,当声波波长大于空腔尺寸时,其消声量可以用共振消声器的计算公式,即

$$L_R=10\lg\left[1+\frac{a+0.25}{a^2+b^2\left(\frac{f_r}{f}-\frac{f}{f_r}\right)^2}\right] \tag{2-115}$$

式中　$a=rS, b=\dfrac{Sc}{2\pi f_r V}$,其中 r 为相对声阻;S 为通道截面积,m^2;V 为板后空腔体积,m^3;c 为空气中声速,m/s。

f——入射声波的频率，Hz。

f_r——微穿孔板的共振频率，Hz。可由下式计算

$$f_r=\frac{c}{2\pi}\sqrt{\frac{P}{l'D}} \tag{2-116}$$

式中　$l'=l+0.8d+PD/3$，其中 l 为微穿孔板厚度，m；d 为穿孔直径，m。

P——穿孔率。

D——板后空腔深度，m。

对于中频消声，其消声量可以应用阻性消声器别洛夫公式[式(2-98)]进行计算。

对于高频噪声，其消声量可以用如下经验公式计算：

$$L_R=75-34\lg v \tag{2-117}$$

式中　v——气流速度，m/s，适用范围为 20 m/s≤v≤120 m/s。

由公式(2-117)可以看出，消声量与流速有关，流速增高，消声性能变差。金属微穿孔板消声器可承受较高气流速度的冲击，当流速达 70 m/s 时，仍有 10 dB(A)的消声量。

（三）微穿孔板的设计

微穿孔板设计方法与阻性消声器基本相同，不同之处是用微穿孔板吸声结构代替了阻性吸声材料。在结构形式上，如果要求阻损小，一般可设计成直通道形式；如果允许有些阻损，可采用声流式或多室式。微穿孔板与刚性壁之间以及穿孔板与穿孔板之间的空腔，按不同的吸声频带确定，，频率越高，空腔越小。当吸收 125～250 Hz 低频声时，取空腔深度 150～200 mm；吸收 500～1 000 Hz 中频声时，空腔取 80～120 mm；吸收 2 000～4 000 Hz 高频声时，空腔取 30～50 mm。

当采用双层吸声结构时，前后空腔的深度比不大于 1∶3。前面第 1 层微穿孔板的穿孔率可略高于后层。为减少轴向声传播的影响，可每隔 500 mm 设一块横向挡板。几种双层微穿孔板结构参数见表 2-29，可供设计时参考。

表 2-29　双层微穿孔板结构参数

板厚/mm	孔径/mm	穿孔率/%		腔深/mm		不同频率对应的吸声系数 α				
		前腔 P_1	后腔 P_2	前腔 D_1	后腔 D_2	125 Hz	250 Hz	500 Hz	1 000 Hz	2 000 Hz
0.5	1.0	2.4	2.4	107	37	0.21	0.65	0.71	0.93	0.98
0.5	0.5	2.7	2.7	100	40	0.55	0.81	0.86	0.82	0.75
0.8	0.8	1.0	1.0	80	120	0.48	0.97	0.93	0.64	0.15
0.8	0.8	2.5	1.5	50	50	0.18	0.69	0.97	0.99	0.24
0.8	0.8	2.5	1.0	30	70	0.26	0.71	0.92	0.65	0.35
0.8	0.8	3.0	1.0	80	120	0.40	0.92	0.95	0.66	0.17

微穿孔板消声器具有许多优点：① 阻力损失小，再生噪声低，适于高速气流(最大可达 80 m/s)；② 没有粉尘和纤维污染，清洁卫生，适于医药、食品等行业使用；③ 微穿孔板用金属制成，可用于高温、潮湿、有腐蚀性或有短暂火焰的环境中。

六、扩散消声器

扩散消声器利用扩散降速、变频或改变喷注气流参数，从声源上降低噪声，主要应用于

排气放空噪声。排气放空噪声是工矿企业的一种重要的噪声源，一般是由于小喷口高压放空排气时，高温高速气流的流动不稳定性所造成的。它具有噪声强度大、频谱宽、传播远、危害大等特点。

扩散消声器主要包括小孔喷注消声器、节流减压排放消声器、节流减压-小孔喷注复合消声器和多孔扩散消声器。

1. 小孔喷注消声器

小孔喷注消声器是以众多的小孔径喷口来代替原有的单一大截面喷口，一般用于降低流速极高的排气放空噪声，喷注噪声的主要能量会随喷口的直径减小而向高频端移动。当喷口直径小到一定程度时，喷注噪声的主要能量将转移到人耳不敏感的高频范围。同时，高频噪声在空气中的衰减远大于中低频噪声。根据这一原理，将一个大口径的喷口用许多小喷口代替，在保持相同排气量和出口流速的条件下，便能达到大幅度降低人耳敏感范围噪声的目的。

小孔孔径越小，降噪效果越好。但是随着孔径变小，小孔数量增多，加工难度加大，同时增加了小孔堵塞的概率。实际设计时，小孔孔径一般为 1～3 mm，孔心距为 5～10 倍的孔径，小孔的总面积比原来喷口面积大 20%～60%。

2. 节流减压排放消声器

节流减压排放消声器是将高压排放气流经过多级节流孔板逐次减压，把原来的高压直接排放变成逐级排放，从而达到降低排放噪声的目的。节流减压排放消声器主要适用于高温高压排气放空系统，其消声量一般可达 15～20 dB(A)。

3. 节流减压-小孔喷注复合消声器

节流减压-小孔喷注复合消声器综合了节流减压和小孔喷注各自的特点，因此能适用于各种压力条件排气放空消声，消声量也较大。常见的节流降压-小孔喷注复合型消声器一般为先节流，后小孔。其节流孔板的层数少则二级，多则三至四级，需根据实际排气压力确定，而后续的小孔喷注一般均为一级。

4. 多孔扩散消声器

多孔扩散消声器是一种耗散型排气放空消音器。当气流通过多孔陶瓷、烧结金属、多孔塑料和多层金属网等材料时，由于材料的流阻，排气压强大为降低，流速减小，从而降低了噪声强度。多孔扩散消声器中多孔直径越小，排气放空降噪效果越好。所用材料带有大量细小孔隙（达 100 μm 级），可使排放气流被滤成无数个小的气流，气体的压强被降低，流速被扩散减小，辐射噪声的强度也随之大大降低。多孔扩散消声器一般仅用于低压、高速、小流量的应用环境，其消声量可达 20～40 dB(A)。

思考题与习题

1. 什么是噪声？噪声对人的健康有什么危害？

2. 噪声控制的基本方法有哪些？

3. 声压增大为原来的两倍时，声压级提高多少分贝？

4. 在半自由声场空间中离点声源 2 m 处测得声压级的平均值为 88 dB。(1) 求其声功率级和声功率；(2) 求距声源 5 m 处的声压级。

5. 某点附近有两台机器，当机器都未工作时，该点的声压级为 50 dB。若同时工作，该点的声压级为 60 dB。若其中 1 台工作，则该点的声压级为 55 dB，试求另 1 台机器单独工作时，该点的声压级。

6. 在某测点处噪声的倍频带声压级列于表 2-30，计算该噪声的总声压级。

表 2-30　题 6 数据

中心频率/Hz	63	125	250	500	1 000	2 000	4 000	8 000
声压级/dB	98	101	103	102	99	92	80	60

7. 某声源在指定测点处，测得治理前、后的声压级如表 2-31 所示。计算治理前后的总响度和响度下降的百分率。

表 2-31　题 7 数据

中心频率/Hz	500	1 000	2 000	4 000	8 000
治理前声压级/dB	85	95	93	90	80
治理后声压级/dB	75	85	85	80	75

8. 在空间某处测得环境噪声的倍频程声压级如表 2-32 所示，求其线性声压级和 A 计权声压级。

表 2-32　题 8 数据

Hz	63	125	250	500	1 000	2 000	4 000	8 000
L_p/dB	90	97	99	83	76	65	84	72

9. 在铁路旁某处测得，当货车经过时，在 2.5 min 内的平均声压级为 72 dB；客车通过 1.5 min 内的平均声压级为 68 dB；无车通过时环境噪声约为 60 dB。该处白天 12 h 内共有 65 列火车通过，其中货车 45 列、客车 20 列，计算该地点白天的等效连续声级。

10. 设一无限长单向行驶道路，交通高峰时段(8:00—9:00)车流量为 1 000 辆/h，其中大型车占 5%，其余为小型车。大型车辐射声级距离 15 m 为 80 dB，小型车为 70 dB，车速均为 60 km/h，预测点与道路中心线垂直距离为 20 m(单行道)，其间无遮蔽物，地面为混凝土。试求预测点在该时段的交通噪声等效声级。

11. 某工人在 91 dB(A)下工作 1 h，90 dB(A)下工作 3h，86 dB(A)下工作 2 h，其余时间在 78 dB(A)以下。计算等效连续 A 声级。

12. 对某区域进行 24 h 监测，测得 A 声级如表 2-33 所示，计算该区域的昼夜等效声级。

表 2-33　题 12 数据

昼夜	白天(06 :00～22 :00)				夜间(22 :00～06,00)		
时间/h	3	6	2	5	2	2	4
A 声级/dB(A)	50	54	51	49	49	46	44

13. 说明吸声材料和吸声结构的吸声原理。

14. 一个空压机房间，大小为 25 m×10 m×5 m，噪声频率 500 Hz 时地面、墙壁、顶棚的吸声系数分别为 0.02、0.04、0.25，求总吸声量和平均吸声系数。

15. 某房间大小为 6 m×7 m×3 m，墙壁、天花板和地板在 1 kHz 的吸声系数分别为 0.06、0.07、0.07；若在天花板上安装一种 1 kHz 吸声系数为 0.8 的吸声贴面天花板，求该频带在吸声处理前后的混响时间及处理后的吸声降噪量。

16. 请说明单层墙的频率特性、双层墙的隔声机理。

17. 某隔声间有一面积为 25 m^2 的墙与噪声源相隔，该墙透射系数为 10^{-5}，在该墙上开一面积为 2.5 m^2 的门，其透射系数为 10^{-3}；另开一面积为 4 m^2 的窗，透射系数也为 10^{-3}。求该组合墙的平均隔声量。

18. 为隔离强噪声源，某车间用一道隔墙将车间分为两部分，墙上安装了 3 mm 厚的普通玻璃窗，面积占墙体的 1/4。设墙体的隔声量为 45 dB，玻璃窗的隔声量为 22 dB，求该组合墙的隔声量。

19. 车间一端的操作室与声源的隔墙面积为 20 m^2，操作室内表面积为 100 m^2，平均吸声系数为 0.02，隔墙上开一观察窗，此组合墙的隔声量为 40 dB。求此墙离操作室一侧近处的噪声衰减。如对操作室进行吸声处理后，平均吸声系数增至 0.4，再求其噪声衰减。

20. 试述消声器的分类及消声机理。

21. 横截面积为 2 000 cm^2 的消声管道，当其截面形状分别为圆形、正方形和 1∶5 及 2∶3 长方形时，哪种截面形状的声音衰减量最大？哪一种最小？（均选用同一种吸声材料衬贴）

22. 某声源排气筒噪声在 125 Hz 有一峰值，排气管直径为 100 mm，长度为 2 m。试设计一单节扩张室消声器，要求在 125 Hz 处有 10 dB 的传递损失。

第三章 振动污染及其控制

本章重点和难点：

(1) 振动污染的评价指标及标准。

(2) 振动控制基本方法。

第一节 概 述

一、振动与振动污染

(一) 振动

机械振动(简称振动)是指力学系统在观察时间内，其位移、速度或加速度往复经过极大值和极小值变化的现象。一个物体处于周期性往复运动的状态，就可以说物体在振动。

振动是自然界普遍的现象。各种形式的物理现象，诸如声、光、热等都包含振动；人的生命现象也离不开振动，心脏的搏动、耳膜和声带的振动，都是人体不可缺少的功能；声音的产生、传播和接收都离不开振动。在工程技术领域也存在振动现象。例如，建筑物和桥梁在阵风或地震激励下的振动、飞机和船舶在航行中的振动、机床和刀具在加工时的振动、各种动力机械的振动、控制系统中的自激振动等。超高层建筑来回摇动是正常的，有利于楼体安全，高层建筑大部分都是钢结构，对于侧向压力会起到缓冲作用。高层建筑“打太极”，摇摆而“定”，也是对风压的一种缓冲。

(二) 振动污染

振动污染是指振动超过一定的界限，从而对人体的健康和设施产生损害，对人的生活和工作环境形成干扰，或使机器、设备和仪表不能正常工作。人类生产活动产生的地基振动传递到建筑物，使人直接感受或通过门窗等发出的声响而间接受到心理危害；振动也可直接对物体产生危害，过强的振动会使房屋、桥梁等建筑强度降低甚至损坏，使机器和交通工具等设备的部件损耗增大；振动本身可以形成噪声源，以噪声的形式影响和污染环境。

振动污染的特点如下：① 振动污染带有强烈的主观性，是一种危害人体健康的感觉公害。振动污染的这一特征不仅使振动污染问题的解决复杂，也有碍于防治政策的顺利实施。② 振动污染是局部的。即振动传递时，随距离增大衰减增大，主要涉及振动源邻近的地区。③ 振动污染是一种瞬时性的能量污染。正如在地震时所见到的那样，振动只是简单通过在地基内的物理变化传递，随着距离的增大衰减而逐渐消失，不引起环境的其他变化。

二、振动污染源

环境振动污染主要来源于自然振动和人为振动。自然振动主要由地震、火山爆发等自然现象引起。自然振动带来的灾害难以避免，只能加强预报减少损失。人为振动污染源主要包括工厂振动源、工程振动源、道路交通振动源、低频空气振动源等。

（一）工厂振动源

在工业生产中的振动源主要有旋转机械、往复机械、传动轴系、管道等，如锻压、铸造、切削、风动、破碎、球磨以及动力等机械和各种输气、液、粉的管道。常见的工厂振源在其附近的加速度级为 80～140 dB，振级为 60～100 dB，峰值频率在 10～125 Hz 范围内。

（二）工程振动源

工程施工现场的振动源主要是打桩机、打夯机、水泥搅拌机、碾压设备、爆破作业以及各种大型运输机车等。常见的工程振源在其附近的振级为 60～100 dB。

（三）道路交通振动源

道路交通振动源主要是铁路振源和公路振源。对周围环境而言，铁路振动呈间隙振动状态；公路振源则取决于车辆的种类、车速、公路地面结构、周围建筑物结构和离公路中心远近等因素。一般说来，铁路振动的频率成分一般在 20～80 Hz 范围内；在离铁轨 30 m 处的振动加速度级在 85～100 dB 范围内，振动级在 75～90 dB 范围内。而公路交通振动的频率在 2～160 Hz 范围内，其中以 5～63 Hz 的频率成分较为集中，振级多在 65～90 dB 范围内。

（四）低频空气振动源

低频空气振动是指人耳可听见的 100 Hz 左右的低频振动，如玻璃窗、门产生的空气振动。这种振动多发生在工厂。

振动污染源按其形式可分为两类：① 固定式单个振动源，如一台冲床或水泵等；② 集合振动源，如厂界环境振动、建筑施工场界环境振动、城市道路交通振动等均是各种振源的集合作用。

振动污染源按振动的动态特征可以分成四类（表 3-1）：① 稳态振动，即观测时间内振级变化不大的环境振动，例如空气压缩机、柴油机、发电机等；② 冲击振动，即具有突发性振级变化的环境振动，例如锻压设备以及建筑施工机械等；③ 无规则振动，即任何时刻都不能预先确定振级的环境振动，例如道路交通振动、居民生活振动、房屋施工、地震等；④ 铁路振动，即由铁路列车行驶带来的轨道两侧 30 m 外的环境振动。

表 3-1　环境振动污染源动态特征

动态特征	定义	示例
稳态振动	观测时间内振级变化不大的环境振动	往复运动机械，如空压机、柴油机等；旋转机械类，如发电机、电动机、通风机等
冲击振动	具有突发性振级变化的环境振动	建筑施工机械类，如打桩机等；锻压机械类，如冲床等
无规则振动	未来任何时刻不能预先确定振级的环境振动	道路交通振动、居民生活振动、房屋施工、室内运动等
铁路振动	列车行驶带来的轨道两侧 30 m 外的环境振动	铁路机车的运行

三、振动的影响

（一）振动对人体的影响

振动作用于人体，会引起循环系统、消化系统、神经系统、代谢系统的各种病症，损伤人体中的脏器。按对人体的影响振动可以分为全身振动和局部振动。全身振动是指人体直接位于振动物体上时所受到的振动，全身振动对人体的危害是多方面的，会对人体带来严重的伤害。局部振动是指接触振动物体时引起人体的局部振动，它只施加在人体的某一部位。长期局部振动会引起职业性雷诺病、血管神经症等，主要表现为肢端血管痉挛、周围神经末梢感觉障碍和上肢骨与关节改变。

人体对振动的感觉与振动频率的高低、振动加速度的大小和在振动环境中暴露时间长短、振动的方向有关。

（1）振动频率对人体的影响

人体能够感受到的振动频率分为三个波段：低频段为 30 Hz 以下；中频段为 30～100 Hz；高频段为 100 Hz 以上。对人体最具危害性的振动频率是与人体某些器官固有的频率相吻合的频率(引起共振)，比如人体的固有频率在 6 Hz 左右，内脏器官的在 8 Hz 左右，头部的在 25 Hz 左右，神经中枢的则是在 250 Hz 左右；而低于 2 Hz 的振动甚至有可能引起人的死亡。

（2）振动的振幅和加速度对人体的影响

振动的振幅或加速度对人体产生的效应是不同的。当振动频率较高的时候，振幅起主要作用，比如作用于全身的振动频率为 40～120 Hz 时，振幅达到 0.05～1.3 mm 就对全身有害。振动处于低频率时，振动加速度起主要作用，加速度以 m/s^2 为单位。一般情况下频率为 15～20 Hz 时，加速度在 4.9 m/s^2 以下，对人体不至于造成有害影响。

（3）振动作用时间的影响

振动作用的时间越长，对人体的影响就越大。因此，评价振动的危害，必须考虑人体暴露在振动环境中时间的长短。

（4）与振动的方向、人的体位有关的影响

立位时人对于垂直振动比较敏感，而当人处于卧位时对于水平振动比较敏感。

（二）振动对机械设备、构筑物的影响

在工业生产中，机械设备运转产生的振动大多数是有危害的。振动导致机械设备的疲劳和磨损，从而导致机械设备的使用寿命缩短，甚至可以引起机械设备部件发生刚度和强度方面的破坏。例如，振动过大会导致机械加工床的加工精度降低；飞机飞行过程中机翼的颤振、机轮的摆动和发动机的异常振动，都有可能造成飞行事故。

振动能降低建筑物的结构强度，在较强振源的长期作用下，建筑物会出现墙壁裂缝、地基下沉，严重的会发生建筑物的坍塌现象。由于共振的放大作用，其放大倍数可由数倍至数十倍，因此会带来更严重的振动破坏和危害。载重货车在路面上行驶时，往往对道路两侧的居民建筑产生共振影响，会发生地面的晃动和门窗的抖动。

第二节　振动基础

根据系统有无外力作用，振动可以分为自由振动和受迫振动。自由振动可以根据有、无阻尼分为无阻尼的自由振动和有阻尼的自由振动。受迫振动又可分为外力引起的受迫振动和基础运动引起的受迫振动。

一、单自由度系统的自由振动

分析一个实际的单自由度系统的振动时，可以将其抽象成一个简单的数学模型。最普遍的振动系统力学模型如图 3-1(b)所示。它主要由三部分组成：振动物体、阻尼器和弹簧。m、c、k 是振动系统的三个主要参数：m 是物体的质量，单位为 kg；c 是阻尼器黏性阻尼系数，单位为 N·s/m；k 是弹簧刚度系数，单位为 N/m。

（一）无阻尼自由振动

图 3-1(a)给出了弹簧系统既无外力又无阻尼的自由振动的情况。刚度系数 k 表征弹簧产生单位位移所需的力，kx 则为发生位移 x 时的回复力。根据牛顿运动定律，在既无外力也无阻尼的情况下，其运动方程为

$$m\frac{\mathrm{d}^2x}{\mathrm{d}t^2}+kx=0 \tag{3-1}$$

当 $t=0$，$x=x_0$ 时，求解得

$$x=x_0\cos\omega_0 t \tag{3-2}$$

式中　ω_0——固有角频率(或称固有圆频率)。

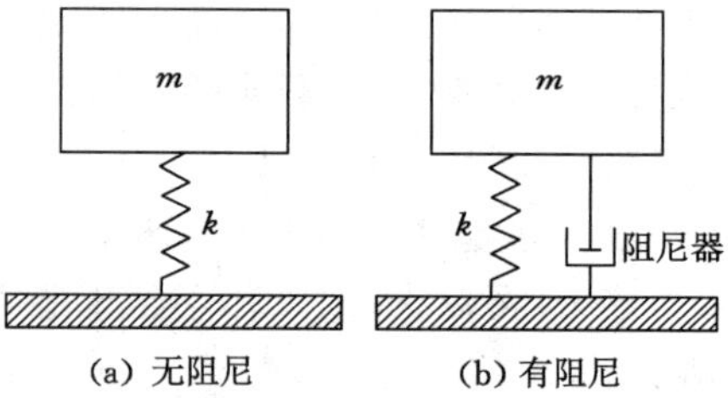

图 3-1　弹簧自由振动示意图

式(3-2)说明 x 为正弦函数，在无阻尼的情况下振动将一直持续下去。其中 ω_0 为 k 与 m 之比确定的系统固有值，即

$$\omega_0=\sqrt{\frac{k}{m}} \tag{3-3}$$

ω_0 还可以表示为

$$\omega_0=2\pi f_0 \tag{3-4}$$

式中　f_0——固有频率，与位移、振幅无关。

$$f_0=\frac{1}{2\pi}\sqrt{\frac{k}{m}} \tag{3-5}$$

（二）有阻尼自由振动

实际振动系统虽然不受外力作用，但往往有内力(如弹簧的内摩擦、滑动摩擦、空气或水的阻力等)和各种阻尼的作用，如图 3-1(b)所示。若摩擦力用 F_f 表示，则有阻尼的自由振动的运动方程为

$$m\frac{\mathrm{d}^2x}{\mathrm{d}t^2}=-F_f-kx \tag{3-6}$$

存在气体或液体的阻尼时，阻力与振动速度呈正比关系，则运动方程式为

$$m\frac{\mathrm{d}^2x}{\mathrm{d}t^2}=-c\frac{\mathrm{d}x}{\mathrm{d}t}-kx \tag{3-7}$$

这种摩擦称为黏性摩擦，c 称阻尼系数。当 $c=0$ 时，则为无阻尼振动；随着 c 由零逐渐增大，成为阻尼逐渐增大的振动；当 $c \geqslant c_c$（临界阻尼系数）时，已无振动，系统缓慢恢复到原来位置。c/c_c 称为阻尼比，用 ζ 表示，即

$$\zeta=\frac{c}{c_c} \tag{3-8}$$

临界阻尼系数 c_c 可由下式求出：

$$c_c=2\sqrt{mk}=2m\omega_0 \tag{3-9}$$

不同阻尼下振动物体的位移随时间的变化如图 3-2 所示。由图可知，根据阻尼比 ζ 的大小，有三种不同的情况。

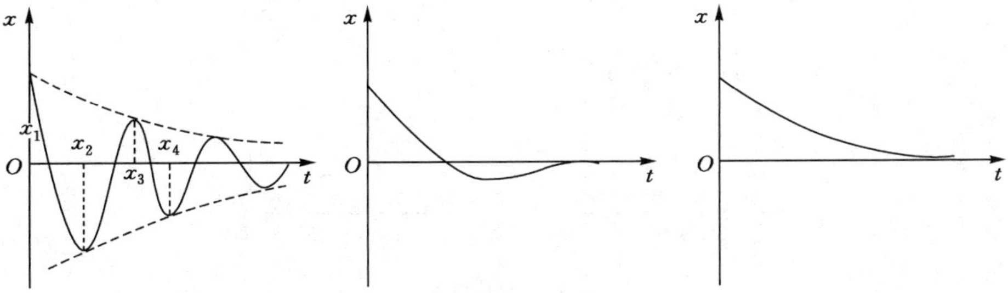

图 3-2　不同阻尼下的位移随时间的变化

(1) 当 $0<\zeta<1$ 时，为 $c<c_c$ 的情况，即物体虽做振动，但振幅逐渐减小，不久即停止的阻尼振动。设 $t=0$ 时，位移 $x=x_0$，速度 $v=0$，解式(3-7)，得

$$x=X\exp(-\zeta\omega_0 t)\sin(\sqrt{1-\zeta^2}\,\omega_0 t-\phi) \tag{3-10}$$

式中：$X=x_0/\sqrt{1-\zeta^2}$，$\phi=-\arctan(\sqrt{1-\zeta^2}/\zeta)$，$\exp(-\zeta\omega_0 t)$ 表示振幅随时间变化减小的程度。$\sqrt{1-\zeta^2}$ 为小于 1 的数，阻尼振动的固有频率是无阻尼振动的固有频率的 $\sqrt{1-\zeta^2}$ 倍。周期 T 由式(3-11)表示，是比无阻尼振动周期长仅 $1/\sqrt{1-\zeta^2}$ 倍的振动。

$$T=\frac{2\pi}{\omega}=\frac{2\pi}{\omega_0\sqrt{1-\zeta^2}} \tag{3-11}$$

图 3-2(a)示出阻尼振动的波形，此时各振幅的比例为

$$\frac{x_1}{x_3}=\frac{x_2}{x_4}=\cdots=\exp\left(\frac{2\pi\zeta}{\sqrt{1-\zeta^2}}\right) \tag{3-12}$$

令式(3-12)中的自然对数的值为 Δ，则

$$\Delta=\ln\frac{x_n}{x_{n+2}}=\ln\left|\exp(2\pi\zeta/\sqrt{1-\zeta^2})\right|=\frac{2\pi\zeta}{\sqrt{1-\zeta^2}} \tag{3-13}$$

此值称为对数阻尼率。若 $\zeta \ll 1$，则

$$\Delta \approx 2\pi\zeta \tag{3-14}$$

即对数阻尼率 Δ 为阻尼比乘以 2π。又令

$$\frac{c}{2m}=\varepsilon \tag{3-15}$$

根据式(3-9),阻尼比 ζ 可表示为

$$\zeta=\frac{c}{c_c}=\frac{c}{2\sqrt{mk}}=\frac{c}{2m\omega_0}=\frac{\varepsilon}{\omega_0} \tag{3-16}$$

式(3-16)表明,$\zeta<1$ 的状态即 $\varepsilon<\omega_0$ 的状态。

(2) $\zeta=1$ 时,为 $c=c_c$ 的状态,称为临界阻尼态,即 $\varepsilon=\omega_0$ 的状态。

(3) $\zeta>1$ 时,为 $c>c_c$ 的状态,这种运动已不是振动状态,而是逐渐衰减的非周期运动,称为过阻尼态,即 $\varepsilon>\omega_0$ 的状态。

二、单自由度系统的受迫振动

(一) 无阻尼受迫振动

在外力反复作用下的振动称为受迫振动,受迫振动系统的力学模型如图 3-3 所示。

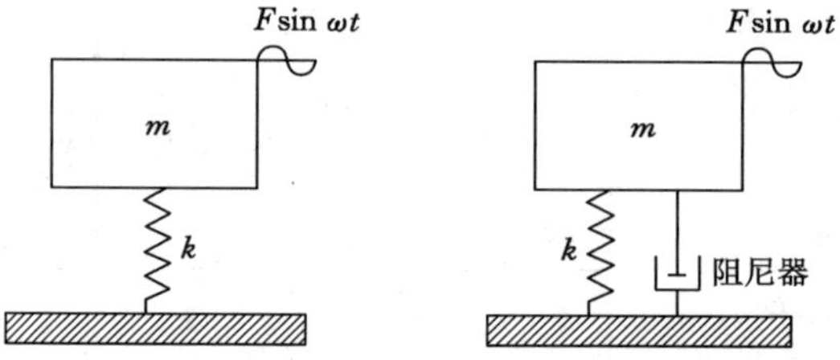

图 3-3 受迫振动

无阻尼时,若外力为振幅为 F_0、角频率为 ω 的简谐激振力,则运动方程可写成

$$m\frac{\mathrm{d}^2x}{\mathrm{d}t^2}+kx=F_0\sin\omega t \tag{3-17}$$

解得在外力作用下的位移 x 为

$$x=\frac{F_0}{k}\frac{1}{1-\left(\frac{\omega}{\omega_0}\right)^2}\sin(\omega t-\phi) \tag{3-18}$$

即 $\omega=\omega_0$ 时,x 为无穷大,此状态称为共振。

式(3-18)中的 $\frac{F_0}{k}$ 表示外力 F_0 在静态作用时的位移,设其为 x_{st},振动中的位移振幅为 x_0 时,两者之比的绝对值为位移振幅倍率,公式为

$$\frac{x_0}{x_{st}}=\left|\frac{1}{1-\left(\frac{\omega}{\omega_0}\right)^2}\right| \tag{3-19}$$

由式(3-19)可知,当 $\frac{\omega}{\omega_0}=0$ 时,振幅倍率为 1;$\frac{\omega}{\omega_0}=1$ 时,振幅倍率为无穷大;随着 $\frac{\omega}{\omega_0}$ 由 1 逐渐增大,振幅倍率逐渐减小,当 $\frac{\omega}{\omega_0}$ 达到 2 以上时,振幅倍率减小到 1 以下。

(二) 有阻尼受迫振动

当存在与振动速度呈正比关系的阻尼时,受迫振动的运动方程式为

$$m\frac{\mathrm{d}^2x}{\mathrm{d}t^2}+c\frac{\mathrm{d}x}{\mathrm{d}t}+kx=F_0\sin\omega t \tag{3-20}$$

当 $0<\zeta<1$ 时，求解式(3-20)，得

$$x=\frac{F_0}{m}\frac{\sin(\omega t-\phi)}{\sqrt{(\omega_0^2-\omega^2)^2+(2\zeta\omega_0\omega)^2}}+X\exp(-\zeta\omega_0 t)\sin(\sqrt{1-\zeta^2}\,\omega_0 t-\phi) \tag{3-21}$$

式(3-21)中等号右边第一项表示强迫振动，是外力持续作用所表现的恒定项；第二项为阻尼振动项，是仅在强迫振动的初期出现、短时间即衰灭的瞬态项。因此，在阻尼项消失后的恒定态下，位移 x 为

$$x=\frac{F_0}{m}\frac{\sin(\omega t-\phi)}{\sqrt{(\omega_0^2-\omega^2)^2+(2\zeta\omega_0\omega)^2}} \tag{3-22}$$

将 $m=k/\omega_0^2$ 代入式(3-22)，得

$$x=\frac{F_0}{k}\frac{\sin(\omega t-\phi)}{\sqrt{\left[1-\left(\frac{\omega}{\omega_0}\right)^2\right]^2+\left(2\zeta\frac{\omega}{\omega_0}\right)^2}} \tag{3-23}$$

振动的位移振幅 x_0 与静态位移 $x_0=F_0/k$ 之比，即振幅倍率为

$$\frac{x_0}{x_{st}}=\frac{\sin(\omega t-\phi)}{\sqrt{\left[1-\left(\frac{\omega}{\omega_0}\right)^2\right]^2+\left(2\zeta\frac{\omega}{\omega_0}\right)^2}} \tag{3-24}$$

用图表示式(3-24)时，如图 3-2 所示，ζ 越小，振幅倍率曲线的峰值越大；ζ 越大，振幅倍率曲线的峰值越小，也越平缓。此时的相位角 ϕ 为

$$\phi=\arctan\frac{2\zeta\frac{\omega}{\omega_0}}{1-\left(\frac{\omega}{\omega_0}\right)^2} \tag{3-25}$$

三、单自由度振动系统中弹簧刚度系数和固有频率的计算

描述振动系统的主要参数中，刚度系数 k 是由弹簧及构件自身的性质所决定的。如果物体由 n 个弹簧并联支承，每一弹簧均等地承受其质量，总刚度系数为各刚度系数之和；弹簧串联使用时，总刚度系数的倒数等于各刚度系数的倒数之和，如图 3-4 所示。

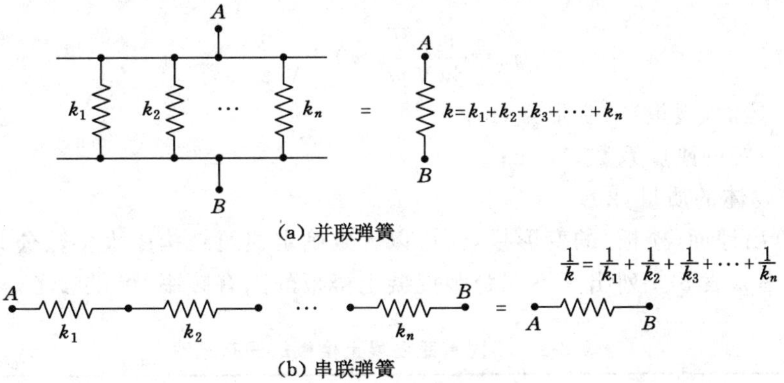

(a) 并联弹簧

(b) 串联弹簧

图 3-4　总刚度系数

固有频率也是共振频率。单自由度振动系统的固有频率是由质量、刚度系数及衰减系数所决定的。当激振力的频率与机械或构筑物的固有频率一致时，就会发生共振，振幅扩大，作用于基础的力增大。

对于棒状振动体(包括圆形、方形及矩形板条),如桥梁、天线、各类机械及构件等,设棒状体的材料密度为ρ,弹性模量为E,长度为l,则其纵向共振频率为

$$f_0=\frac{n}{2l}\sqrt{\frac{E}{\rho}} \tag{3-26}$$

式中 n——振动体的共振频率与基频之比,n为整数。

棒状体的横向共振频率可表示为

$$f_0'\propto\frac{k'}{l^2}\sqrt{\frac{E}{\rho}} \tag{3-27}$$

表 3-2 列出了简单振动体与基波频率的关系。

表 3-2 振动体与基波频率

振动体	基波频率	高谐波频率	备注
弦的横向振动	$\frac{1}{2l}\sqrt{\frac{F_\tau}{\rho}}$	基波的整数倍	l:长度;F_τ:张力;ρ:密度
棒的纵向振动	$\frac{1}{2l}\sqrt{\frac{E}{\rho}}$	基波的整数倍	E:弹性模量;ρ:密度
杆的横向振动	$\frac{K_1 d}{l^2}\sqrt{\frac{E}{\rho}}$	非基波的整数倍	K_1:常数;d:厚度或直径
两端开口或闭合的空气柱	$\frac{c}{2l}$	基波的整数倍	c:声速;开口时要对长度l进行开口修正
圆形膜	$\frac{0.7}{2r}\sqrt{\frac{F_\tau}{\rho''}}$	非基波的整数倍	ρ'':面密度;r:半径;F_τ:张力
周边固定圆形盘	$\frac{K_2 d}{r^2\sqrt{\frac{E}{\rho(1-\mu^2)}}}$	非基波的整数倍	K_2:常数;μ:泊松比

设备安装在房屋地板(楼板)上时,为了防止建筑物产生共振响应,还需要对建筑物各构件各自的固有频率进行估算。当机械设备安装在房屋地板(楼板)上时,可用下式计算其固有频率:

$$f_0=\frac{1}{2\pi}\sqrt{\frac{k}{m}}\approx 0.5\sqrt{\frac{1}{x_d}} \tag{3-28}$$

式中 x_d——地面(楼板)的变形量,m;

k——弹簧的刚度系数,N/m;

m——物体的质量,kg。

只要估算出地面(楼板)的变形量,便可以大致确定建筑结构中大多数公共系统地面(楼板)的共振频率。表 3-3 列出了不同跨距混凝土楼板的固有频率,可供参考。

表 3-3 不同跨距混凝土楼板的固有频率

跨距/m	固有频率/Hz	跨距/m	固有频率/Hz
3	12	12	6
6	9	18	5
9	7		

实践中，固有频率会随着安装位置变化而变化，例如当机器安装在悬臂梁或简支梁不同的位置时，由于梁的变形不同，固有频率也不同。当机器从梁的中心移向支撑点时，由于梁的变形逐渐减小，其固有频率也逐步提高。固有频率还受构筑物的大小、激振场所和方向等因素的影响，有时会产生多种固有频率，表现不出明显的共振。

第三节　振动的评价与标准

一、振动的评价指标

振动量是指被测系统在选定点上选定方向的运动量。描述振动的基本物理量主要有两类：一类是描述振动振幅的量，如振动速度、振动加速度和振动位移等；另一类是描述振动变化的量，如频率、周期等。

(一) 振动位移、振动速度

振动位移是物体振动时相对某一个参照坐标系的位置移动，单位为 m，常用于机械结构的强度、变形的研究。在振动测量中，常用位移级 L_s来表示(单位为 dB)：

$$L_s = 20\lg\frac{S}{S_0} \tag{3-29}$$

式中　S——位移，m；

S_0——位移基准值，取 8×10^{-12} m。

振动速度即物体振动时位移的时间变化，单位是 m/s。振动的速度和噪声的大小有直接关系，常用于描述振动体的噪声辐射。常用速度级 L_v来表示振动速度(单位为 dB)：

$$L_v = 20\lg\frac{v}{v_0} \tag{3-30}$$

式中　v——振动速度，m/s；

v_0——速度基准值，取 5×10^{-8} m/s。

(二) 振动加速度

在环境振动测量中，一般选用振动加速度级和振动级作为振动强度参数。

振动加速度是物体振动速度的时间变化量，单位是 m/s^2。振动加速度一般在研究机械疲劳、冲击等方面被采用，现在也普遍用来评价振动对人体的影响，常用 g(重力加速度)作单位。分析和测量振动加速度时常用振动加速度级 L_a来表示(单位为 dB)：

$$L_a = 20\lg\frac{a_e}{a_0} \tag{3-31}$$

式中　a_e——振动加速度有效值，m/s^2，对于简谐振动 $a_e=\frac{1}{\sqrt{2}}a$；

a_0——加速度基准值，根据我国制定的《城市区域环境振动测量方法》(GB 10071—88)，加速度基准值取 10^{-6} m/s^2。

人体对振动的感觉与振动频率的高低、振动加速度的大小和在振动环境中暴露时间长短、振动的方向有关。综合诸多因素，国际标准化组织建议采用如图 3-5 所示的等感度曲线。

振动级的定义为修正的加速度级，即

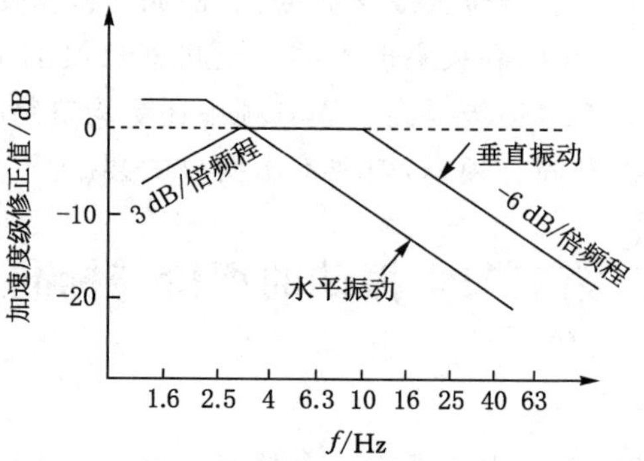

图 3-5　等感度曲线

$$L_a' = 20\lg \frac{a_e''}{a_0} \tag{3-32}$$

式中　a_e'——修正的加速度有效值，m/s^2，可以通过式(3-32)计算：

$$a_e' = \sqrt{\sum a_{fe}^2 \cdot 10^{\frac{c_f}{a_{fe}}}} \tag{3-33}$$

式中　a_{fe}——频率为 f 的振动加速度有效值；

c_f——振动修正值，如表 3-4 所示。

表 3-4　垂直振动与水平振动的修正值

中心频率/Hz	1	2	4	8	16	31.5	63	90
垂直方向修正值/dB	−6	−3	0	0	−6	−12	−18	−30
水平方向修正值/dB	3	3	−3	−9	−15	−21	−27	−30

二、振动的评价标准

振动的评价远比噪声评价复杂。振动评价包括对人体的影响和对环境的影响，国际标准化组织和一些国家推荐了不少标准，概括起来可以分成以下几类。

（一）振动对人体影响的评价标准

振动的劳动保护标准按振动强弱对人体的影响大致可分为四种情况：

(1) 振动的感觉阈。在此范围内人体刚能感觉到振动的信息，但一般不觉得不舒适，此时大多数人可以容忍。

(2) 振动的不舒适阈。当振动增大到使人感觉到不舒服，或有厌烦的反应时，就是不舒适阈，这是一种大脑对振动的本能反应，不会产生心理的影响。

(3) 振动的疲劳阈。当振动的强度使人进入疲劳阈时，人体不仅能对振动产生心理反应，而且出现了不良症状，如注意力转移、工作效率低下等。但当振动停止后，这种心理反应也随之消失。

(4) 振动的危险阈。当振动的强度不仅对人体产生心理影响，还造成生理性伤害时，振动的强度就达到了危险阈，超过危险阈的振动将使人体的感觉器官和神经系统产生永久性的病变，即使振动停止也不能复原。

国际标准化组织根据振动强弱对人体的影响，对局部振动和整体振动都提出了相应的标准。

① 局部振动标准

国际标准化组织 1981 年起草推荐了《局部振动标准》。该标准规定了 8～1 000 Hz 不同暴露时间的振动加速度(图 3-6)和振动速度的容许值，用来评价手传振动对人体的损伤。由图 3-6 可以看出，对于加速度值，8～16 Hz 曲线平坦，16 Hz 以上曲线每倍频带上升 6 dB。人对加速度最敏感的振动频率范围是 8～16 Hz。

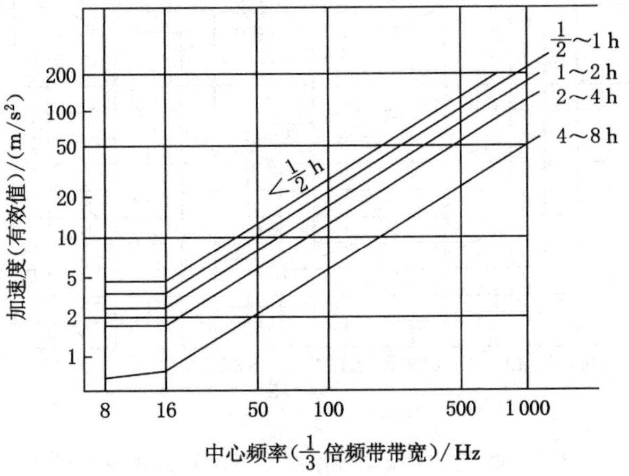

图 3-6　手的暴露评价曲线

② 整体振动标准

振动对人体的作用取决于 4 个参数：振动强度、频率、方向和暴露时间。国际标准化组织 1978 年公布推荐了《整体振动标准》。该标准规定了人体暴露在振动作业环境中的允许界限，振动的频率范围为 1～80 Hz。这些界限按三种公认准则给出，即舒适性降低界限、疲劳-工效降低界限和暴露极限。这些界限分别按振动频率、加速度值、暴露时间和对人体躯干的作用方向来规定。图 3-7、图 3-8 分别给出了垂直振动和水平振动疲劳-工效降低界限曲线，横坐标为 1/3 倍频带的中心频率，纵坐标是加速度的有效值。当振动暴露超过这些界限时，常会出现明显的疲劳和工作效率的降低。对于不同性质的工作，可以有 3～12 dB 的修正范围。图中曲线的 2 倍(即+6 dB)为暴露极限，即使个别人能在强的振动环境中无困难地完成任务，也是不允许的。暴露极限和舒适性降低界限具有相同的曲线，将暴露极限曲线向下移 10 dB，即将相应值减去 10 dB，即为舒适性降低界限，降低的程度与所做事情的难易程度有关。

对于垂直振动，人最敏感的频率范围是 4～8 Hz；对于水平振动，人最敏感的频率范围是 1～2 Hz。低于 1 Hz 的振动会出现许多传递形式，并产生一些与较高频率完全不同的影响，例如引起晕动病和晕动并发症等。0.1～0.63 Hz 的振动传递到人体，会引起从不舒适到感到极度疲劳等症状。《整体振动标准》对于 0.1～0.63 Hz 人承受垂直方向全身振动极度不舒适的限定值如表 3-5 所示。这些影响不能简单地通过振动的强度、频率和持续时间来解释。不同的人对于低于 1 Hz 的振动反应会有相当大的差别，这与环境因素和个人经历有关。高于 80 Hz 的振动，感觉和影响主要取决于作用点的局部条件。

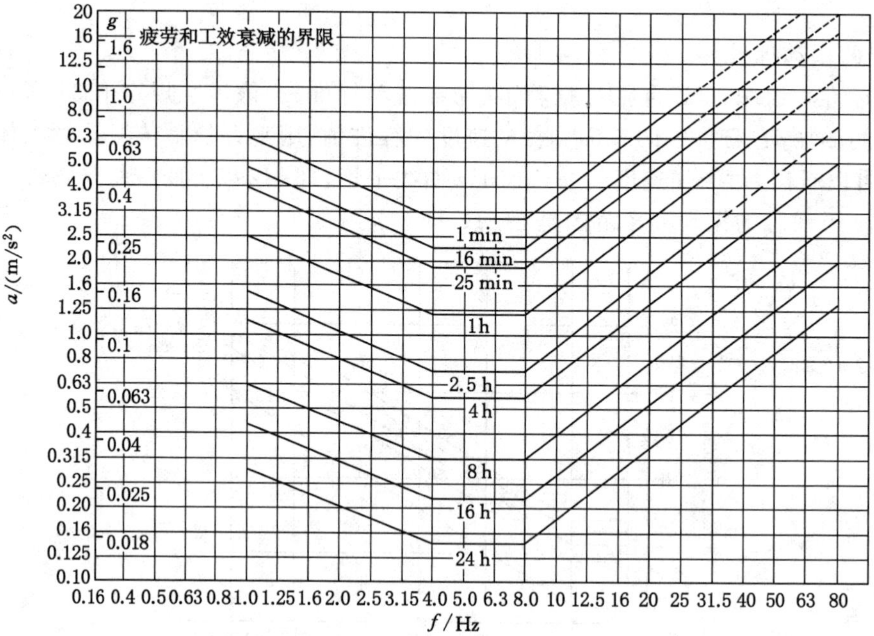

图 3-7　垂直方向振动标准曲线(疲劳-工效降低界线)

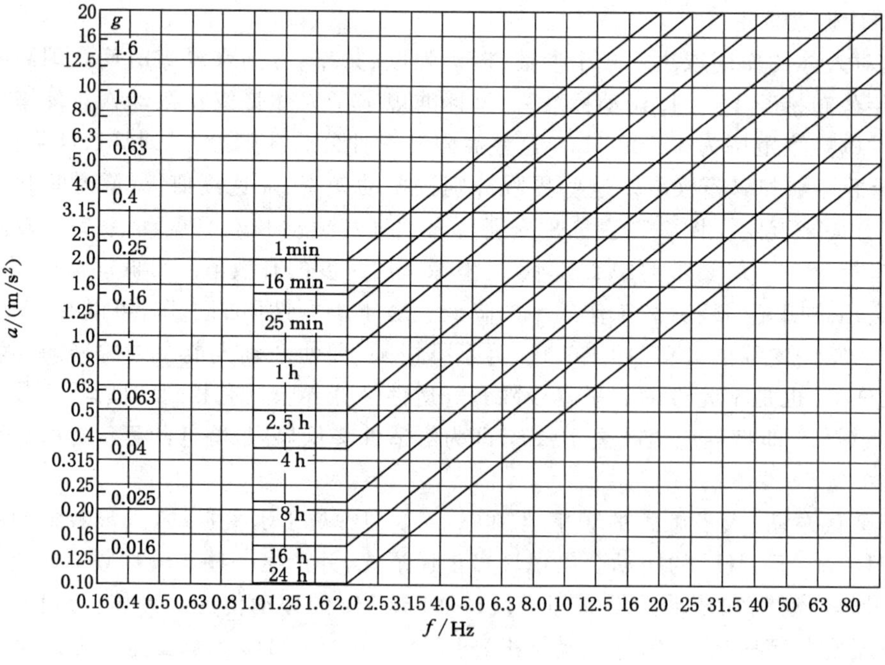

图 3-8　水平方向振动标准曲线(疲劳-工效降低界线)

表 3-5　Z 轴(垂直)方向用振动加速度数值表示的极度不舒适限定值

1/3 倍频带的中心频率/Hz	加速度/(m/s²)		
	振动时间		
	30 min	2 h	8 h(暂行)
0.10	1.0	0.5	0.25
0.125	1.0	0.5	0.25
0.16	1.0	0.5	0.25
0.20	1.0	0.5	0.25
0.25	1.0	0.5	0.25
0.315	1.0	0.5	0.25
0.40	1.5	0.75	0.375
0.50	2.15	1.08	0.54
0.63	3.15	1.60	0.80

(二) 环境振动标准

1. 城市区域环境振动标准

环境振动主要指由各种机械设备、交通运输工具和施工机械所产生的振动，一般并不构成对人体的直接危害，主要是对居民生活日常、睡眠、学习、休息产生干扰和影响。

我国已经制定了《城市区域环境振动标准》(GB 10070—88)和《城市区域环境振动测量方法》(GB 10071—88)。表 3-6 所示是我国为控制城市环境振动污染而制定的《城市区域环境振动标准》中的标准值及适用区域。表 3-6 中的标准值适用于连续发生的稳态振动、冲击振动和无规则振动。每天只发生几次的冲击振动，其最大值昼间不允许超过标准值 10 dB，夜间不超过标准值 3 dB。标准规定测量点应位于建筑物室外 0.5 m 以内振动敏感处，必要时测点置于建筑物室内地面中央，标准值均取表 3-6 中的值。

表 3-6　城市各类区域铅垂方向振级标准值

适用地带范围	昼间/dB	夜间/dB
特殊住宅区	65	65
居民、文教区	70	67
混合区、商业中心区	75	72
工业集中区	75	72
交通干线道路两侧	75	72
铁路干线两侧	80	80

《城市区域环境振动标准》对适用地带范围的划定为：特殊住宅区是指特别需要安宁的住宅区；居民、文教区指纯居民和文教、机关区；混合区是指一般商业与居民混合区，以及工业、商业、少量交通与居民混合区；商业中心区指商业集中的繁华地区；工业集中区是指在一个城市或区域内规划明确确定的工业区；交通干线道路两侧是指车流量每小时 100 辆以上的道路两侧；铁路干线两侧是指每日车流量不少于 20 列的铁道外轨 30 m 外两侧的住宅区。

竖直方向振级的测量及评价量的计算方法，按国家标准《城市区域环境振动测量方法》有关条款的规定执行。

2. 建筑物内环境振动标准

振源发生振动，一般通过土地等介质对周围环境产生各种影响。振动传到建筑物内或建筑物内的各种振源振动均会干扰人们的正常生活、工作和学习。因此对建筑物内的振动需要加以限制。人在居住区域承受的环境振动，一般以刚刚感觉到的振动加速度（感觉阈）为允许界限，在界限以下可以认为基本没有影响。国际标准化组织推荐使用 ISO/DIS 2631—1983 给出的环境振动标准，见表 3-7。

表 3-7 ISO 建筑物内振动标准

地点	时间	振动级（$a_0=10^{-6}$ m/s^2）/dB					
		连续振动、间歇振动、重复振动			每天数次的振动		
		$x(y)$（水平轴）	Z（垂直轴）	混合轴	$x(y)$（水平轴）	Z（垂直轴）	混合轴
严格控制区	全天	71	74	71	71	74	71
住宅	白天	77～83	80～86	77～83	107～110	110～113	107～110
	夜间	74	77	74	74～79	77～100	74～97
办公室	全天	83	86	83	113	116	113
车间	全天	89	92	89	113	116	113

第四节 振动控制技术

振动控制的任务是通过一定的手段使受控对象的振动水平满足预定要求。这里，受控对象是各类产品、结构或系统的统称。为达到控制振动的目的通常需经历五个环节。

(1) 确定振源特性与振动特征：不同性质的振源引起的振动不同，其解决的方法也不同，故首先要确定振源的位置、激励的特性（简谐性、周期性、窄带随机性或宽带随机性）、振动特征（受迫型、自激型或参激型）等。

(2) 确定振动控制水平：即确定衡量振动水平的量及指标，这些量可以是位移、速度或加速度、应力等，也可以是其最大值或均方根值。

(3) 确定振动控制方法：振动控制方法包括隔振、吸振、阻振、消振及结构修改等，各自的适用性不同。

(4) 进行分析与设计：包括建立受控对象与控制装置（如吸振器、隔振器、阻尼器等）的力学模型，进行振动分析，以及对控制装置参数与结构的设计。

(5) 实现振动控制：将控制装置的结构与参数从设计转化为实物。可实现性是振动控制研究中必须注意的重要问题。

一、振动控制的基本方法

振动是普遍存在的现象，和噪声控制途径一样，控制振动污染也需要从以下三个方面进行控制：振动源控制、传递过程中的振动控制和控制防振对象。

(一) 振动源控制

如前所述,城市区域的环境振动源主要有工厂振源、交通振源、工程振源以及大地脉动和地震等。虽然振动源不同,但引起振动的原因都主要有三种:一是由突然的作用力或反作用力而引起冲击振动,如打桩机、剪板机、冲锻设备等,这是一种瞬间的作用;二是由于旋转机械静平衡力或动平衡力所产生的不平衡力引起振动,如风机、水泵等;三是往复机械,如内燃机或空压机等,由于本身不平衡而引起振动。

1. 采用振动小的加工工艺

强力撞击在机械加工中常常见到。强力撞击会引起被加工零件、机器部件和基础振动。控制此类振动的有效方法是在不影响产品加工质量等的前提下,改进加工工艺,即用不撞击的方法来代替撞击方法,如用焊接代替铆接、用压延代替冲压、用滚轧代替锤击等。

2. 减少振动源的扰动

(1) 旋转机械

这类机械有电动机、风机、泵类、蒸汽轮机、燃气轮机等。此类机械大部分属高速运转类,每分钟在千转以上,因而其微小的质量偏心或安装间隙的不均匀常带来严重的振动危害。为此,应尽可能地调好其静、动平衡,提高其制造质量,严格控制其对中要求和安装间隙,以减少离心、偏心惯性力的产生。对旋转设备的用户而言,在保证生产工艺等需要的前提下,应尽可能选择振动小(往往其他质量也好)的设备。

(2) 往复机械

此类机械主要是曲柄连杆机构所构成的运动机械,如柴油机、空气压缩机等。对于此类机械,应从设计上采用各种平衡方法来改善其平衡性能。故对用户而言,可在保证生产需要的情况下,选择合适型号和质量好的往复机械。

(3) 传动轴系的振动

它随各类传动机械的要求不同而形式不一,会产生扭转振动、横向振动和纵向振动。对这类轴系通常应使其受力均匀,传动扭矩平衡,并有足够的刚度等,以改善其振动情况。

(4) 管道振动

各种工业管道越来越多,传递输送介质(气、液、粉等)不同,产生的管道振动也不一样。通常在管道内流动的介质,其压力、速度、温度和密度等往往是随时间变化的,这种变化又常常是周期性的,如与压缩机相衔接的管道系统,周期性地注入和吸走气体,激发了气流脉动,而脉动气流形成了对管道的激振力,产生了管道的机械振动。为此,在管道设计时应注意适当配置各管道元件,以改善介质流动特性,避免气流共振和降低脉冲压力。

(5) 共振

共振是振动的一种特殊状态。共振是指机械系统所受激励的频率与该系统的固有频率相接近时,系统振幅显著增大的现象。防止产生共振的措施包括:① 改变振源(通常指各种动力机械)的扰动频率。在某些情况下,受振对象(如建筑物)的固有频率和扰动频率相同时会引起共振,此时改变机器的转速、更换机型(如柴油机缸数的变更)等,都是行之有效的防振措施。② 改变振源机械结构的固有频率。有些振源,本身的机械结构为壳体结构,当扰动频率和壳体结构的固有频率相同时会引起共振,此时可采用改变设施的结构和总体尺寸,采用局部加强法(如多加筋、支撑节点)或在壳体上增加质量等,这样可以改变机械结构的固有频率,避免共振。

(6) 增加阻尼以减少振源振动

如振源的机械结构为薄壳结构，则可以在壳体上加阻尼材料抑制振动。

(二) 振动传递过程中的控制

振源振动难以消除时，需要考虑采取措施阻断振动的传递，以减轻振动。振动随距离的衰减是振动传播阻断依据之一，另外还可采用防振沟和隔墙。

1. 加大振源和受振对象之间的距离

振动在介质中传播，由于能量的扩散和土类等对振动能量的吸收，一般是随着距离的增加振动逐渐衰减，所以加大振源和受振对象之间的距离是振动控制的有效措施之一。

对于精密仪器、设备厂房，在其选址时要远离铁路、公路以及工业上的强振源。居民楼、医院、学校等建筑物选址时，也要远离强振源。厂区总体规划时应尽可能将振动较大的车间布置在厂区的边缘地段。在不影响工艺的情况下，精密机床以及其他防振对象，应尽可能远离振动较大的设备。将动力设备和精密仪器设备分别置于楼层中不同的结构单元内，如设置在伸缩缝(或沉降缝)、抗振缝的两侧，这样的振源传递路线要比直接传递长得多，对振动衰减有一定效果。

2. 隔振沟(防振沟)

对冲击振动或频率大于 30 Hz 的振动，采取隔振沟有一定的隔振效果；对于低频振动则效果甚微，甚至没有什么效果。隔振沟的效果主要取决于沟深 H 与表面波长 λ_R 之比，对于减少振源振动向外传递而言，当振源距沟为一个波长 λ_R 时，H/R 至少为 0.6 时才有效果；对于防止外来振动传至精密仪器设备，该比值要达到 1.2 以上。

(三) 对防振对象采取的振动控制措施

对防振对象采取的措施主要是指对精密仪器、设备采取的措施。

1. 采用黏弹性高阻尼材料

对于一些具有薄壳机体的精密仪器或仪器仪表柜等，宜采用黏弹性高阻尼材料(阻尼漆、阻尼板等)增加其阻尼，以增加能量耗散，降低其振幅。

2. 精密仪器、设备的工作台

精密仪器、设备的工作台应采用钢筋混凝土制的工作台，以保证工作台本身具有足够的刚度和质量，不宜采用刚度小、容易晃动的木制工作台。

3. 精密仪器室的地坪设计

为避免外界传来的振动和室内工作人员的走动影响精密仪器和设备的正常工作，应采用混凝土地坪，必要时可采用厚度≥500 mm 的混凝土地坪。当必须采用木地板时，应将木地板用热沥青与地坪直接粘贴，不应采用在木隔栅上铺木地板架空做法，否则由于木地板刚度较小，操作人员走动时产生较大的振动，对精密仪器和设备的使用是很不利的。

二、振源控制技术

对于振源控制，下面主要介绍机械运转时采取的振动控制技术。稳态振动和冲击振动两种类型的振动控制及隔离方法有所不同。

(一) 降低机械的振动加速度

振动传递到地面的力是通过加速度产生的，故降低机械的振动加速度对振动控制尤为重要。采用使自由振幅倍率减小的设计，可以降低机械的振动加速度。

设自由位移振幅为 x_f，则自由振幅倍率(也称加速度振幅倍率)$\frac{x_0}{x_f}$定义为

$$\frac{x_0}{x_f}=\frac{\left(\frac{\omega}{\omega_0}\right)^2}{\sqrt{\left[1-\left(\frac{\omega}{\omega_0}\right)^2\right]^2+\left(2\zeta\frac{\omega}{\omega_0}\right)^2}} \tag{3-34}$$

如图 3-9 所示，频率比 $\omega/\omega_0<1$ 时，自由振幅倍率随频率的降低急剧减小；$\omega/\omega_0=0.3$ 时，全部为 0.1；$\omega/\omega_0=1$ 时，为无穷大；$\omega/\omega_0>3$ 时，全部为 1。图 3-9 所示自由振幅倍率曲线也可用来表示机械置于隔振弹簧的振动地面上时，地面位移引起的受迫振动使机械产生的相对位移值。

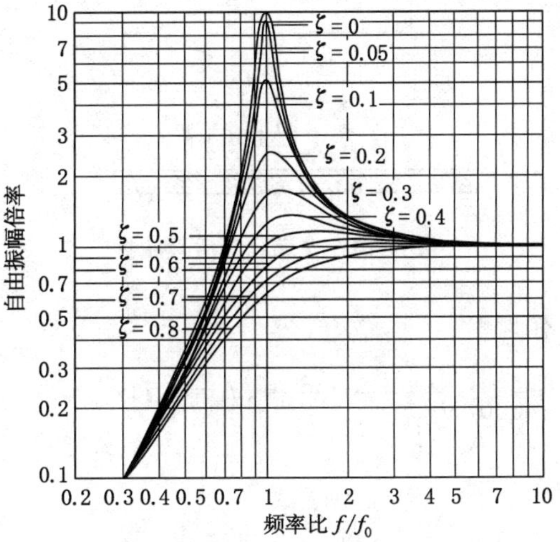

图 3-9　自由振幅倍率曲线

(二) 利用支承台架质量的减振措施

激振力的频率 f 与系统的固有频率 f_0 之比，即频率比 ω/ω_0 可由下式表示：

$$\frac{\omega}{\omega_0}=2\pi\sqrt{\frac{m}{k}}f \tag{3-35}$$

因此，机械质量 m 越大，弹簧刚度系数 k 越小，激振力频率 f 越大，则 ω/ω_0 越大。

在阻尼小的情况下，当 $\omega/\omega_0>1$ 时，机械的质量 m 越大，自由振幅倍率越随 ω/ω_0 增大而减小；当 $\omega/\omega_0<1$ 时，则 m 越小，自由振幅倍率越随 ω/ω_0 减小而减小。由此可见，通过增减机械支承台架的质量能够降低振动加速度。同样，需要将机械的位移振幅控制在容许值以内时，也可利用支承台架的质量予以调节。

位移振幅 x_0 为

$$x_0=\frac{F_0}{k}\frac{1}{\left(\frac{\omega}{\omega_0}\right)^2-1}=x\frac{1}{\left(\frac{\omega}{\omega_0}\right)^2-1} \tag{3-36}$$

质量 m 为

$$m=\frac{1}{x_0}\frac{F_0}{\omega_0{}^2}\frac{1}{\left(\frac{\omega}{\omega_0}\right)^2-1} \tag{3-37}$$

若要控制位移振幅 x_0 在许可位移振幅以下，可按上述公式求得相应的质量 m 或刚度系数 k。

例 3-1 质量为 60 kg、转速为 600 r/min 的空气压缩机，每转一圈在竖直方向产生 60 N 的激振力。该机械固定在水泥台上，欲通过架台下的弹性支撑(图 3-10)传递 1/3 的激振力。在无阻尼情况下，试求：

(1) 系统的固有频率；

(2) 将机械的许可位移控制在 0.2 mm 的水泥台的质量；

(3) 水泥台下敷设的弹性材料的总刚度系数。

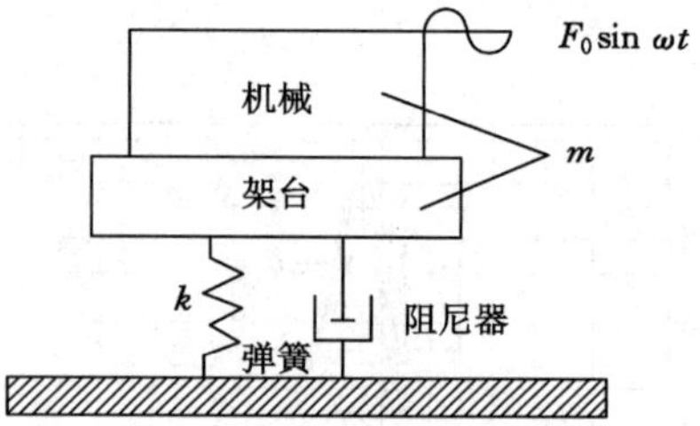

图 3-10 支承台架质量减振

解：(1) 求系统的固有频率。

由 $\dfrac{1}{\left(\dfrac{f}{f_0}\right)^2-1}=\dfrac{1}{3}$，即 $\dfrac{1}{\left(\dfrac{600/60}{f_0}\right)^2-1}=\dfrac{1}{3}$ 得，$f_0=5$ Hz。

(2) 求系统总质量。

$$m=\frac{1}{x_0}\frac{F_0}{\omega_0^2}\frac{1}{\left(\dfrac{\omega}{\omega_0}\right)^2-1}=\frac{1\ 000}{0.2}\times\frac{60}{(2\pi\times5)^2}\times\frac{1}{\left(\dfrac{10}{5}\right)^2-1}=100\ (\text{kg})$$

水泥台的质量为

$$100-60=40\ (\text{kg})$$

(3) 总刚度系数为

$$100\times(2\pi\times5)\approx100\ 000=100\ (\text{kN/m})$$

(三) 利用动力吸振的减振措施

动力吸振是指利用共振系统吸收物体的振动能量以减小物体振动。其原理是在振动物体上附加质量弹簧共振系统，这种附加系统在共振时产生的反作用力可使振动物体的振动减小。

当外力的频率与质量-弹簧系统的固有频率接近时，就会产生共振。因此，当机械安装不良而形成共振状态等情况时，可采用动力吸振器，作为减振处理措施之一。

如图 3-11 所示，当弹簧上的机械质量 M 的振幅异常大时，在 M 上通过弹簧再加以质量 m(吸振器)。在此二自由度无阻尼系统中，机械的质量 M 的位移振幅 x_{01} 为：

$$x_{01}=\frac{\left[1-\left(\dfrac{\omega}{\omega_2}\right)^2\right]x_{\text{st}}}{\left[1-\left(\dfrac{\omega}{\omega_2}\right)^2\right]\left[1+\dfrac{k}{K}-\left(\dfrac{\omega}{\omega_1}\right)^2\right]-\dfrac{k}{K}}\tag{3-38}$$

吸振器(质量 m)的位移振幅 x_{02} 为

$$x_{02}=\frac{x_{st}}{\left[1-\left(\frac{\omega}{\omega_2}\right)^2\right]\left[1+\frac{k}{K}-\left(\frac{\omega}{\omega_1}\right)^2\right]-\frac{k}{K}} \tag{3-39}$$

式中，$\omega_1=\sqrt{\frac{K}{M}}$，$\omega_2=\sqrt{\frac{k}{m}}$，其中，$K$、$k$ 为弹簧的刚度系数，N/m；M、m 为物体的质量，kg。

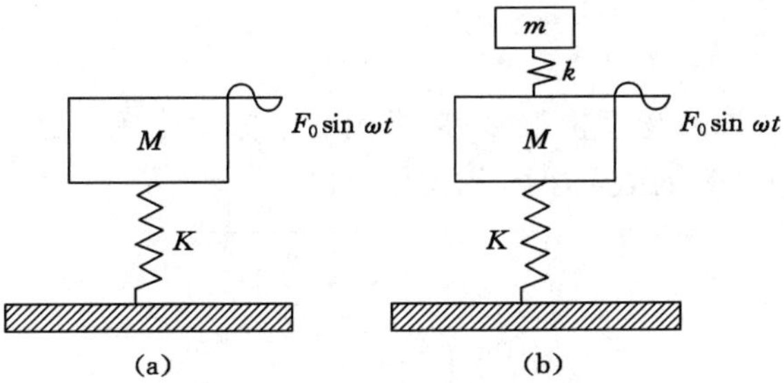

图 3-11　动力吸振器

要使机械的质量 M 的位移振幅 x_{01} 趋于 0，就要使 $\omega_1\approx\omega_2$，此时吸振器施加给机械的力与外力相互抵消，理论上机械处于静止状态。机械处于共振状态的前提是 $\omega\approx\omega_1\approx\omega_2$，则有

$$\frac{k}{K}\approx\frac{m}{M} \tag{3-40}$$

如图 3-12 所示，机械避开了图(a)所示状态的共振，形成了两个新的共振点[图(b)]。另外，还可以制作可滑动调节质量 m 的变质量动力吸振器，如图 3-13 所示。变质量动力吸振器，也叫自适应动力吸振器，是目前振动控制领域的研究热点。其通过调整自身参数改变固有频率，以跟踪外界激励频率，从而在较大的带宽上减小主系统振动，克服了传统动力吸振器有效带宽过窄的缺点。

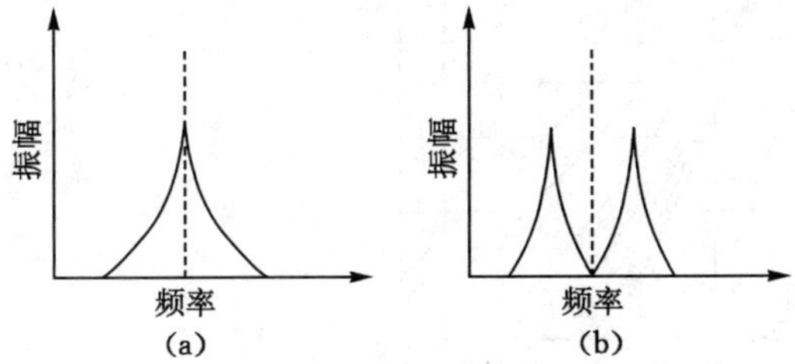

图 3-12　动力吸振器引起的共振频率的变化

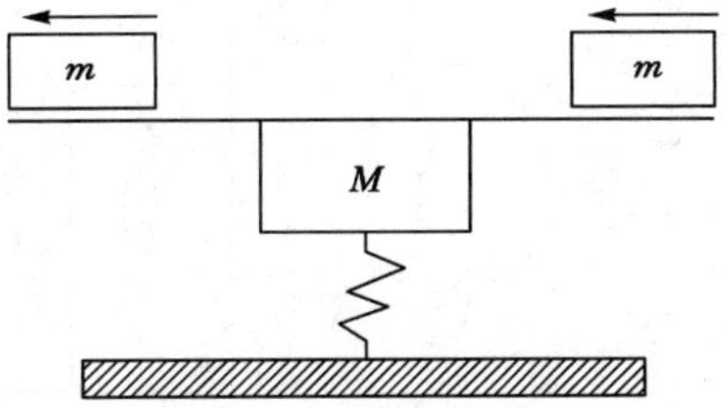

图 3-13　可滑动调节质量的动力吸振器

例 3-2　质量为 300 kg 的机械被支撑在刚度系数为 300 kN/m 的弹簧上，由于设计失误，运行时发生共振。欲采用动力吸振器的方法，在机械上部设置 50 kg 的附加质量，试求在附加质量下所用弹簧的刚度系数。

解　要使主振动系统与附加质量的振动系统的固有频率一致，根据公式 $\frac{k}{K}\approx\frac{m}{M}$ 得

$$k\approx\frac{mK}{M}=\frac{300\times10^3\times50}{300}=50\times10^3=50\ (\text{kN/m})$$

三、减振技术

减振是利用振动元件间阻抗的不匹配来减少振动传播的措施。减振技术常应用在振动源附近，把振动能量限制在振源上不向外界扩散，以免激发其他构件的振动；也可应用在需要保护的物体附近，把需要低振动的物体同振动环境隔开，避免物体受振动的影响。下面主要介绍弹性减振、冲击减振和阻尼减振。

（一）弹性减振

1．弹性减振原理

描述和评价隔振效果的物理量很多，最常用的是振动传递系数 τ。振动传递系数 τ 是指通过隔振元件传递的力 F_τ 与激振力 F_0 的比值，即

$$\tau=\sqrt{\frac{1+\left(2\zeta\frac{\omega}{\omega_0}\right)^2}{\left[1-\left(\frac{\omega}{\omega_0}\right)^2\right]^2+\left(2\zeta\frac{\omega}{\omega_0}\right)^2}} \tag{3-41}$$

以阻尼比 $\zeta=c/c_0$ 为参数，将式(3-41)绘成图(图 3-14)，由此可以知道振动传递系数 τ 的特性。

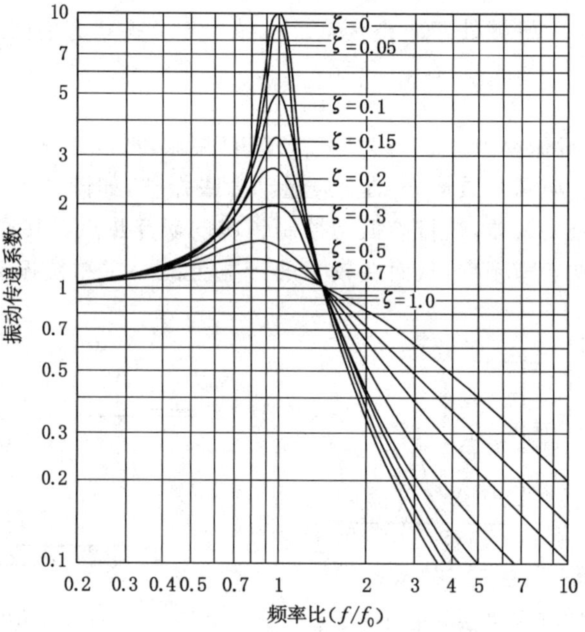

图 3-14　振动传递系数图

(1) $f \ll f_0$ 的区域：τ 接近于 1，表明振动完全被传递，无减振效果。

(2) $0<f<\sqrt{2}f_0$ 的区域：$\tau>1$，传递力大于激振力，振动被放大，隔振系统设计失败时可能出现此情况。若增大阻尼，可使 τ 减小。

(3) $f \approx f_0$ 的区域：为共振状态，防振设计中须极力避免这种状态。

(4) $f \approx \sqrt{2}f_0$ 的区域：$\tau \approx 1$，τ 与阻尼有无和阻尼的大小均无关，此时传递力与激振力相同。

(5) $f>\sqrt{2}f_0$的区域：$\tau<1$，传递力小于激振力，有防振效果。频率越高，τ越小；阻尼越大，τ越大。$\zeta=0$时，τ最小，防振效果最大，这就是用弹性材料支承机械，使传递到基础的激振力减小的原理。实际防振设计中可以先确定质量，再选定弹簧；或者先大致选择弹簧，再用附加质量调节弹簧所支承的质量；或者选定弹簧个数，调节所支承的质量。

例 3-3　质量为 1 700 kg、转速为 1 200 r/min 的空气压缩机，每转在竖直方向产生 1% 的激振力。在 6 个点设置弹性支承，想要设计频率比 f/f_0为 3，试求：① 每一弹性材料的荷载；② 固有频率；③ 刚度系数；④ 振动传递系数；⑤ 隔振效率。

解　(1) 每一弹性材料的载荷为

$$W=\frac{1\ 700}{6}\times 9.8=2\ 777\ (\text{N})$$

(2) 固有频率为

$$f_0=\frac{1}{3}\times\frac{1\ 200}{60}=6.67\ (\text{Hz})$$

(3) 刚度系数为

$$k=\frac{1\ 700}{6}\times(2\pi\times 6.67)^2=4.97\times 10^5(\text{N/m})$$

(4) 振动传递系数为

$$\tau=\left|\frac{1}{(f/f_0)^2-1}\right|=\frac{1}{3^2-1}=0.125$$

(5) 隔振效率为

$$\eta=(1-\tau)\times 100\%=(1-0.125)\times 100\%=87.5\%$$

2. 弹性减振方法

弹性减振方法通常分为积极隔振和消极隔振两类。

积极隔振(也称为主动隔振)是在机器与基础之间安装弹性支承即隔振器，减少机器振动激振力向基础的传递量，迫使机器的振动得以有效隔离的方法。图 3-15 所示为主动隔振系统，其作用是降低设备的扰动对周围环境的影响，同时使设备自身的振动较小。一般情况下，风机、水泵、压缩机及冲床的隔振都是积极隔振。

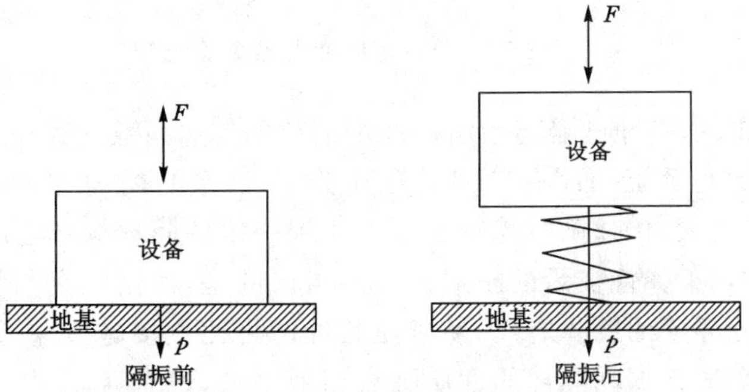

图 3-15　积极隔振示意图

消极隔振(也称被动隔振)是在仪器设备与基础之间安装弹性支承(即隔离器)，以减少基础的振动对仪器设备的影响，使仪器设备能正常工作或不受损害。图 3-16 所示的隔振系统即为消极隔振系统，其作用是减小地基的振动对设备的影响，使设备的振动小于地基的振动，达到保护设备的目的。一般情况下，仪器与精密设备的隔振都是消极隔振，在房屋下安装隔振器防止地震破坏也属此类。

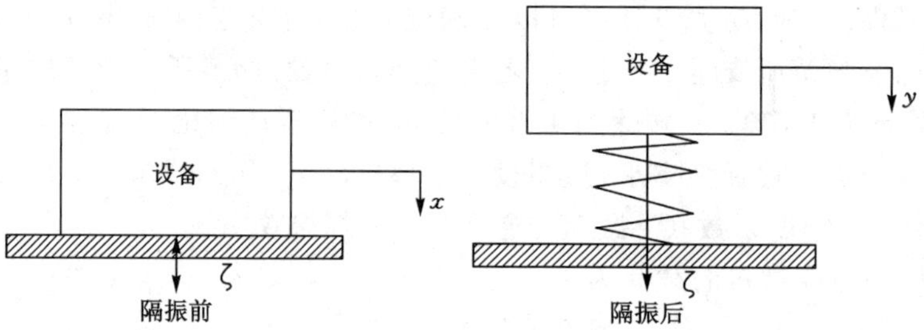

图 3-16　消极隔振示意图

（二）冲击减振

与周期性激励力的振动隔离相似，对脉冲冲击的隔离减振也分为积极冲击隔离和消极冲击隔离两类。积极冲击隔离是隔离锻压机、冲床及其他具有脉冲冲击力的机械，以减少其对环境的影响；消极冲击隔离是隔离基础的脉冲冲击，使安装在基础上的电子仪器及精密设备能正常工作。

图 3-17 所示为单自由度冲击隔离系统示意图。冲击传递系数按下式计算：

$$\tau_a = \tau_p \approx \frac{\omega_0}{e^{\zeta \omega_0 t}} \tag{3-42}$$

式中　τ_a, τ_p——积极冲击传递系数和消极冲击传递系数。

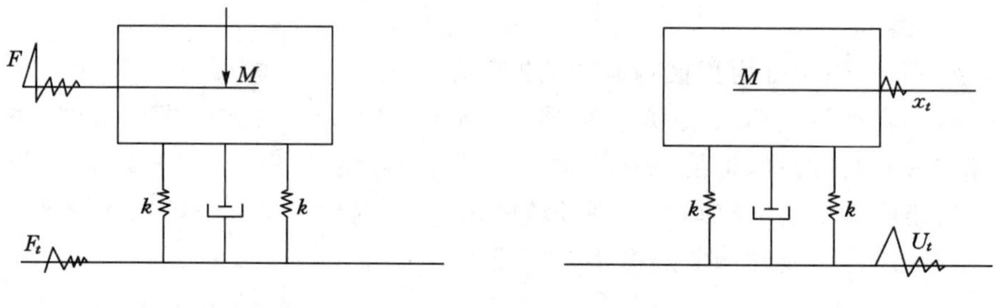

图 3-17　单自由度冲击隔振系统

由式(3-42)可知，积极冲击隔离和消极冲击隔离的传递系数估算相同，即隔离原理是相同的。冲击传递系数与系统的固有频率呈正比关系，即系统的固有频率越小，传递系数越小；隔离支承的阻尼越大，传递系数越小。为了达到一定的隔离效果，须选择较软的刚度低的弹性支承，并设法增大弹性支承的阻尼。需要指出的是，冲击隔离与缓冲有区别，缓冲是使缓冲材料介于相互碰撞的物体之间，使碰撞的冲击力比直接碰撞的低，如汽车缓冲器、飞机着陆架等。冲击隔离与振动隔离的性质既有相似之处，也有区别。一些设备的隔振系统或有些隔振器同时具有隔振和防冲击的作用。

（三）阻尼减振

阻尼减振主要针对薄板类结构振动及其辐射噪声，如管道、机械外壳、车船体外壳等，在其结构或部件表面涂贴阻尼材料，直接减弱振动。阻尼的作用是将振动的动能转化为热能而消耗掉。如图 3-18 所示，常用的阻尼减振方法有自由阻尼层处理和约束阻尼层处理两种。

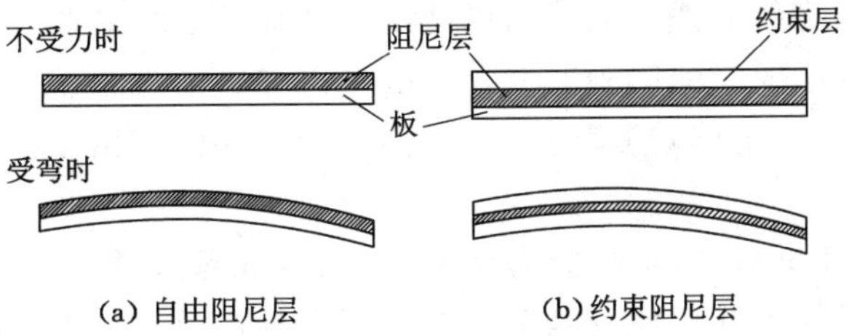

图 3-18　阻尼层示意图

如图 3-18(a)所示，自由阻尼层减振是在结构表面直接粘贴阻尼材料。当结构振动时，粘贴在表面的阻尼材料产生拉伸、压缩变形，将振动能转化为热能，实现减振效果。约束阻尼层处理是在结构的基板表面粘贴阻尼材料后，再贴上一层刚度较大的约束板，其结构如图 3-18(b)所示。当结构振动时，处于约束板和基板之间的阻尼材料产生拉伸、压缩变形，将部分振动能转化为热能，达到减弱结构振动的目的。

材料阻尼的大小取决于其内部分子运动使这种能量转化的能力。合理选择材料，可以有效降低振动系统的振动和噪声，它同材料本身的弹性模量和损耗因子有关。衡量材料阻尼的大小，可以用材料损耗因子 η 来表征，它不仅可以作为材料内部阻尼的量度，还可以成为涂层与金属薄板复合系统的阻尼特征的量度。同时，η 与薄板的固有振动、在单位时间内转变为热能而散失的部分振动能量呈正比关系。η 值越大，则单位时间内损耗的振动能量越多，减振的阻尼效果越好。一般来说，金属材料的损耗因子小，而非金属材料一般具有较高的阻尼，损耗因子大，而且往往随着温度和频率而变化。

近年来，国内新开发的应用于减振工程的材料有阻尼合金和黏弹性阻尼材料。阻尼合金是一种新型的具有较高阻尼损耗因子的金属材料，既是结构材料又有好的阻尼性能，其弹性模量在 10^{11} Pa 左右，损耗因子在 0.05～0.15 之间。黏弹性阻尼材料是应用很广泛的非金属阻尼材料，弹性模量为 10^{6} Pa 左右，损耗因子大于 1，最高可达 2 左右，在工程上常常将它与金属板材黏结成具有很高的强度又有较大结构损耗因子的阻尼结构，来抑制和减弱随机振动和多自由度的结构共振。

第五节　减振材料及其应用

一、减振材料

机械设备和基础之间须选择合理的减振材料或装置，防止振动的能量以噪声的形式向外传递。

(一) 隔振材料

隔振材料常用的材质有钢弹簧、橡胶、软木、毛毡、玻璃纤维等。

1. 钢弹簧

钢弹簧在隔振设计中应用较为广泛。钢弹簧的品种很多，使用较多的是螺旋弹簧，还有片条状弹簧、锥盘弹簧等。钢弹簧的优点是能承受很大的负荷，在高温、油污、潮湿的环境中均能够使用，而且在很大的静压缩量下有很低的固有频率，适于低频隔振等；钢弹簧的缺点是阻尼特性差，容易传递高频振动，甚至会在150～350 Hz范围内发生共振而失效。

实际使用过程中，为保证弹簧支撑的机械设备具有足够的水平方向稳定性，应尽量选取短而粗的弹簧，使竖向刚度与侧向刚度大致相等。钢弹簧隔振器只在一个方向上有减振作用，一般用于火车、汽车的车体减振和只有垂直冲击的锻锤基础隔振。

2. 橡胶

橡胶是很好的弹性材料，按材料分为天然橡胶、合成橡胶两大类。其中以天然橡胶、丁腈橡胶、氯丁橡胶等弹性为好。橡胶隔振垫的应用十分广泛，品种繁多，按隔振垫形式可分为平板型、压力型、剪切型。就隔振效果而言，剪切型优于压力型，压力型优于平板型。橡胶隔振垫的特点是结构简单、使用方便、价格低廉、效果显著。由于橡胶隔振垫容易老化，不能使用再生橡胶，其使用涉及安全问题，引起广泛关注，因此，推出很多标准，如《仪器、设备用橡胶隔振垫》(GB/T 20029—2005)、《轨道交通用道床隔振垫》(GB/T 39705—2020)。

实际使用过程中，橡胶隔振垫根据承载大小和所需压缩变形量来选取，尤其适用于竖向振动的隔振措施。橡胶隔振垫的刚度由橡胶的弹性模量和几何形状决定。表面是凸台或肋状等形状，能增加隔振垫的压缩量，使固有频率降低。凸台的疏密直接影响隔振垫的技术性能。

3. 软木

隔振用的软木是使用天然软木经高温、高压、蒸汽烘干并压缩而成的板状和块状物。软木具有一定的弹性，一般的软木的静态弹性模量约为 1.3×10^{6} Pa，动态弹性模量一般为静态模量的2～3倍。软木可以压缩，压缩量达到30%也不会出现横向伸展。软木受压，应力超过40～50 kPa，阻尼比一般为0.04～0.05。软木的固有频率为20～30 Hz，常用的厚度为5～15 cm。作为隔振基础的软木，由于厚度不宜太厚，固有频率较高，所以不宜用于低频隔振。目前，国内并无专用的隔振软木产品，通常采用保温软木代替。在实际工作中通常把软木切成小块，均匀地布置在机器基座或混凝土座下，软木一般切成100 mm×100 mm的小块，然后根据机器的总载荷求出所需要块数。如果机组的总载荷大，而软木承受压力一定会造成基座面积小于所设计的软木面积，可以在机器底座下面附设混凝土或钢板以增大它的承压面积。为保证软木隔振效果，必须采用防腐措施。

4. 玻璃纤维

玻璃纤维、矿渣棉均是良好的隔振材料。玻璃纤维和矿渣棉类材料耐腐蚀、防火、弹性好，其性能不随温度而变化，主要用于机器设备及特殊建筑物基础的隔振。这类材料重力密度一般为800～1 200 N/m³，纤维直径一般为8～10 μm。如用酚醛树脂等黏合剂将玻璃纤维或矿渣棉胶合成板状，则是一种新型的高承载能力的隔振材料。常用的玻璃纤维板承载力为 $(1\sim2)\times10^{4}$ Pa，阻尼比为0.04～0.07，自由状态的最佳厚度宜取5～15 cm，其隔振系统的固有频率为5～10 Hz。

5. 毛毡

对于负荷小而且隔振要求不高的设备，使用毛毡既经济又方便。工业毛毡是用粗羊毛制成的，在振动受压时，毛毡的压缩量小于或者等于厚度的25%时，其刚度系数是线性的；大于25%后，则呈现非线性，这时刚度系数剧增，可达前者的10倍。毛毡的固有频率取决于它的厚度，一般情况下，30 Hz是毛毡最低的固有频率，因此毛毡对于40 Hz以上的激振频率才能起到隔振作用。毛毡的可压缩量一般不超过厚度的1/4。压缩量再增大，弹性失效，隔振效果变差。毛毡的防水防火性能差，使用时应该注意防潮防腐。

在实际应用中，必须适当选择隔振装置，同时也应考虑经久耐用、维护方便等因素。工程应用中也常将几种隔振装置结合使用，综合不同材料的优点，如钢弹簧-橡胶复合式隔振器、软木-弹簧隔振装置、毡类-弹簧隔振装置等。

除上述固体物质作为隔振材料外，还有的利用空气、液体制作隔振装置进行隔振。

空气弹簧也称气垫，橡胶空腔内充入的带压气体使隔振器具有一定弹性，从而达到隔振目的。空气弹簧的隔振效率高，固有频率低（小于 1 Hz），且具有黏性阻尼，因此，隔振性能良好，多用于火车、汽车和一些消极隔振的场合。空气弹簧的缺点是需要有压缩气源及一套复杂的辅助系统，造价昂贵；并且适用负荷只限于单一方向，故一般工程中很少采用。

液体弹簧利用水的浮力和空气的弹性。例如，在振动设备如锻造机安装在下部有空腔的台架上，整个机身浮在水槽内，空腔内外的水头差产生的水压通过空腔内的空气层作用于台架，台架将承受与其排水量相等的浮力。有激振力作用时，台架可上下自由运动。

（二）阻尼材料

作为阻尼材料，η 至少要在 10^{-2} 数量级，通常由于成分不同，η 的变化很大。表 3-8 为几种国产阻尼材料的 η 值。

表 3-8　几种国产阻尼材料的 η 值

名称	厚度/mm	损耗因子(η)
石棉漆	3	3.5×10^{-2}
硅石阻尼浆	4	1.4×10^{-2}
石棉沥青膏	2.5	1.1×10^{-2}
聚氯乙烯胶泥	3	9.3×10^{-2}

目前应用较为广泛的阻尼浆，一般由石油沥青中的氧化沥青等与各种附加剂组成。附加剂包括填充剂，如石棉纤维和滑石粉等，主要保证阻尼层有良好的黏滞性和可流动性；油剂可起软化作用；酚醛树脂能增加黏合性；漆与橡胶液可增加耐磨性。不同的阻尼浆具有不同的成分配比，以适应不同的应用领域和性能要求。例如，用于汽车悬挂系统的阻尼浆通常具有高弹性模量、低渗流性和优异的耐磨性能；用于电子设备的阻尼浆则要求具有优良的绝缘性能和导热性能。

（1）软木防热隔振阻尼浆配比，见表 3-9。

表 3-9　软木防热隔振阻尼浆配比

材料名称	按 15 kg 配制的质量	材料名称	按 15 kg 配制的质量
厚白漆	3 kg	软木屑（粒径 3～5 mm）	2 kg
光油（透明清漆）	2 kg	水	1 kg
生石膏	3.5 kg	松香水	约 0.7 kg

据测定，该阻尼涂料在常温下 η 为 $4\times10^{-2}\sim5\times10^{-2}$，在 80 ℃以下 η 几乎不变，当升温至 150 ℃时，η 为 $3\times10^{-2}\sim4\times10^{-2}$。经长期使用，发现其与钢板黏结良好。

(2) J-70-1 防振隔热阻尼浆配比,见表 3-10。

表 3-10　J-70-1 防振隔热阻尼浆配比

材料名称	质量分数/%	材料名称	质量分数/%
30%氯丁橡胶液	60	粗膨胀硅石(1～5 mm 粒径)	8
420 环氧树脂	2	石棉粉	6
胡麻油醇酸树脂	4	萘酸钴液	0.6
珍珠岩(膨胀)	8	萘酸铅液	0.8
细膨胀硅	10	萘酸锰液	0.6

(3) 沥青阻尼浆配比,见表 3-11。

表 3-11　沥青阻尼浆配比

材料名称	质量分数/%	材料名称	质量分数/%
沥青	57	蓖麻油	1.5
胺焦油	23.5	石棉油	14
热桐油	4	汽油	适量

沥青材料具有黏弹性,能将外界机械振动能转化为热能,耗散在周围介质中,起到减振作用。加入炭黑、石墨和云母粉等填料可提高沥青阻尼材料导热性并增大内摩擦作用,在一定范围内有利于改善沥青阻尼作用。该涂料应用在某些越野车上,有一定效果。实测 η 为 $3\times10^{-2}\sim4\times10^{-2}$。

二、地铁工程减振措施

地铁工程将地铁线路修建在专有的地下隧道内,地铁运行时,地铁列车在地下隧道内运行产生的行进波与轮轨间振动产生的振动波叠加,通过隧道或桥梁结构传播,进而通过土体传至建筑物,引发建筑物振动及室内二次噪声。

根据国内主要城市地铁振动监测结果,在标准线路条件下的地铁振动源强为 87.0～87.4 dB。地铁振动轨下峰值频率为 40～100 Hz,隧道振动速度级峰值一般为 40～80 Hz。

地铁振动在土壤介质传播中的衰减由两部分组成,一部分是由于土壤内部结构的变化而引起阻尼衰减,另一部分则是由于距离的增加而引发的辐射衰减。其中辐射衰减是传播衰减的主要贡献者,其简单定量计算目前国内主要是采用经验公式。阻尼衰减相对较小,在地铁影响范围内,衰减量一般小于 5 dB。

1. 为防止地铁振动污染,选线与城市规划时应注意的防振对策

(1) 线路走向尽量与城市高速路、主干道或次干道重合。这样一方面地铁线路在道路下面选线布局有较大的余地,能尽量减少对地表敏感建筑物的影响;另一方面,上述道路两侧商业、公共福利性建筑较多,基础好的建筑多,不易产生振动环境影响问题。不同建筑物对振动的响应是不同的。一般而言,质量大、基础好的建筑物对振动有较大的衰减,而质量小、基础差的建筑物对振动产生放大作用。

(2) 控制地铁线路两侧建筑物类型和建设距离,同时按项目环境影响评价的要求预留

相应的防护距离，并加强建筑物的抗振性能设计。

(3) 轨道交通规划布局中，应充分利用振动波的天然屏障，如河流、高大建筑物等，来阻隔振动的影响。

2. 车辆减振措施

(1) 车辆轻型化。根据相关研究成果，车辆轴重与振动加速度级存在以下关系：

$$\Delta L = 20\lg(W_t/W_0) \tag{3-43}$$

式中 W_t——车辆轻量化后的轴重；

W_0——车辆轻量化前的轴重。

由式(3-43)可知，当车辆轴重由 16 t 减至 11 t 时，车辆产生的振动约降低 3 dB。

(2) 车轮平滑化。通过采用弹性车轮、阻尼车轮和车轮踏面打磨等车轮平滑措施，可有效降低车辆振动强度。

弹性车轮一般是在车轮的轮箍与车圈间用弹性材料(如天然橡胶块)分开，其主要作用是减少或消除滑动振动。阻尼车轮主要是在车轮的轮箍上采用阻尼结构，其作用原理主要是利用阻尼材料把车轮的振动能转换成热能，从而达到降低振动的目的。车轮在运营一段时间后，踏面就会出现不同程度的粗糙面。当踏面出现长度大于 18 mm 的一系列粗糙点时，就应对车轮进行修整。试验表明打磨后的光滑车轮可降低振动 10 dB。

3. 轨道结构减振措施

(1) 重型钢轨和无缝线路重型钢轨不仅能增强轨道的稳定性，减少养护维修工作量和降低车辆运行能耗，而且能降低列车的冲击载荷。资料表明，车辆在 60 kg/m 钢轨上运行产生的振动较 50 kg/m 钢轨降低 10%。

车辆在钢轨接头处产生的振动是非接头处的 3 倍，因而铺设无缝线路，减少钢轨接头，可大幅度降低地铁振动源强。

(2) 扣件减振措施：扣件除能固定钢轨，阻止钢轨的纵向和横向位移，防止钢轨倾覆外，还能提供适量的弹性，具有较好的减振效果。

国外已较早地研究了在轨道与地基之间的装置减振器，德国设计出了称为“科隆蛋”的专利产品。目前，常用的有科隆蛋减振器(可减少 3～5 dB)、改进型科隆蛋减振器(可减少 7～8 dB)和新型减振弹性扣件。

(3) 道床减振措施：地铁工程受隧道净空和维修作业的限制，普遍采用整体道床。其中一般减振地段采用短枕式或长枕式整体道床结构形式，较高减振地段采用弹性整体道床，特殊减振地段采用浮置板道床。

弹性整体道床因在轨枕与道床间设有橡胶减振套，而提高了道床的减振性能。其减振效果能较一般整体道床增加 8～10 dB。

浮置板道床主要有橡胶浮置板道床和钢弹簧浮置板道床两种。橡胶浮置板道床通过设置在道床下面及两侧的橡胶支座来吸收列车动荷载，从而达到减振的目的。根据广州地铁一号线的测量结果，橡胶浮置板道床的减振效果较普通整体道床增加 13～15 dB，但对 50 Hz 以下频率的振动的隔振效果不明显。

钢弹簧浮置板道床是把整体道床块置放在由柔性弹簧构成的隔振器上，从而组成弹簧-质量隔振系统。钢弹簧浮置板道床的减振效果为 20～30 dB，尤其对低频振动具有良好的隔振效果。

(4) 基于声子晶体的浮置板轨道减振措施：利用声子晶体特殊的周期性结构和带隙特性，可以有效地控制弹性波的传播，实现对弹性波的控制和抑制，这为地铁轨道的减振降噪提供了一条新的思路。浮置板轨道隔振器是一种常见的轨道减振降噪结构，其结构由下面的基础层、中间的隔振层和上面的浮置板组成。传统的隔振器通常采用弹簧和阻尼器的组合，能够降低地铁运行时产生的振动和噪声，但是效果有限。因此，一种新型的隔振器结构出现了，它使用周期性支撑梁、周期性层状接轨和声子晶体理论来设计隔振器，以增强隔振器的隔振性能。

声子晶体隔振器利用其周期性结构和带隙特性，可以抑制浮置板轨道在关键频带内的振动。这种隔振器的制作需要精密的工艺和材料选择，但它具有更好的隔振效果和更广阔的应用前景。相比传统隔振器，声子晶体隔振器可以更好地满足地铁轨道减振降噪的要求，使得地铁运行更加平稳、安静，减少了对周围环境的噪声污染。

思考题与习题

1. 什么是振动污染？振动污染具有什么特征？

2. 振动污染分为哪些类型？振动源根据动态特征分为哪些类型？

3. 振动强弱对人的影响是怎样的？

4. 城市区域环境振动标准是什么？

5. 机械振动控制的办法是什么？

6. 共振现象是怎么产生的？有何危害？如何防治？

7. 弹性减振的原理是什么？可以采取哪些方法？

8. 阻尼减振的原理是什么？可以采取哪些方法？

9. 冲击减振可以分为哪些？

10. 将两台机器先后开动，由某测点测量其振动，得加速度有效值分别为 4.25×10^{-2} m/s^2 和 3.62×10^{-2} m/s^2，求两台机器同时开动时的加速度级。

11. 设有三种频率分别为 8 Hz、18 Hz、25 Hz 的振动，其垂直、水平方向的加速度有效值均为 2.5×10^{-2} m/s^2，试求加速度级和振动级。

12. 设某处有 8 台能完全独立启动的机器。逐台分别启动，由某一测点测得表 3-12 所示的 8 个振动级数值，求这 8 台机器同时启动时该测点的振动级。

表 3-12　题 12 数据

机器	1	2	3	4	5	6	7	8
振动级/dB	82	79	74	72	80	68	75	65

13. 假设机械本身的重量为 785 N，转速为 60 r/min，不平衡力为每转 58.8 N，作用于垂直方向。此时，若使支承台架之下为弹性支承，系统的固有频率为 5 Hz，机械的最大位移振幅控制在 0.2 mm 以下，则支承台架的重量不低于何值时，可起到减振作用？

14. 一台质量为 1 000 kg 的机械，以 900 r/min 的转速回转，在上下方向产生 200 N 的不平衡力时，若采用四个弹簧，当一个弹簧的刚度系数为何值时，可使 $\tau\leqslant0.25$？

第四章　电磁辐射污染及其防治

本章重点和难点：

(1) 电磁辐射的评价标准。

(2) 电磁辐射的计算方法。

(3) 电磁辐射防护的基本方法。

第一节　概　述

当前，无线电技术、卫星通信技术、雷达与微波技术、高频淬火焊接与熔炼技术、高压与超高压输变电技术等被广泛应用于生产与生活，在提高人们生活质量方面发挥着巨大作用。但是，这些电子电气设备产生的各式各样的电磁波也充斥着世界的每一个角落。这些电磁波不仅导致电子电气设备之间发生电磁干扰，也侵蚀着人们的身体健康。因此，认清电磁辐射的本质与危害并采取有效措施对电磁污染进行防控，成为当下的重要课题。

一、电磁环境和电磁辐射污染

所谓电磁环境是指存在电磁辐射的空间范围。电磁辐射以电磁波的形式在空间环境中传播，不能静止地存在于空间某处。人类工作和生活的环境充满了电磁辐射。

电磁辐射污染(pollution of electromagnetic radiation)是指人类使用产生电磁辐射的器具而泄漏的电磁能量流传播到室内外空间中，其量超出环境本底值，且其性质、频率、强度和持续时间等综合影响引起周围受辐射影响人群的不适感，并使健康和生态环境受到损害。

二、电磁辐射污染源

(一) 电磁辐射污染源的种类

电磁场源可以分为自然电磁场源和人工电磁场源。

天然的电磁辐射污染源主要来自地球大气层中的雷电、宇宙射线、天体放电、地球磁场和地球热辐射等，是由自然界某些自然现象所引起的，其分类和来源如表 4-1 所示。

表 4-1　自然电磁场源分类及来源

分类	来源
大气与空气污染源	自然界的火花放电、雷电、台风、寒冷雪飘、火山喷烟
太阳电磁场源	太阳黑子活动与黑体辐射
宇宙电磁场源	银河系恒星的爆发、宇宙间电子移动

人工电磁场产生于人工制造的相关系统、电子设备与电气装置。人工电磁场源按频率

不同又可分为工频场源与射频场源。

(二) 电磁辐射体与电磁辐射的产生

电磁辐射体指能产生电磁辐射的物体。电力系统工业设备、电气化铁路系统、广播电视和微波发射系统、电磁冶炼系统及电加热设备等均能产生电磁辐射。以电磁冶炼系统为例，电磁冶炼采用的是感应加热，即将需要加热的物质置于工作频率 200～300 kHz 的电磁场中，利用涡流损耗进行加热。感应加热设备的辐射场源一般是感应加热器、馈电线以及高频变压器等元器件，尤其是高频感应加热设备在工作时会产生强大的电磁感应场和辐射场，辐射场内的基波与谐波往往造成比较严重的环境污染。输出功率 100 kW、频率 200～300 kHz 的高频冶炼机电磁辐射状况，如表 4-2 所示。

表 4-2　冶炼机作业区电磁辐射污染状况

测试部位		电场强度/(V/m)	磁场强度/(A/m)
距高频感应器 30 cm 处	头部	75～80	0
	胸部	55～85	1～5
	腹部	50～90	2～7
距馈线 40 cm 处	头部	18～35	0
	胸部	8～30	0.5～1.0
	腹部	3～25	0.5～0.6
距设备 30 cm 处	头部	20～40	0.2～0.5
	胸部	25～55	0.2～0.7
	腹部	35～75	0.4～0.5
距设备 50 cm 处	头部	10～25	0
	胸部	8～18	0
	腹部	5～12	0
距设备 1 m 处	头部	5～6	0
	胸部	3～5	0
	腹部	3～5	0

三、电磁辐射污染的危害

电磁辐射对人体健康、生态环境以及装置和设备都能产生影响和危害。例如对人体所造成的危害有如下几方面：

① 中枢神经系统。神经系统对电磁辐射的作用很敏感，受其低强度反复作用后，中枢神经系统机能发生改变，出现神经衰弱综合征，主要表现有头痛、头晕、无力、记忆力减退、睡眠障碍(失眠、多梦或嗜睡)、白天打瞌睡、易激动、多汗、心悸、胸闷、脱发等，尤其是入睡困难、无力、多汗和记忆力减退多见。受危害者除有上述症状外，还表现有视觉反应时间明显延长、手脑协调动作差、对数字记忆速度减慢、出现错误较多等。

② 机体免疫功能。电磁辐射能够导致人体抵抗力下降，动物试验和对人群受辐射作用的调查表明，人体的白细胞吞噬细菌的百分率和吞噬的细菌数均下降。此外，受电磁辐射长期作用的人，其抗体形成受到明显抑制。

③ 心血管系统。受电磁辐射作用的人，常发生血液动力学失调、血管通透性和张力降低。由于自主神经调节功能受到影响，人们多出现心动过缓症状，少数呈现心动过速。受影响者出现血压波动，刚开始升高，后又恢复至正常，最后出现血压偏低，心电图表现出迷走神经过敏的反应等。

④ 血液系统。在电磁辐射的作用下，会出现白细胞不稳定现象，主要是白细胞减少、红细胞的生成受到抑制，出现网织红细胞减少。对操纵雷达的人的健康调查结果表明，多数人出现白细胞降低。此外，当无线电波和放射线同时作用于人体时，对血液系统的作用较单一因素作用会产生更明显的伤害。

影响电磁辐射对人体健康危害的因素与辐射源、周围环境及受体差异有关。以辐射源为例，主要是频率(波长)、电磁场强度、波形、与辐射源的距离、照射时间与累计频次影响了人体健康。例如电脑对人体影响如表 4-3 所示，表 4-4 列出了一组症状与场强的变化关系。

表 4-3　电脑对人体的危害一览

视力衰退	近视、散光、眨眼、斜视等由荧光屏强光及反射光所造成。荧光屏上的不固定眩光，不断地闪烁放大缩小，人们的瞳孔也随着影响放大、缩小，影响视觉，造成各种眼睛疾病
伤害胚胎组织	荧光屏所产生的低频辐射，能渗透人体，并伤害女性的染色体，触发婴儿畸形发育，低智能、自发性流产、死胎、初生婴儿死亡等怀孕意外，也可能导致不育症
白内障	荧光屏上的强光、反射光及眩光易造成眼睛疲劳，加上低频辐射影响眼球视网膜及晶体，易造成白内障
皮肤老化	荧光屏产生的正电荷，刺激皮肤长出橙红色的皮疹及色素沉积而产生色斑，加速皮肤老化
呼吸困难	荧光屏表面的静电产生的正离子，会把周围的负离子除去，并会夹带着污物、灰尘、细菌，朝人体撞击，造成呼吸不顺畅，新陈代谢不平衡
腰酸背痛	正离子影响人类中枢神经，尤其是老年人，容易造成腰酸背痛，并使记忆力减退
心情烦躁	正离子影响人们的心理反应和神经系统，使人心情烦躁
头痛	长期面对电视和电脑荧光屏，容易使人疲倦并造成头痛

表 4-4　某单位受检人员症状百分比与场强关系统计

症状	百分比/%					
	场强/(V/m)					对照组
	≤20	≤50	≤100	≤300	>300	
头痛	22.45	24.38	25.93	27.27	28.15	14.12
头晕	40.80	41.88	45.21	51.25	51.71	27.06
乏力	17.35	21.65	23.20	23.75	28.25	7.84
多梦	46.44	49.04	52.50	54.08	56.72	31.76
记忆力减退	37.50	38.78	41.91	42.33	44.44	4.54
心悸	27.50	28.57	28.70	33.90	35.54	11.37
胸闷	12.92	12.98	13.27	14.19	16.24	6.41
窦性心律不齐	15.05	24.64	33.60	37.71	40.29	15.01

表 4-4(续)

症状	百分比/%					
	场强/(V/m)					对照组
	≤20	≤50	≤100	≤300	>300	
窦性心动过缓	5.26	7.25	9.42	9.68	10.72	5.89
窦性心动过速		0.91	1.45	1.75	2.10	0.39
脱发	16.52	16.98	17.54	18.13	24.49	7.84
月经紊乱	5.10	6.27	7.40	8.73	15.03	9.06

第二节　电磁辐射基础

一、交流电

交流电是周期性地改变流动方向和数值的电流，在一个周期内的平均电流为零。如果我们将电源的两个极，即正极与负极迅速而有规律地变换位置，那么电子就会对着这种变化的节奏而改变自己的流动方向。开始时电子向一个方向流动，以后又改向与开始流动方向相反的方向流动，如此交替重复进行，这种电流就是交流电。

在交流电中，电子在导线内不断地振动，从电子开始向一个方向运动，然后又回到原点的平衡位置，这一运动过程称为电流的一次完全振动，发生一次完全振动所需要的时间称为一个周期。半个完全振动所需要的时间称为二分之一周期或半周期。

任何物质都是由极微小的粒子组成的，这些粒子有的带正电，有的带负电，有的不带电。所有的粒子都在不断地运动，并被以一定的速度传播的电磁场所包着。带电粒子及其电磁场是物质的一种特殊形态。

二、电场与磁场

(一) 电场(E)

物体相互作用的力一般分为两大类：一类是物体的直接接触发生的力，叫接触力，例如碰撞力、摩擦力等；另一类是不需要接触就可以发生的力，称为场力，例加电场力、磁场力、重力等。

电荷原本存在于一切物体之中，但通常正、负电荷的作用正好互相抵消，故其存在不为人们所察觉。近代物理学研究表明：凡是有电荷的地方，四周就存在着电场，即任何电荷都在自己周围的空间激发电场，而电荷与电荷之间通过电场发生相互作用，电荷与电场是不可分割的整体。静止电荷周围的电场称为静电场，运动电荷周围的电场则为动电场，起电的过程就是电场建立的过程。起电后，当我们分离正、负电荷时，需用外力做功。

电场强度是一个矢量，它的方向为试验电荷(带有微量电荷的物体)在该点所受力方向，基本公式为

$$E_m = F(m)/Q \tag{4-1}$$

式中　E_m——m 点的电场强度；

F——电荷 Q 在 m 点所受的力。

电场中某点的电场强度在量值与方向上等于一个单位正电荷在该点所受的力。

（二）磁场（H）

在电流通过的导体周围所产生的具有磁力的场称为磁场。若通过导体的是直流电，相应产生的磁场是恒定的；若通过导体的是交流电，则产生的磁场是变化的。磁场频率随着电场频率的变化而变化，两者大小呈正比关系。

三、电磁场与电磁辐射

交变磁场周围会产生电场，交变电场周围又会产生新的磁场，它们相互作用、方向相互垂直，并与自己的运动方向垂直。这种交替产生的具有电场与磁场作用的物质空间，称为电磁场。电磁场以一定速度在空间传播，在其传播过程中不断向周围空间辐射能量，此现象称为电磁辐射，亦称为电磁波。

电磁波类似于水波。当我们丢一块石子到水里，水面就会泛起水波，一浪推一浪地向四周扩张开来。水波是水的分子在振动，水分子上下的振动就形成了我们所看见的水波。无线电波是在空间里行进的“波浪”。我们利用发射机把强大的高频率电流输送到发射天线上，那么电流就会在天线中振荡，从而在天线的周围产生了高速度变化的电磁场。这正像我们把石子投入水面激起水波一样。电磁波传播如图 4-1 所示。

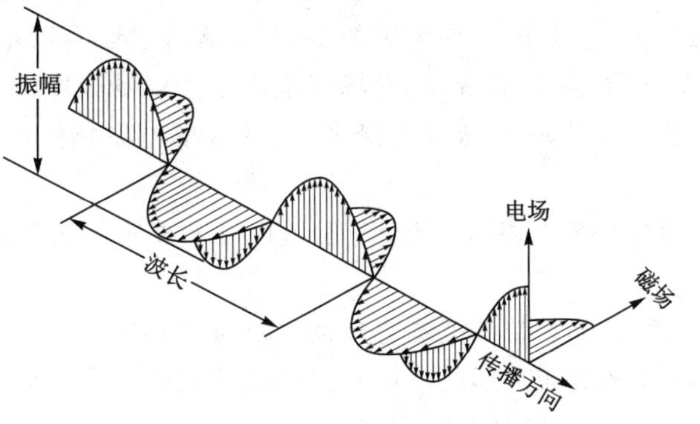

图 4-1　电磁波的传播

（一）电磁波的周期（T）、频率（f）、波长（λ）和波速（v）

电磁振荡产生电磁波，频率与波长虽不相同，但在空气中均以光速（c）传播。周期是指电磁波发生一次完全振动所需要的时间，单位是 s（秒）。周期与频率互为倒数。频率是电磁波每秒钟振动的次数，单位是 Hz（赫兹）。微波的频率很高，通常用 kHz（千赫）、MHz（兆赫）或 10^3 MHz（千兆赫）作单位。它们的换算关系是

$$10^3\ \text{MHz}=10^6\ \text{kHz}=10^9\ \text{Hz}$$

波长是电磁波在一个周期内所经过的距离，其单位有 Å（埃）、μm（微米）、nm（纳米）或 m（米）等。它们的换算关系是

$$1\ \text{m}=10^3\ \text{mm}=10^6\ \mu\text{m}=10^9\ \text{nm}=10^{10}\ \text{Å}$$

电磁波的传播速度与所处介质的电和磁的特性有关，其影响参数有介质的介电常数 ε 和磁导率 μ 等。相对介电常数 ε_r 是同一平板电容器在含有某种介质时的电容量与真空电容量之比。真空介电常数 ε_0 值为 8.85×10^{-12} F/m，通常以真空值代替空气值。磁导率 μ 描

述介质对磁场的影响；相对磁导率 μ_r 是介质磁导率与真空磁导率之比。真空磁导率 μ_0 值为 1.257×10^{-6} H/m。电磁波在介质中的传播速度 v 为

$$v=\frac{c_0}{\sqrt{\varepsilon_r\mu_r}} \tag{4-2}$$

式中　c_0——真空中的光速，$c_0\approx3\times10^8$ m/s。

定义空气的 ε_r 和 μ_r 的值均为 1，故电磁波在空气中的波长和频率的关系可简化为

$$\lambda=\frac{c}{f} \tag{4-3}$$

在空气中，不论电磁波的频率是多少，电磁波每秒传播距离总是一定的（3×10^8 m），因此频率越高，波长就越短，两者呈反比关系。

（二）场区分类及其特点

1. 近区场

以场源为零点或中心，在 1/6 波长范围之内的区域称为近区场。由于近区场的作用方式为电磁感应，故又称为感应场，感应场内的电磁能量随着与场源距离的增大而较快衰减。近区场具有如下特性：

（1）在近区场内，电场强度 E 与磁场强度 H 的大小无确定的比例关系。一般来讲，电场强度较大时磁场强度较小，高电压小电流的场源（如天线、馈线等）电场强度比磁场强度大得多，低电压大电流的场源（如电流线圈）磁场强度则大于电场强度。

（2）近区场电磁场强度比远区场的大得多，且近区场电磁场强度比远区场电磁场强度的衰减速度快。

（3）近区场电磁感应现象与场源密切相关，近区场不能脱离场源而独立存在。

2. 远区场

相对于近区场而言，在 1/6 波长范围之外的区域称为远区场，由于该区域内的电磁波以辐射状态出现，故又称为辐射场。远区场按自己的规律运动变化；远区场电磁辐射强度随距离衰减比近区场的缓慢。远区场具有如下特性：

（1）远区场的电场强度与磁场强度有固定的关系，即

$$E=\sqrt{\mu_0/\varepsilon_0}\,H=120\pi H\approx377H \tag{4-4}$$

式中　μ_0——真空中的磁导率，H/m；

ε_0——真空中的介电常数，F/m。

（2）电场 E 与磁场 H 互相垂直，并且都与传播方向垂直。

（3）电磁波在真空中的传播速度为

$$c=1/\sqrt{\varepsilon_0\mu_0}\approx3\times10^8\ \text{m/s} \tag{4-5}$$

（三）电磁场的能量

电场所具有的能量可用电场中各点的能量密度来表示，即

$$w_e=\frac{1}{2}\varepsilon E^2 \tag{4-6}$$

式中　ε——介电常数，F/m；

E——电场强度，V/m；

w_e——电场能量密度，J/m³。

磁场所具有的能量可用磁场中各点的能量密度来表示，即

$$w_m=\frac{1}{2}\mu H^2 \tag{4-7}$$

式中　μ——磁导率，H/m；

H——磁场强度，A/m；

w_m——磁场能量密度，J/m³。

电磁场的能量密度 w 等于各点电场能量密度和磁场能量密度之和，即

$$w=w_e+w_m=\frac{1}{2}(\varepsilon E^2+\mu H^2) \tag{4-8}$$

辐射能与波源的结构和频率密切相关。辐射能的平均辐射功率（单位时间内辐射的能量）与振荡电流频率的四次方呈正比关系；若恒定电磁场频率为零，则不存在辐射；低频场变化缓慢，频率很低，辐射也很弱。对实用的辐射系统来说，波源的最低频率在 10^5 Hz 以上才会产生有效辐射。

（四）电磁波的传播特性

1. 电场分量与磁场分量

做简谐振动的平面电磁波沿着 z 方向传播时，x 向分量的电场强度 E_x 的表达式为

$$E_x=E_m\cos(\omega t-kz) \tag{4-9}$$

式中　E_m——电磁波电场的振幅，V/m。

$$k=\frac{2\pi}{\lambda}=\frac{\omega}{v}=2\pi f\sqrt{\varepsilon\mu_0} \tag{4-10}$$

y 向分量的磁场强度 H_y 的表达式为

$$H_y=E_x/\eta \tag{4-11}$$

式中　$\eta=E_x/H_y=\sqrt{\frac{\mu}{\varepsilon}}$——介质的本征阻抗。

2. 电磁波的传播方向

电场强度 E 和磁场强度 H 互相垂直的关系可以用右手螺旋定则来描述，即右手四指由电场强度方向转向磁场强度方向时，垂直伸直的大拇指的方向就是电磁波的传播方向，用矢量 $\boldsymbol{S}$ 表示为

$$\boldsymbol{S}=\boldsymbol{E}\times\boldsymbol{H} \tag{4-12}$$

3. 波的极化

所谓波的极化是指电场 E 的取向由电场的方向来决定。电场的水平分量和垂直分量的相位相同或相反时为直线极化波；电场的水平分量和垂直分量振幅相等，而相位相差 90°或者 270°则称为圆极化波；若电场两个分量的振幅和相位都不相等，则为椭圆极化波。工程上常使用的是直线极化波与圆极化波。

4. 电磁波在不同介质中的衰减

均匀介质（如空气）中，由于没有能量损耗，电磁波的波形不随距离改变。电场和磁场在时间上同相，在空间上互相垂直，均做正弦函数形式的周期性变化，而且也都与传播方向垂直，如图 4-2 所示。

金属等传导介质有大量自由电子，在电磁场的作用下形成定向运动而产生电流，形成的电流在传导介质中做功产生焦耳热，引起电磁波能量的损耗、衰减。金属由于电导率很大，

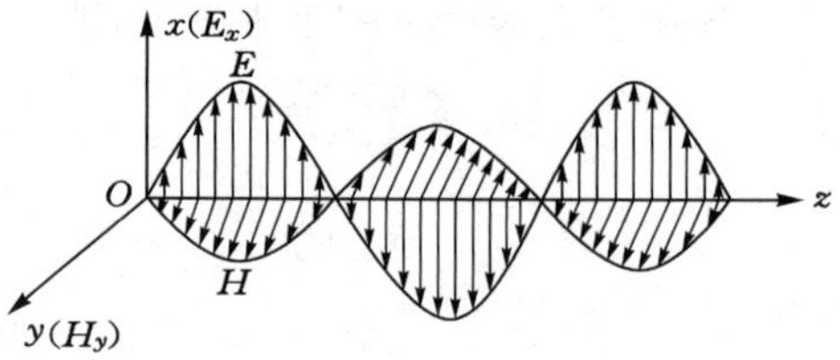

图 4-2　电磁波在无损耗介质中的传播

导体内的电荷密度为零，电荷只能分布在导体的表面层，加之电磁波在导体内强烈衰减，不能深入导体内层，所以，电磁波在传导介质中的传播，实际上只在传导介质的表面层或界面上进行。电磁波在传导介质中传播会强烈衰减，波形为如图 4-3 所示的衰减正弦波。

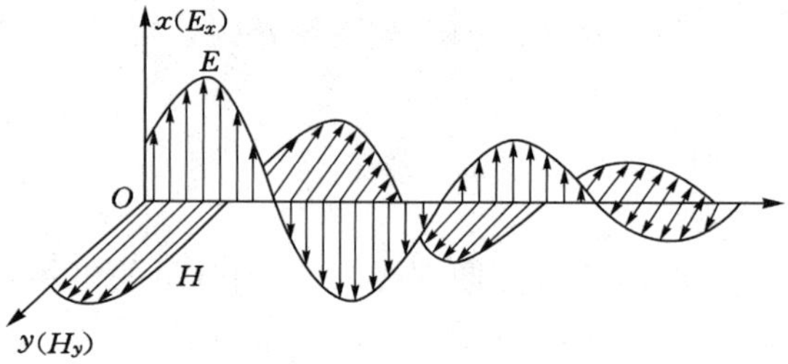

图 4-3　电磁波在有损耗介质中的衰减

电磁波在良导体（金属）中衰减很快，通常只能在表面层或界面上传播，尤其在频率很高的情况下，只能透入良导体一薄层。电磁波能够穿入金属的深度常用趋肤厚度（又称穿透深度）来表示，即

$$\delta = \frac{1}{\sqrt{\pi f \sigma \mu}} \tag{4-13}$$

式中　δ——穿透深度，m；

μ——介质的磁导率，H/m；

σ——介质的电导率，S/m。

电磁波频率越低，进入良导体的厚度即穿透深度越大。

5．电磁波的反射和透射

当电磁波在传播途中遇到分界面时，会发生反射和透射，如图 4-4 所示。

特别是平面波在理想导电平面上垂直入射时，其反射系数 R 和传输系数 T（又称透射系数）分别表示为

$$R = \frac{\eta_2 - \eta_1}{\eta_2 + \eta_1} \tag{4-14}$$

$$T = \frac{2\eta_2}{\eta_2 + \eta_1} \tag{4-15}$$

6．电磁波的相速与群速

电磁波相位变化的速度称为相速度 v_p，表示为

$$v_p = \frac{\omega}{k} \tag{4-16}$$

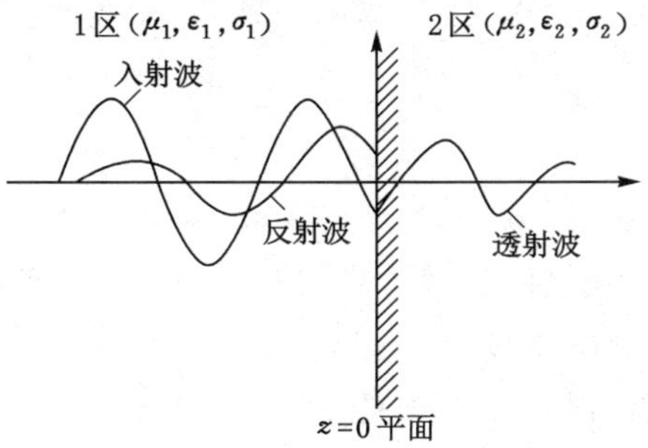

图 4-4　电磁波的反射和透射

电磁波信号传播的速度，也就是能量传播的速度称为群速度 v_g，可表示为

$$v_g=\frac{d\omega}{dk} \tag{4-17}$$

式中　ω——电磁波的角频率，rad/s。

只有相速度不随频率变化时，相速度才等于群速度，例如电磁波在自由空间里传播的情况。

7. 电磁波谱

无线电波、红外线、可见光、紫外线、X 射线和 γ 射线等都是电磁波，但各自的频率(或波长)不同，按其频率(或波长)的大小依次排列成谱图，即为电磁波谱，如图 4-5 所示。

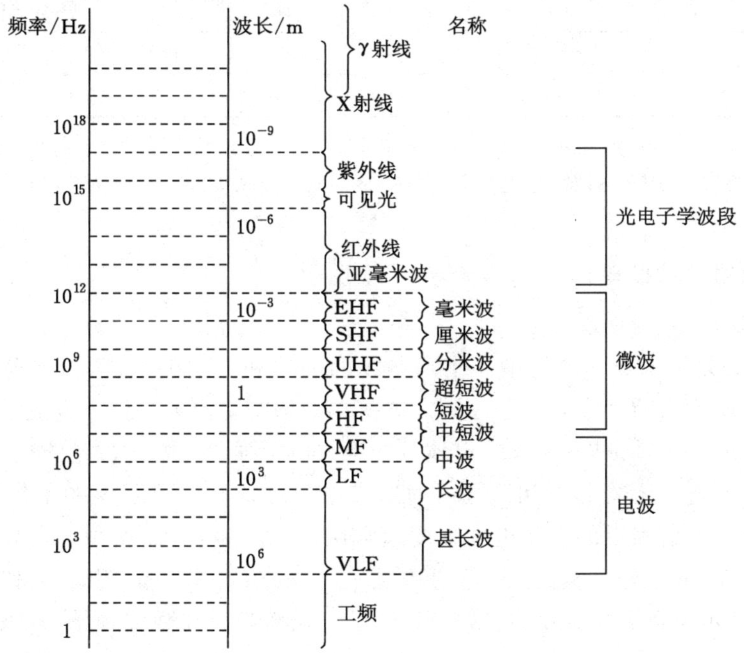

图 4-5　电磁波频谱图

电磁波按其波长和频率可以分为八大类。所有交流电磁场都处于电磁波的频谱中。无线电波波长为 10 000 m 至 0.1 mm，在电磁波谱中占有很宽的频段，按频率高低(即波长的

长短)可以将无线电波再进行划分。按频率由低到高,无线电波之后分别为红外线、可见光、紫外线、X 射线等。

四、射频电磁场

一般交流电的频率在 50 Hz 左右,当交流电的频率达到 10^5 Hz 以上时,其周围就形成了高频率电场和磁场,即射频电磁场,通常将每秒钟振荡 10 万次以上的交流电称为高频电流,因此射频电磁场也称高频电磁场。

射频电磁场是非电离辐射场,其电子能量为 $1.2\times10^{-6}\sim4\times10^{-4}$ eV,没有电离作用。由于初期多应用在无线电广播事业中,故又称为无线电波。通常射频电磁场按频率划分为不同的频段,见表 4-5。

表 4-5　射频电磁场的频段

频段名称	对应波段	缩写名称	频率范围
甚低频	万米波(甚长波)	VLF	3～30 kHz
低频	千米波(长波)	LF	30～300 kHz
中频	百米波(中波)	MF	300～3 000 kHz
高频	十米波(短波)	HF	3～30 MHz
甚高频	米波(超短波)	VHF	30～300 MHz
特高频	分米波	UHF	300～3 000 MHz
超高频	厘米波	SHF	$3\sim30\times10^3$ MHz
极高频	毫米波	EHF	$30\sim300\times10^3$ MHz
至高频	亚毫米波	THF	$300\sim3\,000\times10^3$ MHz

其中低-高频段应用的对象为无线电广播,甚高频段应用的对象为电视,特高-极高频段应用对象为微波技术。

五、电磁辐射的量度单位

(一) 电场强度 E

电场强度(E)是用来表示电场中各个点电场的强弱和方向的物理量,电荷的强弱可由单位电荷在电场中所受力的大小来表示。同一电荷在电场中受力大的地方电场就强;反之,受力弱的地方电场就弱。试验证明,距离带电体近的地方电场强;反之,远的地方则电场弱。所以,电场强度即为试验电荷所受的力和试验电荷所带电量之比。电场强度的单位为 V/m。在输电线路和高压电气设备附近的工频电场强度通常用 kV/m 表示,而家用电器附近电场强度相对较低,通常用 V/m 表示。电场强度的单位有 V/m(伏/米)、mV/m(毫伏/米)和 μV/m(微伏/米)。在表示电场干扰大小时,常用 dB(分贝)来衡量。在微波领域,电磁场的强弱常用功率密度来表示,如 W/cm^2(瓦/厘米^2)、mW/cm^2(毫瓦/厘米^2)和 μW/cm^2(微瓦/厘米^2)。

(二) 磁场强度 H

磁场的强弱用磁场强度 H 来表示,它是一个矢量。磁场强度的大小,即磁场中某点的磁场强度在数值上等于在该点上单位磁极所受的力。如果单位磁极所受的力正好是 1 dyn(达因,1 dyn$=10^{-5}$ N),那么这点的磁场强度 H 就是 1 Oe(奥斯特)。磁场强度与电介质中的电位移矢量相对应。磁场强度的单位通常用 A/m(安/米)、mA/m(毫安/米)、μA/m(微安/米)。另外,射频电磁场的频段不同,其测量采用的单位也有所不同。高频与甚高频的电场强度用 V/m、mV/m、μV/m。特高频以功率密度量度,其单位为 W/cm^2、mW/cm^2 或 $\mu W/cm^2$。

第三节　电磁辐射防护标准

一、电磁辐射评价标准及相关计算方法

我国自 20 世纪 80 年代以来陆续制定了作业场所电磁辐射安全卫生标准、电磁辐射环境安全卫生标准和干扰控制标准三类标准。

1.《电磁环境控制限值》

《电磁环境控制限值》(GB 8702—2014)参考了国际非电离辐射防护委员会(ICNIRP)《限制时变电场、磁场和电磁场(300 GHz 及以下)暴露导则,1998》,以及电气与电子工程师学会(IEEE)《关于人体暴露到 0～3 kHz 电磁场安全水平的 IEEE 标准》,考虑了我国电磁环境保护工作实践。在满足本标准限值的前提下,鼓励产生电场、磁场、电磁场设施(设备)的所有者遵循预防原则,积极采取有效措施,降低公众暴露。公众照射控制限值见表 4-6。

表 4-6　公众照射控制限值表

频率范围	电场强度 E /(V/m)	磁场强度 H /(A/m)	磁感应强度 B /μT	等效平面波功率密度 S_{eq} /(W/m^2)
1～8 Hz	8 000	$32\ 000/f^2$	$40\ 000/f^2$	—
8～25 Hz	8 000	$4\ 000/f$	$5\ 000/f$	—
0.025～1.2 kHz	$200/f$	$4/f$	$5/f$	—
1.2～2.9 kHz	$200/f$	3.3	4.1	—
2.9～57 kHz	70	$10/f$	$12/f$	—
57～100 kHz	$1\ 000/f$	$10/f$	$12/f$	—
0.1～3 MHz	40	0.1	0.12	4
3～30 MHz	$67/\sqrt{f}$	$0.17/\sqrt{f}$	$0.21/\sqrt{f}$	$(12/f)$
30～3 000 MHz	12	0.032	0.04	0.4
3 000～15 000 MHz	$0.22/\sqrt{f}$	$0.000\ 59/\sqrt{f}$	$0.000\ 74/\sqrt{f}$	$f/7\ 500$
15 000～30 000 MHz	27	0.073	0.092	2

注:① 频率 f 的单位为所在行中第一栏的单位。电场强度限值、磁感应强度随频率会发生变化。

② 0.1 MHz～300 GHz 频率,场量参数是任意连续 6 min 内的方均根值。

③ 100 kHz 以下频率,需同时限制电场强度和磁感应强度。100 kHz 以上频率,在远场区,可以只限制电场强度或磁场强度,或等效平面波功率密度;在近场区,需同时限制电场强度和磁场强度。

④ 架空输电线路线下的耕地、园地、牧草地、畜禽饲养地、养殖水面、道路等场所,其频率 50 Hz 的电场强度控制限值为 10 kV/m,且应给出警示和防护指示标志。

2. 工作场所有害因素职业接触限值

《工作场所有害因素职业接触限值 第 2 部分：物理因素》(GBZ 2.2—2007)规定了作业场所微波辐射、紫外辐射、超高频辐射、高频电磁场的职业接触限值及测试方法。此标准规定的内容相对较多，详细可参见标准原件，主要规定见表 4-7 至表 4-10。

表 4-7 工作场所微波职业接触限值

类型		日剂量/(μW·h/cm²)	8 h 平均功率密度/(μW/cm²)	非 8 h 平均功率密度/(μW/cm²)	短时间接触功率密度/(mW/cm²)
全身辐射	连续微波	400	50	400/t	5
	脉冲微波	200	25	200/t	5
肢体局部辐射	连续微波或脉冲微波	4 000	500	4 000/t	5

注：t 为受辐射时间，单位为 h。

表 4-8 工作场所紫外辐射职业接触限值

紫外光谱分类	8 h 职业接触限值	
	辐照度/(μW/cm²)	照射量/(mJ/cm²)
中波紫外线(280 nm≤λ<315 nm)	0.26	3.7
短波紫外线(100 nm≤λ<280 mm)	0.13	1.8
电焊弧光	0.24	3.5

表 4-9 工作场所超高频辐射职业接触限值

接触时间	连续波		脉冲波	
	功率密度/(mW/cm²)	电场强度/(V/m)	功率密度/(mW/cm²)	电场强度/(V/m)
8 h	0.05	14	0.025	10
4 h	0.1	19	0.05	14

表 4-10 工作场所高频电磁场职业接触限值

频率/MHz	电场强度/(V/m)	磁场强度/(A/m)
0.1≤f≤3.0	50	5
3.0<f≤30	25	—

3. 工业企业设计卫生标准

我国《工业企业设计卫生标准》(GBZ 1—2010)中关于电磁辐射的标准内容摘要如下：

① 产生工频电磁场的设备安装地址(位置)的选择应与居住区、学校、医院、幼儿园等保持一定的距离，使上述区域电场强度最高容许接触水平控制在 4 kV/m。

② 对有可能危及电力设施安全的建筑物、构筑物进行设计时，应遵循国家有关法律、法规要求。

③ 在选择极低频电磁场发射源和电力设备时，应综合考虑安全性、可靠性以及经济社

会效益；新建电力设施时，应在不影响健康、社会效益以及技术经济可行的前提下，采取合理、有效的措施以降低极低频电磁场辐射的接触水平。

④ 对于在生产过程中有可能产生非电离辐射的设备，应制定非电离辐射防护规划，采取有效的屏蔽、接地、吸收等工程技术措施及自动化或半自动化远距离操作，如预期不能屏蔽的应设计反射性隔离或吸收性隔离措施，使劳动者非电离辐射作业的接触水平符合 GBZ 2.2 的要求。

⑤ 设计劳动定员时应考虑电磁辐射环境对装有心脏起搏器病人等特殊人群的健康影响。

二、电磁辐射评价测量范围

对电磁辐射进行评价的测量范围一般如表 4-11 所示。

表 4-11 电磁辐射防护评价测量范围

<table>
<tr><th>电磁辐射设备</th><th colspan="2">防护测量范围</th></tr>
<tr><td>功率 $P>200$ kW 的发射设备</td><td colspan="2">以发射天线为中心，半径为 1 km 的范围；若最大辐射场强点处于 1 km 外，则范围扩大至最大场强处，直至场强值低于标准限值处</td></tr>
<tr><td>功率 200 kW$\geqslant P>$100 kW 的发射设备</td><td>以天线为中心半径为 1 km 的范围</td><td rowspan="2">对于有方向性的天线，范围可从天线辐射主瓣的半功率角内扩大到 0.5 km；如有高层建筑的部分楼层进入天线辐射主瓣的半功率角内，应选择不同高度对这些楼层进行室内或室外的场强测量</td></tr>
<tr><td>功率 $P\leqslant 100$ kW 的发射设备</td><td>以天线为中心半径为 0.5 km 的范围</td></tr>
<tr><td>工业、科教、医疗电磁辐射设备</td><td colspan="2">以设备为中心，半径 250 m 内</td></tr>
<tr><td>高压输电线路和电气化铁路</td><td colspan="2">以有代表性为准，对具体线路做认真详尽分析后，确定其具体范围</td></tr>
<tr><td>可移动式电磁辐射设备</td><td colspan="2">一般按移动设备载体的移动范围来确定；对于可能进入人口稠密区的陆上可移动设备，尚需考虑对公众的影响，来确定其具体范围</td></tr>
</table>

第四节 电磁辐射污染防治技术

一、电磁辐射防护基本原则

电磁辐射防护与治理的目的是减少或者消除电磁辐射对人体健康和各种电子设备产生的不良影响或危害，以保护人的身体健康、保护环境。基于这一目的，就要对各种产生电磁辐射的设备，从设计、制造到使用都要特别注意电磁辐射的污染问题，既要做到制造出各种低电磁辐射设备，或符合电磁辐射产品标准的设备，又要对运行中的设备检查并完善其防护与治理措施。

制定电磁辐射防护技术措施的基本原则是：① 主动防护与治理，即抑制电磁辐射源辐射，包括所有电子设备以及电子系统。具体做法是：合理设计设备；加强电磁兼容性设计的审查与管理；做好模拟预测和危害分析工作；等等。② 被动防护与治理，即从被辐射方着手进行防护，具体做法有：采用调频、编码等方法防治干扰；对特定区域和特定人群进行屏蔽保护。

根据上述电磁辐射防护技术原则，可将电磁辐射防护的形式分为两大类：① 在泄漏和辐射源层面采取防护措施。其特点是着眼于减少设备的电磁漏场和电磁漏能，使泄漏到空间的电磁场强度和功率密度降低到最小程度。② 在作业人员层面（包括其工作环境）采取防护措施。其特点是着眼于增加电磁波在介质中的传播衰减，使到达人体时的场强和能量水平降低到电磁波照射卫生标准以下。

二、电磁辐射防治的基本方法

（一）屏蔽

1. 屏蔽的分类

屏蔽的目的就是使电磁辐射体的电磁辐射能量被限定在所规定的空间之内，阻止其传播与扩散。具体来说，屏蔽就是采取技术措施，将电磁辐射的作用与影响限制在规定的空间范围以内。

(1) 按照屏蔽的方法分为主动场屏蔽与被动场屏蔽。两者的区别在于场源与屏蔽体的位置不同。前者场源位于屏蔽体之内，用来限制场源对外部空间的影响；后者场源位于屏蔽体之外，主要用于降低外界电磁场对屏蔽室内的影响。

(2) 按照屏蔽的内容分为电磁屏蔽、静电屏蔽和磁屏蔽三种。电磁屏蔽是指采取一定的措施来消除电磁感应的影响；静电屏蔽则是利用静电场的特性，使电场线终止于屏蔽体的表面，从而抑制电场的干扰；磁屏蔽则是用高磁导率材料制成的磁屏蔽体将磁场封闭在内，以防止电磁辐射的危害。实际防治工作中采用较多的是电磁屏蔽。

2. 电磁屏蔽机理

在电磁场中存在有电磁感应，人们采取一定措施来消除这种电磁感应的影响，这种措施称为电磁屏蔽。电磁感应是通过磁力线的交联耦合来实现的。很显然，若要把电磁场局限在某个空间之内，使它不影响到外部空间，那就必须使该电磁场在外部空间的磁力线等于零；同样，若要使外部电磁场不影响到某一空间内部，就必须使外部电磁场在某一空间内部的磁力线等于零。为此，实现电磁屏蔽就必须采用高导电率的金属材料做成屏蔽体。在外来电磁场作用下，根据电磁感应定律，屏蔽壳体上产生感应电流，感应电流又产生了与外来电磁场方向相反的磁力线，并在所屏蔽的空间内抵消了该电磁场的磁力线，使总磁力线接近零，即达到了屏蔽的目的。具体来说，电磁场屏蔽主要是屏蔽体的反射和吸收起作用。

(1) 吸收：电损耗、磁损耗及介质损耗等共同组成了屏蔽体的吸收作用。通过这些损耗在屏蔽体内转化为热消耗，从而达到阻止电磁辐射和防止电磁干扰的目的。

(2) 反射：主要利用介质（空气）与金属的波阻抗不一致而产生反射作用。两者阻抗相差越大，反射作用越明显。

(3) 电磁波在屏蔽体表面及屏蔽体内的吸收与反射：入射电磁波遇到屏蔽体后，由于两者波阻抗不一致而使一部分电磁波被反射回空气介质中，但仍有一部分能穿透屏蔽体。穿透的电磁波由于屏蔽体在电磁场中产生的电损耗、磁损耗及介电损耗等而消耗部分能量，即部分电磁波被吸收，吸收后剩余的电磁波在到达屏蔽体另一表面时，同样由于阻抗不匹配又会有部分电磁波反射回屏蔽体内，形成在屏蔽体内的多次反射，而剩余部分则穿透屏蔽体进入空气介质。

电磁干扰过程具备三要素：电磁干扰源、电磁敏感设备、传播途径。电磁场屏蔽措施主要是从电磁干扰源及传播途径两方面来防治电磁辐射：一方面抑制屏蔽室内电磁波外泄即抑制电磁干扰源；另一方面阻断电磁波的传播途径以防止外部电磁波进入屏蔽室。

电磁屏蔽作用一般可以分成三种：第一种是对静电场以及变化很慢的交变电场的屏蔽即静电屏蔽。这种屏蔽现象是由屏蔽物导体表面的电荷运动所产生的，在外界电场的作用下电荷重新分布，直到屏蔽物的内部电场为零时停止运动。高压带电作业工人所穿的带电作业服就是利用这个原理研制的。第二种屏蔽是对静磁场以及变化很慢的交变磁场的屏蔽即磁屏蔽。它与静电屏蔽类似，也是通过一个封闭物体把磁场封闭在厚壁中而实现屏蔽的；与静电屏蔽不同的是，它使用的材料不是铜网，而是有较高磁导率的磁性材料。防磁功能手表就是基于这一原理制造的。还有一种电磁屏蔽就是对高频、微波电磁场的屏蔽。若电磁波的频率达到百万赫兹或者亿万赫兹，此时射向导体壳的电磁波就像光波射向镜面一样被反射回来，另外还有一小部分电磁波能量被消耗掉，即外部电磁波很难穿过屏蔽的封闭体进入内部，同样，屏蔽体内部的电磁波也很难穿透出去。

（二）接地

1. 接地抑制电磁辐射的机理

接地有射频接地和高频接地两类。射频接地是将场源屏蔽体或屏蔽体部件内感应电流加以迅速引流以形成等电势分布，避免屏蔽体产生二次辐射所采取的措施，是实践中常用的方法。高频接地是将设备屏蔽体和大地之间，或者与大地上可以看作公共点的某些构件之间，采用低电阻导体连接起来，形成电流通路，使屏蔽系统与大地之间形成等电势分布。

2. 接地系统的设计与实施

接地系统包括接地线、接地极。其结构如图 4-6 所示。

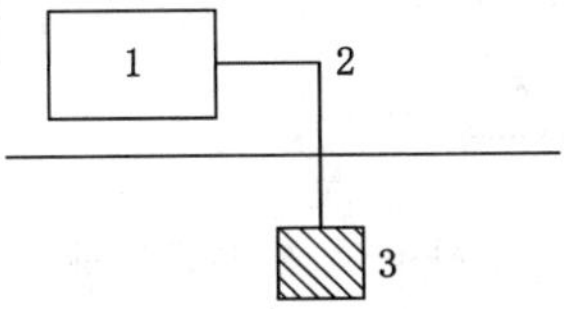

1—设备；2—接地线；3—接地极。

图 4-6　接地系统结构组成

(1) 接地线

射频电流存在趋肤效应，故屏蔽体的接地系统表面积要足够大，以宽为 10 cm 的铜带为宜。

① 设备的接地：原则上要求每台设备应当有各自的接地连接，不应采用汇流排线，以避免引起干扰的耦合效应。

② 屏蔽部件的接地：任何金属屏蔽部件应使用宽的金属带作为接地线并进行多点接地，且均与接地极良好连接。

③ 屏蔽电缆的接地：电缆的金属屏蔽是产生射频电磁场设备电流回路的一部分，故要求电缆的屏蔽外皮要妥善接地。

(2) 接地极

接地极的结构设计有如下几种形式：

① 埋置接地铜板：一般是将 2 m^2 的铜板埋在地下土壤中，并将接地线良好地连接在接地铜板上。埋置铜板又分为竖立埋、横立埋与平埋三种，如图 4-7 所示。

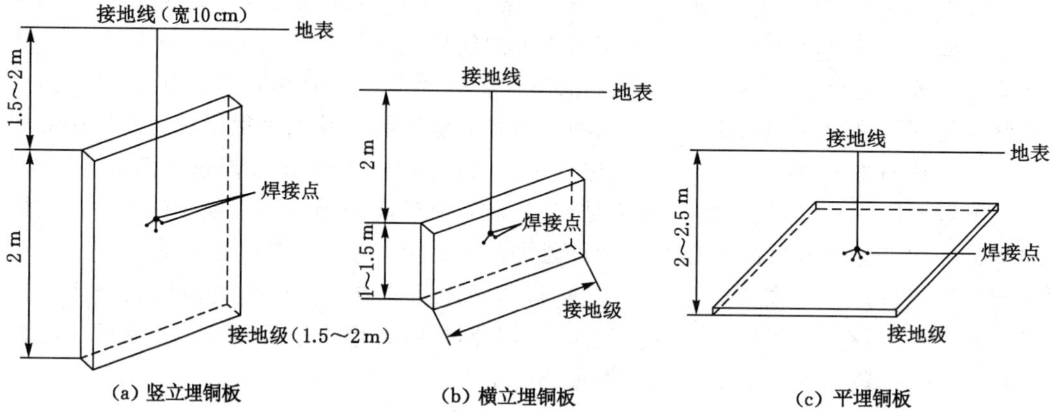

图 4-7　铜板埋置

② 埋置接地格网铜板：在一块 2 m^2 的铜板上立焊“#”字形铜板，使其成为格网结构，而后埋入土壤，形式如图 4-8 所示。

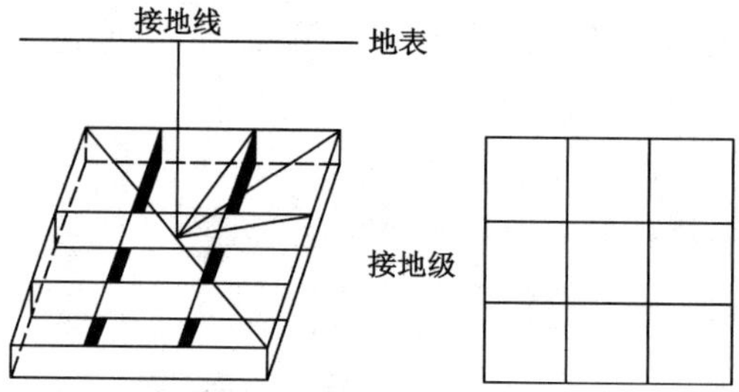

图 4-8　格网式接地

③ 埋置嵌入接地棒：一般将长度为 2 m、直径为 5～10 cm 的铜棒或铁棒打进土壤中，或挖坑埋置，然后将各接地棒上端连接在一起，并与屏蔽体相连接。接地棒分布如图 4-9 所示。

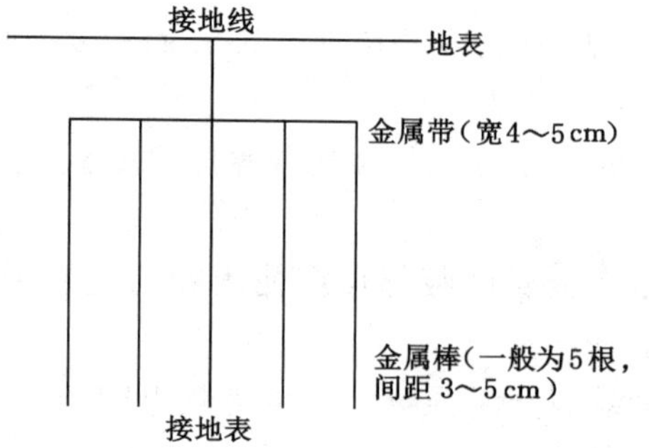

图 4-9　接地棒埋置

以上介绍的是单个接地线与接地极的基本结构和埋置方式，在实际应用中若用多根单一接地极(棒状)或多片单一接地极(板状)，设计时要特别注意它们之间的屏蔽问题。棒与棒之间或板与板之间存在着互相屏蔽效应，因此接地极附近的土壤都得不到充分利用，泄流面积变小，流散电阻变大，使得整个组合接地极的电阻势必大于单独埋设的单一接地极电阻的并联值。所以，复合接地极中的各个单一接地体间距要大，考虑到施工方便，一般以 3～5 m 为宜。

(3) 一点接地与多点接地

如果要对射频设备本身进行接地处理，通常情况下，最好的选择是单点接地；否则，当有两个以上接地点时，从这些点到外部必然构成了干扰通路，在屏蔽线外皮上有干扰电流通过，使得屏蔽外皮各点电位不同而产生干扰。若对射频场源本身实行屏蔽，则要求分别用接地线将屏蔽体多点与接地极相连接，即采取共用接地极而分用接地线的办法，屏蔽体可以实行多点接地。

无论采取单点接地还是多点接地，都须注意接地体本身所具有的天线效应问题，否则，当接地不完善时会大量辐射电磁能量，造成干扰等危害。

射频接地系统设计时还要注意：① 为了保证接地系统的阻抗足够低，接地线要尽可能短；② 要保证接地系统有良好的作用，接地线长度应当避开 1/4 波长的奇数倍；③ 无论采取何种接地方式，都要求有足够的厚度，以便于维持一定的机械强度和耐腐蚀性。

3. 接地效果

在中、短波段，接地正确与否对电场屏蔽效果的影响很大，接地状态下的屏蔽效能与不接地状态下的屏蔽效能相比，二者有显著的差异，可相差 30 dB 之多，对磁场屏蔽效能则无明显影响。在短波段，特别是 20～30 MHz 频段以上，接地作用不太明显；对于微波段，屏蔽接地作用则更小。

(三) 滤波

1. 滤波的机理

滤波是抑制电磁干扰的有效手段之一。滤波即在电磁波的所有频谱中分离出一定频率范围内的有用波段。线路滤波的作用是保证有用信号通过的同时阻截无用信号通过。

2. 滤波器

滤波器是一种具有分离频带作用的无源选择性网络器件，所谓选择性就是它具有能够从输入端(或输出端)电流的所有频谱中分离出一定频率范围内有用电流的能力。即在一个给定的通频带范围内，滤波器具有非常小的衰减，能让电能(电流)很容易通过；而在此频带之外滤波器具有极大的衰减作用，能抑制电能(电流)的通过。电源网络的所有引入线在屏蔽室入口处必须装设滤波器。若导线分别引入屏蔽室，则要求对每根导线都必须进行单独滤波。在应对电磁干扰信号的传导和某些辐射干扰方面，电源电磁干扰滤波器是相当有效的器件。

(四) 其他措施

电磁辐射防治还可采用其他方法，例如：① 采用电磁辐射阻波抑制器，通过反作用场的作用，在一定程度上抑制无用的电磁辐射；② 新产品和新设备的设计制造时，尽可能使用低辐射产品；③ 从规划着手，对各种电磁辐射设备进行合理安排和布局，并采用机械化或自动化作业，减少作业人员直接进入强电磁辐射区的次数或在其中的工作时间。另外，加强个体防护和安排适当的饮食，也可以抵抗电磁辐射的伤害。

三、电磁辐射防治技术

（一）高频设备的电磁辐射防护

高频设备的电磁辐射防护的频率范围一般为0.1～300 MHz，如上所述，其防护技术有电磁屏蔽、接地技术及滤波等几种。由于感应电流和频率呈正比关系，低频时感应电流很小，所产生的磁感线不足以抵消外来电磁场的磁感线，因此电磁屏蔽只适用于高频设备。

（二）广播、电视发射台的电磁辐射防护

对于广播、电视发射台的电磁辐射防护，应该在项目建设前，以《电磁环境控制限值》(GB 8702—2014)为标准，进行电磁辐射环境影响评价，实行预防性卫生监督，提出包括防护带要求等的预防性防护措施。如果已经建成的发射台对周围区域造成较强场强，一般可考虑以下防护措施。

(1) 降低辐射强度：在条件许可的情况下，采取措施，减少对人群密集居住方位的辐射，降低辐射强度，如改变发射天线的结构和方向角。

(2) 加强绿化：中波发射天线周围场强约为15 V/m、短波场强为6 V/m的范围设置绿化带，有助于减轻电磁辐射的影响。

(3) 调整住房用途：可将中波发射天线周围场强大约为10 V/m、短波场源周围场强为4 V/m范围内的住房，改为非生活用房。

(4) 选用合适的建筑材料：利用建筑材料对电磁辐射的吸收或反射特性，在辐射频率较高的波段，可使用不同的建筑材料，如钢筋混凝土，甚至金属材料覆盖建筑物，以使室内场强衰减。

（三）微波设备的电磁辐射防护

为了防止和避免微波辐射对环境的污染而造成公害，影响人体健康，可采取相应的防护措施。微波辐射的安全防护原则为：减少辐射源的直接辐射，降低或杜绝微波泄漏，屏蔽辐射源及其附近的工作地点，加大工作点与辐射源的距离，采用个人防护用品及其他有效安全措施等。

1. 减少辐射源的直接辐射或泄漏

根据微波传输原理，合理设计微波设备结构并采用适当的措施，完全可以将设备的泄漏水平控制在安全标准以下。在微波设备制成之后，应对泄漏进行必要的测定，达到安全标准的产品才能投放市场。要严格执行维修制度和操作规程，合理使用微波设备，以减少不必要的伤害。

雷达等大功率发射设备调整和试验时，可利用等效天线或大功率吸收负载的方法将电磁能转化为热能耗散掉，从而减少微波天线的直接辐射。

2. 屏蔽辐射源

将微波辐射限定在一定的空间范围内，可采用反射和吸收两种屏蔽方法。

(1) 反射微波辐射的屏蔽：使用板状、片状和网状金属组成的屏蔽壁来反射、散射微波，可较大幅度地衰减微波辐射。板、片状的屏蔽壁比网状的屏蔽壁效果好，也可用涂银尼龙布来屏蔽。

(2) 吸收微波辐射的屏蔽：微波辐射也常利用吸收材料予以吸收加以屏蔽。微波吸收材料是一种既可有效吸收微波频段电磁波又对微波段电磁波的反射、透射和散射都极小的

材料。目前电磁辐射吸收材料可分为谐振型和匹配型两类。谐振型吸收材料是利用某些材料的谐振特性制成的，其特点是材料厚度小，对较窄频率范围内的微波辐射有较好的吸收效果；匹配型吸收材料则是通过某些材料和自由空间的阻抗匹配来吸收微波辐射能。

微波吸收的常见方式有两种：一是仅在罩体或障板其中之一上贴附吸收材料，将辐射电磁波能吸收；二是在屏蔽材料罩体和障板上都贴附吸收材料，以进一步削弱电磁波的透射。

3. 屏蔽辐射源附近的工作地点或加大工作点与场源的距离

微波辐射能量随距离加大而衰减，且波束方向狭窄，传播集中，遇到对场源无法进行屏蔽的情况时，就要对工作点进行屏蔽。也可通过加大微波场源与工作人员或生活区的距离，来达到保护人民群众身体健康的目的。

4. 微波作业人员的个体防护

对于必须进入微波辐射强度超过照射卫生标准的微波环境操作的人员，可采取下列防护措施：

(1) 穿微波防护服。根据屏蔽和吸收原理设计而成的三层金属膜布防护服，其内层是牢固棉布层，可防止微波从衣缝中泄漏照射人体；中间为涂有金属的反射层，可反射从空间射来的微波能量；外层用介电绝缘材料制成，用以介电绝缘和防蚀，并采用电密性拉锁，袖口、领口、裤角口处使用松紧扣结构。也有用直径很细的钢丝、铝丝、柞蚕丝、棉线等混织金属丝布制作的防护服。现在出现了使用经化学处理的银粒渗入化纤布或棉布的渗金属布防护服，使用方便，防护效果较好，其缺点在于价格昂贵。

(2) 戴防护面具。面部的防护可采用佩戴防护面具的方法。面具可做成封闭型(罩整个头部)，或半边型(只罩头部的后面和面部)。

(3) 带防护眼镜。眼镜可用金属网或薄膜做成风镜式，较受欢迎的是金属膜防护镜。

(四) 静电防治

频率为零时的电磁场即为静电场。静电场中没有辐射，然而高压静电放电也能引爆引燃易燃气体和易燃物品，对人体健康、电子仪器等产生重大危害。当静电积累到一定程度并引起放电，且能量超过物质的引燃点时，就会发生火灾。

控制和减少静电灾害的发生主要从三个方面入手：第一是尽量减少静电的产生；第二是在静电产生不可避免的情况下，采取加速释放静电的措施，以减少静电的积累；第三是当静电的产生、积累都无法避免时，要积极采取防止放电着火的措施。

1. 防止或减少静电的产生

(1) 选材时尽量考虑采用物性类同或导电性能相近的材料，尽量采用导体材料，不用或少用高绝缘材料。

(2) 改善装卸和运输方式，尽量减少摩擦和碰撞。

(3) 防止和减少不同物质的混合和杂质的混入。

(4) 控制速度(传动速度、流动速度、气体输送速度、排放速度等)。

(5) 增大接触面的平滑度，减小摩擦力。

2. 加速静电释放

(1) 加速静电荷的释放：可采用良好的接地措施，改善材料的导电性等方法，如使用防静电添加剂，涂刷或者镀上防静电层，增加环境的相对湿度等。

(2) 中和消除静电：静电荷积累到一定程度后，消除静电可采用中和的办法。中和是指用极性相反的电荷去抵消积累的电荷，如采用不同极性的消除器。消除静电是用人为的方法产生相反极性的电荷来消除原来积累的电荷，可采用自感应式静电消除器、外加电源式静电消除器以及同位素静电消除器等。

3. 防止放电着火

(1) 安装放电器：在设备的合适位置上预先设置放电器，以便于释放积累的静电，如飞机的机翼后沿设有多组放电器，以避免过载放电着火。

(2) 屏蔽带电体：采用隔离的办法来限制带电体对周围物体产生电气作用及放电现象。

(3) 加强静电的测量和报警：安装静电测量和报警系统，及早发现危险，及时采取有效措施，防止静电着火发生。

(4) 防止或减少可燃性混合物的形成：控制可燃物的浓度，从而降低着火的概率。

思考题与习题

1. 电磁辐射污染指的是什么？请对电磁污染源分类，并描述其各自的特征。
2. 电磁波的频率如何与它的波长和传播速度相关联？
3. 电磁波在空间中的传播方式有哪些？
4. 有哪些策略可以用于防治电磁辐射？每种策略适用的条件是什么？
5. 随着智能制造与生活的融合度越来越高，智能产品逐渐应用到现实生活，且已渗透进了工业、医学、服务、教育、生活等多个领域。但同时，智能制造工厂的建设意味着大量电子电气设施的融合，隐藏着电磁隐患。根据《工作场所有害因素职业接触限值》的标准，某智能制造工厂一名每天工作 8 h 的一线工人，其允许接触的连续波和脉冲波的辐射平均功率密度分别是多少？

第五章　放射性污染及其控制

本章重点和难点：

(1) 辐射剂量学的相关计算。

(2) 放射性废物的特点。

(3) 放射性污染去污及相关计算。

第一节　概　　述

在自然界和人工生产的元素中，有一些能自动发生衰变，并放射出肉眼看不见的射线。这些元素统称为放射性元素或放射性物质。在自然状态下，来自宇宙的射线和地球环境本身的放射性元素一般不会给生物带来危害。自 20 世纪 50 年代以来，人的活动使得人工辐射和人工放射性物质大大增加，环境中的射线强度随之增强，危及生物的生存，从而产生了放射性污染。放射性污染很难消除，射线强弱只能随时间的推移而减弱。

一、环境中放射性的来源

环境中放射性的来源分天然辐射源和人工辐射源。

(一) 天然辐射源

人类受到的天然辐射有两种不同的来源，即来自地球以外的辐射源和来自地球的辐射源。前者是指宇宙射线，后者是指地球本身所含各种天然放射性元素，即原生放射性核素。

1. 宇宙射线

宇宙射线是一种来自宇宙空间的高能粒子流，习惯上把宇宙射线分为初级宇宙射线和次级宇宙射线。所谓初级宇宙射线是指从星际空间发射到地球大气层上部的原始射线，其组成比较恒定，83%～89%为质子，10%左右是 α 粒子，此外还有较少量的重粒子、高能粒子、光子和中微子。这种初级宇宙射线从各个方向均匀地向地球照射，其强度随太阳活动呈周期性变化。

当初级宇宙射线和地球大气中元素的原子核相互作用时，将产生中子、质子、介子以及许多其他产物(宇宙核素)，如^{2}H、Be 等，通称为次级宇宙射线，其中介子约占 70%。在 15 km 以下的高空，初级宇宙射线已大部分转变为次级宇宙射线。在海平面附近，次级宇宙射线的强度已降低了许多。同时，这一区域宇宙射线的强度已不受太阳活动的影响。

2. 地球辐射

地球辐射是地球本身包含各种原生放射性核素(即天然放射性核素)而造成的辐射，如土壤、水、空气和人体等均具有一定的放射性。

（1）土壤中的天然放射性

土壤主要由岩石的侵蚀和风化作用而产生，可见，其中的放射性是从岩石中转移而来的。由于岩石种类很多，受到自然条件作用程度也不尽相同，可以预见土壤中自然放射性核素的浓度变化范围是很大的。土壤的地理位置、地质来源、水文条件、气候以及农业历史等都是影响土壤中天然放射性核素含量的重要因素。农肥施用情况尤为明显，例如钾肥中含有一定量的钾，磷肥中含铀和镭的水平较高，施用这些肥料显然会增加农田土壤中放射性核素的浓度；此外，肥料对于土壤中天然放射性核素的化学形态也有一定的影响。因此，核素的物理迁移以及被生物体吸收的性质也会受到影响。

（2）地表水中的放射性

地表水系含有的放射性往往由水流类型决定。海水中含有大量的钾，天然泉水中则有相当数量的铀、钍、镭。水中天然放射性核素的浓度与水所接触的岩石、土壤中该元素的含量有关。据报道，各种内陆中天然铀的浓度范围为 0.3～10 μm/L。地球上任何一个地理位置的水或多或少都有一定的放射性，并通过饮用对人体构成内照射。

（3）空气中的放射性

空气中的天然放射性主要是由于地壳中铀系和钍系的子代产物氡和钍放射性气体的扩散，其他天然放射性核素的含量甚微。这些放射性气体很容易附着在空气颗粒上，形成放射性气溶胶。空气中的天然放射性核素浓度受季节的影响较大。在冬季，较大的工业城市空气中的放射性核素浓度较高，在夏季较低。当然，在山洞、地下矿穴中，铀和钍矿中的放射性浓度很高。另外，室内空气中的放射性核素浓度比室外的高，这主要和建筑物及室内通风情况有关。

（二）人工辐射源

对公众造成自然条件下原本不存在辐射的辐射源称为人工辐射源，主要有核试验造成的全球性放射性污染，核能生产、放射性同位素的生产和应用导致放射性物质以气态或液态的形式释放而直接进入环境，核材料储存、运输或放射性固体废物处理与处置和核设施退役等则可能造成放射性物质间接地进入环境（表 5-1）。

表 5-1　人工辐射源的主要来源及产物

主要来源	产生的放射性物质
铀、钍矿的开采冶炼，核燃料加工厂	氡、钍射气及其子代产物含铀、钍、镭的废水
核反应堆、核发电站、核动力舰艇	^{3}H、Kr、Br 等气体，含放射性核裂变产物的废水、废物
核动力舰艇、科研、医学、工农业各部门开放使用放射性核素	含有所使用放射性核素如 ^{131}I 等废物
大气层核武器爆炸，地下核爆炸冒顶、意外事故	含有核燃料、感生放射性核裂变产物的放射性气溶胶、放射性沉降物

1．核试验的沉降物

核试验是全球放射性污染的主要来源。在大气层中进行核试验时，带有放射性的颗粒沉降物最后沉降到地面，造成对大气、海洋、地面和生物的污染，而且这种污染由于大气的扩散将波及全球环境。这些进入平流层的颗粒几乎全部沉积在地球表面，其中未衰变完全的放射性物质大部分存在于土壤、农作物和动物组织中。1963年后，美国、苏联等国家将核试验转入地下，由于发生“冒顶”和其他泄漏事故，仍然对人类环境造成污染。

放射性沉降物的性质与核武器装料、爆炸方式、核武器当量、爆炸地区土壤的成分、与爆炸中心的距离以及爆后间隔的时间等有关。早期沉降物的性质有以下几方面：

(1) 粒子形状及结构。沉降物粒子的形状和结构与爆炸区土壤及爆炸方式有关。陆地爆炸粒子多为黑褐色，表面圆滑，多呈球形或椭圆形，粒子内部有的呈蜂窝状或空心球状，多为均匀的玻璃体结构，易被压碎。

(2) 密度。放射性沉降物的密度接近土壤的密度(约 2.6 g/cm^3)，一般在 2.0～3.0 g/cm^3 之间。

(3) 粒子大小和分散度。放射性沉降物的粒子大小及其分散度与爆炸方式、当量和距离爆炸中心远近等条件有关。爆炸产生的沉降物粒子最大可达 2 000 μm，空爆时最大则只有几十微米。沉降物中 1 μm 至几微米的粒子占大多数。离爆炸中心较远的地区，其沉降粒子多在几微米至几十微米之间。

(4) 溶解度。沉降物的溶解度与粒子的大小和溶剂的酸碱度有关。溶剂的酸度愈高、粒子愈小，愈容易溶解。

(5) 化学成分。放射性沉降物的放射性成分主要是核裂变产物。早期沉降物中主要的放射性核素有^{239}Np、放射性稀土元素等。

(6) β能量和衰变。在核武器的装料(U、^{2}U、^{2}Pu)发生裂变后，生成几十种元素的200多种放射性核素。放射性强度(放射性活度)随时间的推移很快减弱。放射性沉降物中β粒子的能量随核爆炸后时间不同而异。

2. 核工业对环境的污染

原子能工业在核燃料的生产、使用与回收的核燃料循环过程中均会产生“三废”，给周围环境带来污染。

(1) 核燃料的生产过程包括铀矿开采、冶炼、核燃料精制与加工，均会产生放射性废物。从铀矿的开采、冶炼直到燃料元件制出，所涉及的主要天然放射性核素是铀、镭、氡等。铀矿山的主要放射性影响源于^{222}Rn及其子体，即使在矿山闭矿后，这种影响还会持续一段时间。铀矿石在水法冶炼厂进行提取的过程中产生的污染源主要是气态的含铀粉尘、液态的含铀废水和固态含铀废渣。水法冶炼厂的尾矿渣量很大，尾矿渣及浆液占地和对环境造成的污染是一个很严重的问题。目前，尚缺乏妥善的处置办法。

(2) 核反应堆运行过程，包括生产性反应堆、核电站与其他核动力装置的运行过程会产生放射性废物。核燃料在反应堆中燃烧，反应堆属封闭系统，对人体的辐照主要来自气载核素，如碘、氪、氙等惰性物质。实测资料表明，由放射性情性气体造成的剂量当量为 0.05～0.10 mSv。排出的废水中含有一定量的中子活化产物。另外，还可能含有由于燃料元件外壳破损逸出或因外壳表面被少量铀沾染通过核反应而产生的裂变产物。

(3) 核燃料处理过程，包括废燃料元件的切割、脱壳、酸溶与燃料的分离与净化过程，会产生放射性废物。经反应堆辐照一定时间后的乏燃料仍具极高的放射性活度。通常乏燃料被储存在冷却池中以待其大部分核素衰变。但当其被送往后处理厂时，仍含有大量半衰期长的裂变产物，如锶、铯，其活度在 10^7 Bq 级。因此，在乏燃料的存放、运输、处理、转化及回收处置等过程中均需特别重视防护工作，以免造成危害。核动力舰艇和核潜艇的迅速发展，对海洋来说又增加了一个新的污染源。在核潜艇启动和一次回路以及辅助系统中排出和泄漏的水中均含有一定的放射性物质。

二、辐射的生物效应

辐射与人体相互作用会导致某些特有生物效应，其性质和程度主要取决于人体组织吸收的辐射能量，演变过程如图 5-1 所示。

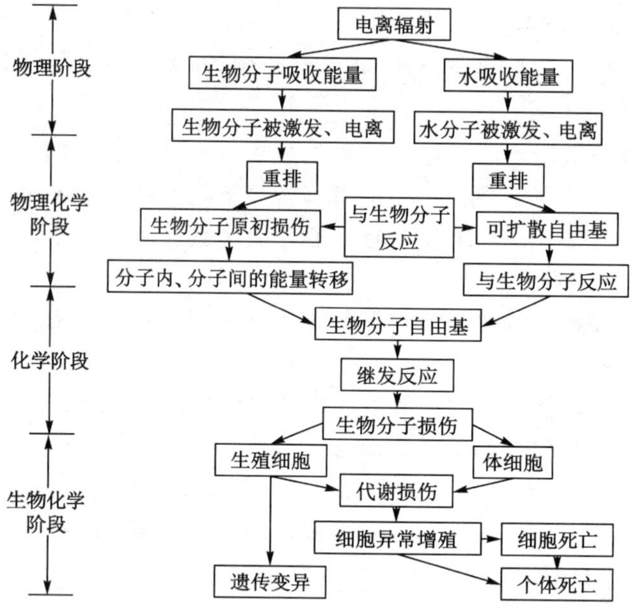

图 5-1　辐射生物反应的演变过程

（一）辐射对细胞的作用

电离辐射对细胞的损害通常是非特异性的，即其他物理的或化学的因素也能引起与电离辐射相同的效应。射线通过活细胞时，使细胞结构内的原子和分子电离或激发。假如分子被离解，有的部分就带上电荷，有的成为自由基，这些自由基或离子是不稳定的。因为细胞中含有 70%左右的水，所以自由基主要是水分子产生的，当这些自由基和离子同其他细胞物质相互作用时，会产生进一步的损害效应。

人类接受辐射有两个途径，分别称为内照射和外照射。α 粒子只有进入人体内部才会造成损伤，这就是内照射；α 射线、γ 射线主要从人体外对人体造成损伤，这就是外照射；β 射线既造成内照射，又造成外照射。一般来说，外照射时，$\gamma>\beta>\alpha$；而内照射时，则 $\alpha>\beta>\gamma$。通常，在吸收剂量相同情况下，剂量率越大，生物效应越显著；照射分次越多，各次照射间隔时间越长，生物效应就越小。

此外，辐射损伤与受照部位及受照面积密切相关，各部位器官对辐射的敏感性不同，不同器官受损后对人体带来的影响也不尽相同。照射剂量相同，受照面积愈大，产生的生物效应也愈大。外照射情况下，人体的剂量分布受入射辐射角分布、空间分布以及辐射能谱的影响，并且还与人体受照时的姿势及其在辐射场内的取向有关；内照射情况下的生物效应还取决于进入体内的放射性核素的种类、数量、理化性质、在体内沉积的部位以及在相关部位滞留的时间等物理因素的影响。

辐射与细胞作用的生物因素主要是指生物体对辐射的敏感性。表 5-2 列出了受到射线照射的不同种系的生物死亡 50%所需的吸收剂量。由表 5-2 可见，种系的演化程度越高，机体结构越复杂，其对辐射的敏感性越高。

表 5-2 生物死亡 50%的吸收剂量

生物种系	人	猴	大鼠	鸡	龟	大肠杆菌	病毒
LD50/Gy	4.0	6.0	7.0	7.15	15.0	56.0	2×10^4

注：1 Gy=1 J/kg。

个体不同发育阶段的辐射敏感性也不同，一般幼年期和老年期对辐射的敏感性比壮年时高。不同细胞、组织或器官的辐射敏感性各异，一般人体内繁殖能力越强、代谢越活跃、分化程度越低的细胞对辐射越敏感，因而不同组织也具有不同的敏感性。

（二）辐射的生物效应

电离辐射对人体辐射的生物效应可分为躯体效应和遗传效应。

1. 躯体效应

根据效应发生的早晚，躯体效应分为急性效应和晚期效应。受照者在一次或短时间内接受大剂量照射时所发生的效应，称为辐射的急性效应。急性效应只有在发生超临界事故、违反操作规程而受到辐射源的大剂量照射或者核爆时距爆心较近而无防护的情况下才有可能发生。发生这种情况后，在受照射后几周内出现的早期效应，主要损伤人体的各组织、器官和系统，可出现恶心、呕吐、腹痛、腹泻、头昏、全身无力、嗜睡等初期症状，受照剂量不同，症状出现的轻重也不一样。剂量特别大的，其后还会出现皮肤、内脏出血，骨髓空虚等，个别的病人还会出现器官衰竭、死亡等。有的病人有可能逐步恢复健康。

2. 遗传效应

人体中能够决定遗传因子的是基因，它是具有一定遗传功能的一段 DNA 核苷酸序列。基因通常是稳定的，但是只要它发生任何变化或突变就可以改变遗传特征，遗传特征的变化可以是各种射线的照射所致，也可以是其他因素所引起，这种改变不是辐射特有的，辐射只是增加这种改变的可能性。遗传物质的突变，可为染色体突变，也可为基因突变。基因的突变是由于细胞内 DNA 分子间上某一小段，由于辐射而引起的分子结构的变化，这些突变可使后代发生畸形、遗传性疾病，或不适于生存而死亡。

三、辐射对人体的危害

辐射对人体的危害主要表现为受到射线过量照射而引起的急性放射病，以及因辐射而导致的远期影响。

（一）急性放射病

急性放射病是由大剂量的急性照射所引起的，多为意外核事故、核战争造成。按射线的作用范围，短期大剂量外照射引起的辐射损伤可分成全身性辐射损伤和局部性辐射损伤。

全身性辐射损伤是指机体全身受到均匀或不均匀大剂量急性照射而引起的一种全身性疾病，一般在照射后的数小时或数周内出现。根据剂量大小，主要症状、病程特点和严重程度可分为骨髓型放射病、肠型放射病和脑型放射病三类。

局部性辐射损伤是指机体某一器官或组织受到外照射时出现的某种损伤，在放射治疗中可能出现这类损伤。例如单次接受 3 Gy β 射线或低能 γ 射线的照射，皮肤将产生红斑，剂量更大时将出现水泡、皮肤溃疡等病变。

（二）远期影响

辐射危害的远期影响主要是慢性放射病和长期小剂量照射对人体健康的影响，多属于随机效应。

慢性放射病是多次照射、长期累积的结果。受辐射的人在数年或数十年后，可能出现白血病、恶性肿瘤、白内障、生长发育迟缓、生育力降低等远期躯体效应；还可能出现胎儿性别比例变化、先天畸形、流产、死产等遗传效应。慢性放射病的辐射危害取决于受辐射的时间和辐射量，属于随机效应。

长期小剂量照射对人体健康的影响特点是潜伏期较长，发生概率很低，既有随机效应，也有确定性效应。因此，要估计小剂量照射对人体健康的影响，只有对人数众多的群体进行流行病学调查，才能得出有意义的结论。

第二节　辐射剂量学基础

一、辐射剂量学的基本量和单位

（一）放射性活度

一定量的某种放射性核素的放射性活度 A 的定义为在时间间隔 $\mathrm{d}t$ 内这些数量的核素中发生自发核转变的期望数 $\mathrm{d}N$，即

$$A=\frac{\mathrm{d}N}{\mathrm{d}t} \tag{5-1}$$

放射性活度简称为活度，其 SI(国际单位制)单位为 s^{-1}，专名为贝可(Bq)。单位体积的气态或液态物质中所含某种放射性核素的活度称为放射性(活度)浓度 C($\mathrm{Bq/m^3}$ 或 Bq/L)；单位质量的生物物质或固体物质中所含某种核素的活度称为放射性比活度 a(Bq/g)。放射性活度(A)表示在单位时间内放射性原子核所发生的核转变数，1 Bq 表示每秒钟发生一次核衰变。放射性活度的曾用单位为 Ci(居里)，$1\ \mathrm{Ci}=3.7\times10^{10}\ \mathrm{Bq}$。

（二）照射量

1. 照射量

照射量(X)表示射线空间分布的辐射剂量，是用以衡量 X(γ)辐射致空气电离程度的物理量。照射量定义为

$$X=\frac{\mathrm{d}Q}{\mathrm{d}m} \tag{5-2}$$

式中 X——照射量，C/kg，曾用单位是 R(伦琴)，$1\ \mathrm{R}=2.58\times10^{-4}\ \mathrm{C/kg}$；

$\mathrm{d}Q$——射线在质量为 $\mathrm{d}m$ 的空气中释放出来的全部电子(正电子和负电子)被空气完全阻止时，在空气中产生的一种符号离子的总电荷的绝对值，C；

$\mathrm{d}m$——受照空气的质量，kg。

照射量只用于量度 γ 射线或 X 射线在空气介质中产生的照射效能。

2. 照射量率

照射量率 $\dot{X}$ 定义为

$$\dot{X}=\frac{\mathrm{d}X}{\mathrm{d}t} \tag{5-3}$$

式中　$\dot{X}$——照射量率,C/(kg·s);

$\mathrm{d}X$——时间间隔 $\mathrm{d}t$ 内照射量的增量,C/kg;

$\mathrm{d}t$——时间间隔,s。

(三) 吸收剂量

1. 吸收剂量

吸收剂量(D)是单位质量受照物质所吸收的平均辐射能量。其定义式为

$$D=\frac{\mathrm{d}\bar{\varepsilon}}{\mathrm{d}m} \tag{5-4}$$

式中　D——吸收剂量,Gy(戈瑞),曾用单位是 rad(拉德),1 rad=0.01 Gy;

$\mathrm{d}\bar{\varepsilon}$——电离辐射授予质量为 $\mathrm{d}m$ 的物质的平均能量,J;

$\mathrm{d}m$——受照空气的质量,kg。

吸收剂量在剂量学的实际应用中是一个非常重要的物理量,它适用于任何类型的辐射和受照物质,并且是与一无限小体积相联系的辐射量,即受照物质中每一点都有特定的吸收剂量数值。因此,在给出吸收剂量数值时,必须指明辐射类型、介质种类和所在位置。

2. 吸收剂量率

吸收剂量率 $\dot{D}$ 是单位时间内的吸收剂量,定义为

$$\dot{D}=\frac{\mathrm{d}D}{\mathrm{d}t} \tag{5-5}$$

式中　$\dot{D}$——吸收剂量率,Gy/s;

$\mathrm{d}D$——时间间隔 $\mathrm{d}t$ 内吸收剂量的增量,Gy;

$\mathrm{d}t$——时间间隔,s。

(四) 器官剂量

一个器官或组织的平均吸收剂量 D_T 定义为电离辐射授予一个质量为 m_T 的器官或组织 T 的总能量 ε_T,即

$$D_T=\frac{\varepsilon_T}{m_T} \tag{5-6}$$

显然,器官剂量 D_T 的 SI 单位及专用名与吸收剂量 D 相同,同样,单位时间内 D_T 的增量为器官剂量率 $\overline{D}_T$(Gy/s)。

(五) 非限定传能线密度

由于辐射诱发器官或组织随机性效应的概率与辐射的品质有关,通常引入一个权重因数对器官剂量进行修正。不同类型或不同能量的辐射与物质相互作用的性质可用非限定传能线密度 L_Δ 加以描述:

$$L_\Delta=\frac{\mathrm{d}E}{\mathrm{d}l} \tag{5-7}$$

式中　$\mathrm{d}E$——带电粒子在物质中穿过 $\mathrm{d}l$ 距离所损失的能量。

因此,可按某种形式的 Q-l 关系式,引入适当的品质因数 Q 对吸收剂量进行修正,以反

映高传能线密度成分的辐射引起危害概率较高这一事实。但这种方法存在着许多不确定因素。

（六）剂量当量

生物效应受辐射类型与能量、剂量与剂量率大小，照射条件及个体差异等因素的影响，故相同的吸收剂量未必产生同等程度的生物效应。为了用同一尺度表示不同类型和能量的辐射照射对人体造成的生物效应的严重程度或发生概率的大小，辐射防护学上采用剂量当量这一辐射量。组织内某一点的剂量当量为

$$H=DQN \tag{5-8}$$

式中 H——剂量当量，Sv，曾用单位是 rem（雷姆），1 rem=0.01 Sv；

Q——品质因数，用以计量剂量的微观分布对危害的影响；

D——在该点所接受的吸收剂量，Gy；

N——国际放射防护委员会（ICRP）规定的其他修正系数，目前规定 $N=1$。

（七）平均当量剂量

当量剂量是某个器官或组织 T 中的吸收剂量乘以相关的辐射权重因数。当辐射场由几种不同类型或不同能量的辐射构成时，器官或组织 T 的平均当量剂量 H_T 为

$$H_T = \sum W_R D_{T,R} \tag{5-9}$$

式中 H_T——器官或组织 T 的平均当量剂量，Sv；

$D_{T,R}$——辐射 R 在器官 T 中产生的平均吸收剂量，Gy；

W_R——辐射权重因数。

当量剂量的 SI 单位是 J/kg，专名为希沃特（Sv），当量剂量对时间的导数为当量剂量率 H_T（Sv/s）。

（八）组织权重因子

辐射诱发随机性效应的概率与当量剂量之间的关系还因受照器官或组织不同而异，因此，有必要再引入一个组织权重因数 W_T 对器官或组织 T 受到的当量剂量 H 加以修正，以表示几种不同器官受到不同当量剂量不均匀照射时某种意义上的综合。加权后的当量剂量与这些器官发生随机性效应的总概率可能相关得更好。各器官 W_T 值的选取应使全身受到某一均匀当量剂量照射时得到的有效剂量在数值上等于不均匀照射时各器官加权后的当量剂量之和，因此，所有组织权重因数 W_T 的总和应为 1。

（九）有效剂量当量

为了计算受到照射的有关器官和组织的总危险，相对随机性效应而言，在辐射防护中引进有效剂量当量 H_E，表示为

$$H_E = \sum W_T H_T \tag{5-10}$$

式中 H_E——有效剂量当量，Sv；

W_T——该器官的相对危险度系数。

（十）集体剂量当量和集体有效剂量

一次大的放射性实践或放射性事故，会涉及许多人，因此采用集体剂量当量定量表示一次放射性实践对社会总的危害。

1. 集体剂量当量

集体剂量当量的定义是，以各组内人均所接受的剂量当量 $\overline{H}_{Ti}$(全身的有效剂量当量或任一器官的剂量当量)与该组人数相乘，然后相加即得总的剂量当量，即

$$S_T = \sum_i \overline{H}_{Ti} N_i \tag{5-11}$$

式中　S_T——集体剂量当量，人·Sv；

$\overline{H}_{Ti}$——所考虑的群体中，第 i 人群组中每个人的器官或组织 T 平均所受到的剂量当量，Sv；

N_i——第 i 人群组的人数。

2. 集体有效剂量

如果要求量度某一人群所受的辐射照射，则可以计算其集体有效剂量，即

$$S = \sum_i \overline{E}_i N_i \tag{5-12}$$

式中　S——集体有效剂量，人·Sv；

$\overline{E}_i$——第 i 人群组接受的平均有效剂量，人·Sv；

N_i——第 i 人群组的人数。

(十一) 待积当量剂量

待积当量剂量 $H_{50.T}$是指单次摄入某种放射性核素后，在 50 年期间该组织或器官所接受的总剂量当量，即

$$H_{50.T} = U_s SEE(S \rightarrow T) \tag{5-13}$$

式中　$H_{50.T}$——待积当量剂量，Sv；

U_s——源器官 S 摄入放射性核素后 50 年内发生的总减；

$SEE(S \rightarrow T)$——源器官中的放射性粒子传输给单位质量靶器官的有效能量，($S \rightarrow T$)表示由源器官 S 传输给靶器官 T。

(十二) 外照射监测中采用的当量剂量

外照射情况下，为将个人监测和环境监测的结果与人体的有效剂量和皮肤的当量剂量联系起来，需采用以下几个特定的当量剂量。

在环境监测中，强贯穿性辐射的齐向扩展场在 ICRU 球体内与齐向场方向相对的半径上深度 d 处产生的当量剂量称为周围当量剂量 $H^*(d)$，弱贯穿性辐射的非齐向扩展场在 ICRU 球体内某一方向的半径上深度 d 处产生的当量剂量称为定向当量剂量 $H'(d)$。环境监测中，对周围当量剂量取深度 $d=10$ mm，对定向当量剂量取 $d=0.07$ mm，因此两个当量剂量可分别记作 $H^*(10)$及 $H'(0.07)$。

二、辐射防护有关的量和概念

(一) 与辐射防护有关的概念

1. 危险度和危害

(1) 危险度

危险度 r_i是指某个组织或器官接受单位剂量照射后引起第 i 种有害效应的概率。ICRP 规定全身均匀受照时的危险度为 10^{-2}/Sv，表 5-3 给出了几种辐射敏感度较高的组织诱发致死性癌症的危险度。

表 5-3　几种辐射敏感器官的危险度

器官或组织	危险度/(10^{-4}/Sv)	器官或组织	危险度/(10^{-4}/Sv)
性腺	40	甲状腺	5
乳腺	25	骨	5
红骨髓	20	其他组织的总和	50
肺	20	总计	165

(2) 危害

危害是指有害效应的发生频数与效应的严重程度的乘积，即

$$G = \sum_i h_i r_i g_i \tag{5-14}$$

式中　G——危害。

h_i——第 i 组人群接受的平均剂量当量，Sv。

r_i——第 i 组发生有害效应的频数。

g_i——严重程度，对可治愈的癌症，$g_i=0$；对致死癌症，$g_i=1$。

2. 关键人群组

在某一给定实践所涉及的各受照人群组中，预期将受到最大辐射照射的人群组称为关键人群组，简称关键组。关键组所受到的辐射照射是量度公众成员由于该实践所受剂量的上限。

3. 关键照射途径

关键照射途径指某种辐射实践对人产生照射量的各种途径(例如，食入、吸入和外照射等)，其中某一种照射途径比其他途径有更重要的意义。

4. 关键核素

某种辐射实践可能向环境中释放几种放射性核素，对受照人体或人体若干个器官或组织而言，其中一种核素比其他核素有更重要的意义时，称该核素为关键核素。

(二) 剂量与效应的关系

根据辐射效应的发生与剂量之间的关系，可以把辐射对人体的危害分为随机性效应和确定性效应两类。

1. 随机性效应

随机性效应是指发生概率(而非其严重程度)与剂量大小有关的效应。随机性效应发生概率极低，在一般辐射防护所遇到的剂量水平下，随机性效应发生的概率与剂量之间的关系尚未完全确定，辐射防护中把随机性效应与剂量的关系简化地假设为“线性”“无阈”。线性是指随机性效应的发生概率与所受剂量之间呈线性关系。这一假设是从大剂量和高剂量率情况下的结果外推得到的。无阈意味着任何微小的剂量都可能诱发随机性效应。如图 5-2(a)所示。

辐射防护剂量评价中，在通常的照射条件下，可假定随机性效应的发生概率 P 与剂量 D 之间存在着线性无阈关系，即 $P=aD$，其中 a 是根据观察和试验结果定出的常数。据此，可将一个器官或组织受到的若干次照射的剂量简单地求和，用以度量该器官或组织受到的总的辐射影响。

2. 确定性效应

辐射的确定性效应是一种有阈值的效应，如图 5-2(b)所示。受照剂量大于该值，就会发生确定性效应，其严重程度与所受的剂量大小有关，剂量越大后果越严重。具体的阈值大小与个体情况有关。

确定性效应的剂量阈值是相当大的，在正常情况下一般不可能达到，只有在大的放射性事故下才有可能发生。

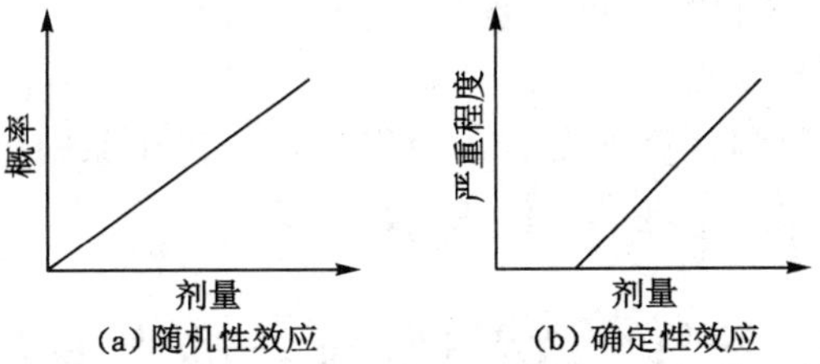

图 5-2 随机性效应和确定性效应区别

（三）剂量限制体系

1. 辐射防护原则

为了达到辐射防护目的，ICRP 提出了辐射实践正当性、辐射防护最优化和限制个人剂量当量三项基本原则。

(1) 辐射实践正当性：在施行伴有辐射照射的任何实践之前，必须经过正当性判断，确认这种实践具有正当的理由，获得的利益大于代价(包括健康损害和非健康损害的代价)。

(2) 辐射防护最优化：应该避免一切不必要的照射，在考虑经济和社会因素的条件下，所有辐照都应保持在可合理达到的尽量低的水平。

(3) 个人剂量当量的限值：用剂量当量限值对个人所受的照射加以限制。

2. 基本限值

个人受到由可控制的源和实践产生的辐射照射(包括内外照射)，不得超过有关权威标准中规定的剂量当量限值。基本限值分为两类，一类适用于辐射工作人员的职业照射，另一类适用于公众成员的公众照射。剂量当量限值不包括医疗照射和天然本底照射。

(1) 职业照射：为了将随机性效应发生概率限制到可接受的水平，ICRP 推荐按 5 年平均，每年 20 mSv 的有效剂量限值，同时规定这 5 年中任一年中的有效剂量不得超过 50 mSv。《电离辐射防护与辐射源安全基本标准》(GB 18871—2002)规定：为了限制随机性效应，由审管部门决定的连续 5 年的年平均有效剂量(但不可做任何追溯性平均)限值为 20 mSv，任何一年中的有效剂量限值为 50 mSv，眼晶体的年当量剂量限值为 150 mSv，四肢(手和足)或皮肤的年当量剂量限值为 500 mSv。

(2) 公众照射：ICRP 建议公众的有效剂量当量年限值为 1 mSv，但在特殊情况下，只要按 5 年平均不超过 1 mSv/a，在单独的一年里可以有较高的有效剂量当量。《电离辐射防护与辐射源安全基本标准》(GB 18871—2002)规定：年有效剂量限值为 1 mSv，特殊情况下，如果 5 个连续年的年平均剂量不超过 1 mSv，则某一单一年份的有效剂量限值可提高到 5 mSv，眼晶体的年当量剂量限值为 15 mSv，皮肤的年当量剂量限值为 50 mSv。

3. 导出限值

辐射防护监测中，测量结果很少能直接用剂量当量来表示。但是，可以根据基本限值，通过一定的模式导出一个供辐射监测结果比较用的限值，这种限值称为导出限值。

气载放射性浓度的导出限值用导出空气浓度DAC表示，为年摄入量限值ALI除以参考人在一年工作时间中吸入的空气体积V所得的商，即

$$DAC=ALI/V \tag{5-15}$$

式中 DAC——导出空气浓度，Bq/m^3，可在评价工作场所空气污染状况时参考；

ALI——年摄入量限值，Bq/a；

V——标准人在一年工作时间内吸入的空气体积，m^3/a。

4. 管理限值

出于管理目的，主管部门或企业负责人可以根据最优化原则，对辐射防护有关的任何量制定管理限值，但它们必须严于基本限值或导出限值。

第三节　放射性废物与防护标准

一、放射性废物及处理途径

放射性废物是含有放射性核素或被放射性核素所污染，其浓度或比活度大于审管部门确定的清洁解控水平，预期不会再被利用的废弃物。整个核燃料循环系统、核能生产及放射性物质的应用都会产生放射性废物。

放射性废物处理基本途径是将气载和液体放射性废物做必要的浓缩及固化处理后，在与环境隔绝的条件下长期安全地存放。净化后的废物则可有控制地排放，使之在环境中进一步弥散和稀释，固体废物则经去污、整备后处置，污染物料有时可经去污后再循环利用。

二、放射性废物的来源和分类

（一）放射性废物的来源和特点

1. 放射性废物来源

按使用放射性源物质方法分，放射性废物主要有核设施、具有放射性伴生物的矿业开采和核技术应用三个来源。

2. 放射性废物的特点

(1) 长期危害性：放射性废物中含有的放射性物质辐射强度（活度）只能随时间的推移按指数规律逐渐衰减，除了尚在研究之中的分离-嬗变技术之外，任何物理、化学、生物处理方法或环境过程都不能予以消除，只能利用自然衰变的方法使之消失。

(2) 处理难度大：废物处理过程中产生的各种浓缩物（沉渣、污泥、废离子交换树脂及其固化体）和乏燃料元件等中、高放射性废物，不但会对人体产生内外照射的危害，核素的衰变还会释放出大量的热量，所以处理放射性废物必须采取复杂的屏蔽和封闭措施，并应采取远距离操作及通风冷却措施。

(3) 处理技术复杂：放射性废物中核素含量非常小，同时也含有多种非放射性污染物质，一般情况下放射性核素的质量浓度远低于非放射性污染物的浓度，但其净化要求极高，须采取极其复杂的处理手段，多次处理才能达到要求。

（二）放射性废物的分类

1. 国家分类标准

为加强放射性废物的安全管理、保护环境、保证工作人员和公众健康，根据《中华人民共

和国放射性污染防治法》《中华人民共和国核安全法》《放射性废物安全管理条例》关于放射性废物分类的规定，环境保护部、工业和信息化部、国家国防科技工业局组织制定了《放射性废物分类》，自 2018 年 1 月 1 日起施行。其中将放射性废物分为极短寿命放射性废物、极低水平放射性废物、低水平放射性废物、中水平放射性废物和高水平放射性废物等五类。

2. 其他分类方法

按放射性核素半衰期长短分为长半衰期(大于 100 天)、中半衰期(10～100 天)、短半衰期(小于 10 天)。这种分类方法利用的是半衰期的含义，便于采用储存法去除放射性沾污。因为任何一种放射性核素，当其经过 10 倍半衰期之后，其放射性强度将低于原来强度的 1/1 000，对短半衰期废水，采用储存法将是一种简单而又经济的处理措施。

此外尚有按射线种类分为甲、乙、丙类放射性废物的。按废液的 pH 值分为酸性放射性废水、碱性放射性废水等，但较少采用。

(三) 放射性废物的处理原则

IAEA 提出的放射性废物管理的九条基本原则如表 5-4 所示。据此原则，我国制定了放射性废物管理的 40 字方针：减少产生、分类收集、净化浓缩、减容固化、严格包装、安全运输、就地暂存、集中处置、控制排放、加强监测。

表 5-4　IAEA 的放射性废物管理基本原则

序号	基本原则	说明
1	保护人类健康	必须确保对人类健康的影响达到可接受的水平
2	保护环境	必须确保对环境的影响达到可接受的水平
3	超越国界的保护	考虑超越国界的人员健康和环境的可能影响
4	保护后代	必须保证对后代健康影响不大于当今可接受的水平
5	给后代的负担	必须保证不给后代造成不适当的负担
6	纳入国家法律框架	必须在适当的国家法律框架内进行，明确划分责任和规定独立的审管职能
7	控制放射性废物产生	放射性废物的产生必须尽可能最少化
8	放射性废物产生和管理间的相依性	必须适当考虑放射性废物产生和管理的各阶段间的相互依赖关系
9	设施安全	必须保证放射性废物管理设施使用寿命期内的安全

三、环境放射性防护标准

为了有效地进行核安全与辐射环境监督管理，我国在学习和借鉴世界核先进国家的经验，并参照 IAEA 制定的核安全与辐射防护标准的基础上，结合我国国情，在较短的时间内组织制定发布了一批核安全与辐射环境监督管理的条例、规定、导则和标准，初步建立了一套具有较高起点，并与国际接轨的核安全与辐射环境管理法规体系。

1960 年发布了我国第一个放射卫生法规《放射性工作卫生防护暂行规定》。依据此法规发布了《电离辐射的最大容许标准》《放射性同位素工作的卫生防护细则》《放射性工作人员的健康检查须知》三个执行细则。1964 年发布的《放射性同位素工作卫生防护管理办法》规定了放射性同位素实验室基建工程的预防监督、放射性同位素工作的申请及许可和登记、放射性工作单位的卫生防护组织和计量监督、放射性事故的处理等办法。1974 年发布的

《放射防护规定》(GBJ 8—74)集管理法规和标准为一体，规定了有关人体器官分类和当量剂量限值，对眼晶体采取了较为严格的保护。1984 年 9 月 5 日发布的《核电站基本建设环境保护管理办法》规定电离辐射的防护工作从建设开始做起。为了保护放射性工作者和公众免受过量辐射的危害，国家环境保护局于 1988 年 3 月 11 日发布了《辐射防护规定》(GB 8703—88)。2003 年 4 月 1 日开始施行《电离辐射防护与辐射源安全基本标准》(GB 18871—2002)。2003 年 10 月 1 日开始施行的《中华人民共和国放射性污染防治法》是防止放射性污染、加强辐射环境监督管理的重要法律。

我国现已发布实施的辐射环境管理的专项法规、标准等计 50 多项。对于核设施(军、民)、核技术应用和伴生矿物资源开发，除遵守环境保护法规的基本原则外，着重强调了辐射环境管理的特殊要求。我国强制性执行的关于辐射防护国家标准及规定可参见有关标准。

四、放射性核素内照射对人体的影响

放射性核素可能通过各种途径进入人体，造成对人体内部器官和组织的损伤。核素进入人体的主要途径是食用受污染的食物或水，经胃和肠道进入体内。一般来说，碱金属元素的放射性核素以及卤素的放射性核素易由胃肠吸收，有时可达 100%。碱土金属元素也易被吸收，但比碱金属要差一些，而部分稀土元素(La、Ce、Pm)及 Pu 和 Th 等不易被胃肠吸收。有些放射性元素以气态、气溶胶或粉尘状态存在，如 ^{2}H、^{3}Xe 等，则易经呼吸道黏膜或透过肺泡而进入血液。以粉尘或气溶胶状态存在的放射性核素的吸收，一般说来，颗粒越大，附着在上呼吸道黏膜表面的数量越多，进入肺泡内的越少，吸收也就越少。如果是难溶性氧化物，则在肺内溶解度低，不易转移，易蓄积在肺内。以可溶性化合物形式存在的放射性核素，易通过肺泡壁吸收而进入血液。还有些放射性核素可透过未受损伤的皮肤被吸收而进入血液，不过吸收率很低，但是放射性核素经伤口而进入血液的吸收率是很高的，所以在有伤口的情况下严禁从事开放性的放射性操作。

由于放射性核素进入人体的途径不一样，人体各器官的生理机能不一样，各种元素的化学性质不一样，因此不同的放射性核素，在体内的分布特点是不同的。有些放射性核素如 Sr，它们大部分分别蓄积于甲状腺和骨骼中，而另外一些难溶的放射性核素，在肺内易形成氢氧化物胶体，像钍、钚、铀、氡等吸入人体后大部分滞留于淋巴结内，这些分布称为选择性分布。另外一些放射性核素进入人体后，比较均匀地分布于全身各组织、器官中，这是均匀分布。放射性核素在体内的分布量，由于可通过各种途径(肺、肾、肠道、汗腺……)排至体外，因此是一个变化的动态过程，不是固定不变的。

放射性核素在人体内的照射损伤与外照射的大体上相同，但也有其本身的特点及其特有的规律。首先，在体内长期停留的放射性核素，在停留期内，按衰变规律不断地放射出带电的或不带电的粒子，而对人体进行持续的照射，只有当它全部排至体外或全部衰变成稳定性核素时才停止照射，由于持续作用，新的损伤和旧的损伤并存，形成了错综复杂的过程。随着内照射时间的增长，远期损伤比外照射的明显。其次，放射性核素进入和排出途径的局部损伤明显，特别是选择性蓄积的器官损伤更为严重。例如，亲骨型分布的核素(^{90}Sr、^{226}Ra、^{239}Pu 等)，对骨髓的造血功能和骨骼的损伤严重，常引起持续性中性粒细胞减少、骨坏死和严重贫血，晚期可诱发骨肿瘤。亲网状内皮系统的核素(^{144}Ce、^{210}Po、^{234}Th)，对肝、脾、淋巴结损伤严重，易引起急性弥漫性中毒性肝炎及肝硬化，晚期可引起肝癌。亲肾型分布的核素(^{238}U、^{106}Ru 等)可引起肾脏损伤,如肾功能不全,尿中出现蛋白、血细胞等。

还要强调指出,就目前所知,长期从事放射性工作的人员,体内往往为某些微量放射性核素所污染,但只有积累到一定剂量时才显出损伤效应。例如我国对从事铀作业职工的健康状况做了多年的大量调查,发现肝炎发生率和白细胞数及类别的异常与铀作业工龄长短、空气铀尘浓度的高低之间无明显相关性,对某单位的铀作业职工的白细胞值统计了 8 年,没有发现有逐渐升高或下降的趋势。所以一般环境中存在的极微量的放射性核素进入人体不会因照射而引起机体的损伤,只有因事故进入人体的放射性核素才可能对机体造成危害。

五、辐射防护一般措施

国内外大量实践表明,只要所受照射剂量低于国标规定当量剂量限值以下,就不会影响健康。所以,必须严格执行国家标准和安全操作规程,加强放射性监测和辐射防护。辐射防护的一般措施如表 5-5 所列。

表 5-5 辐射防护一般措施

辐射类型	措施	说明
外照射防护	距离防护	其他条件不变时,操作人员所受剂量的大小与距放射源距离的平方呈反比关系,故实际操作应尽量远离放射源
	时间防护	其他条件不变时,操作人员所受剂量的大小与操作时间呈正比关系。故工作人员须熟悉操作,尽量缩短操作时间,从而减少所受辐射剂量
	屏蔽防护	这是射线防护的主要方法,依射线的穿透性采取相应的屏蔽措施。对 α 射线,戴上手套,穿好鞋袜,不让放射性物质直接接触到皮肤即可;对 β 射线,用一定厚度(一般为几毫米)的铝板、有机玻璃等轻质材料即可完全屏蔽;具强穿透力的 γ 射线是屏蔽防护的主要对象
内照射防护	防止呼吸道吸收	气体放射性核素如氡(Rn)、氚(^{3}H)等可由呼吸道进入人体而被吸收,吸收率的大小与放射性核素的溶解度呈正比关系
	防止胃肠道吸收	被放射性核素污染的食物、水等,经口由胃、肠道进入人体,吸收率的大小取决于放射性核素的化学特性,碱族(如^{24}Na、^{137}Cs)、卤素(如^{18}F、^{36}Cl、^{131}I)的吸收率高达 100%,稀土和重金属元素的吸收率最低,为 0.001%~0.01%
	防止由伤口吸收	某些放射性核素如 Rn、^{3}H、^{131}I、^{90}Sr(液体)可透过完整皮肤进入人体,吸收率随时间持续增长缓慢,当皮肤上有伤口时,吸收率就增加几十倍,并使伤口沾污难以愈合

第四节 放射性废物处理技术

目前主要依据废物的形态,即废水、废气、固体废物,分别进行放射性废物处理。放射性废物处理系统全流程包括废物的收集,废液废气的净化浓集和固体废物的减容、储存、固化、包装及运输处置等。放射性废物处理流程示意见图 5-3。放射性废物的处置是废物处理的最后工序,所有的处理过程均应为废物的处置创造条件。

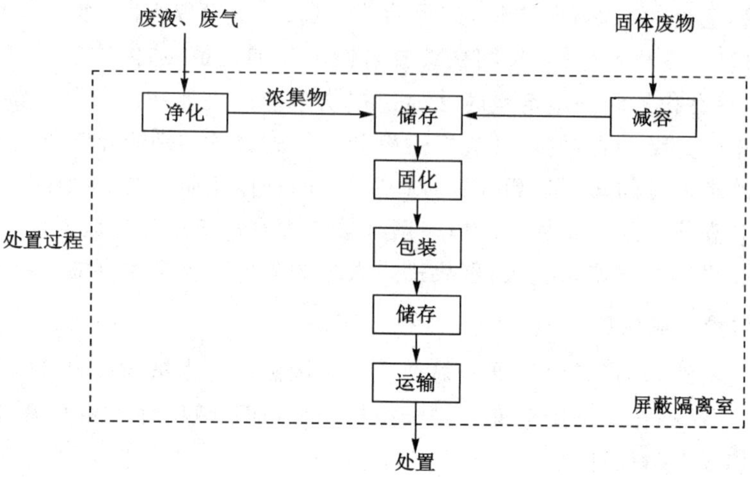

图 5-3　放射性废物处理流程示意图

一、放射性固体废物处理技术

放射性固体废物种类繁多，可分为湿固体（蒸发残渣、沉淀泥浆、废树脂等）和干固体（污染劳保用品、工具、设备、废过滤器芯、活性炭等）两大类。为了减容和适于运输、储存和最终处置，要对固体废物进行焚烧、压缩、固化或固定等处理。

（一）固化技术

放射性废液处理产生的泥浆、蒸发残渣和废树脂等湿固体和焚烧炉灰等干固体，都是弥散性物质，需要固化处理。固化是在放射性废物中添加固化剂，使其转变为不易向环境扩散的固体的过程，固化产物是结构完整的整块密实固体。通常，固化的途径是将放射性核素通过化学转变，引入某种稳定固体物质的晶格；或者通过物理过程把放射性核素直接掺入惰性基材。此外，沾污的废过滤器芯、切割解体的沾污设备装在钢桶或箱中，用水泥砂浆或熔融态沥青灌注填充空隙，进行固化处理。

1. 固化的一般要求

固化的目标是使废物转变成适于最终处置的稳定的废物体，固化材料及固化工艺的选择应保证固化体的质量，应能满足长期安全处置的要求和进行工业规模生产的需要。对废物的包容量要大，工艺过程及设备应简单、可靠、安全、经济。对固化工艺的一般要求为，高放废物的固化应能进行远距离控制和维修；低、中放废物的固化操作过程应简单，处理费用应低廉。理想的废物固化体要具有阻止所含放射性核素释放的特性，其主要特性要求如下：

（1）低浸出率。浸出率为确定固化产品中放射性核素在水或其他溶液中析出情况的指标。低浸出率使放射性污染的扩散减至很小，固化体可长时间存放在地下处置库或水中。

（2）高热导率。高热导率特性使得整个固化体因内部温度过高而损坏的可能性减至很小，因而容许固化高浓度的放射性废物，又不致产生过高的内部温度。

（3）高耐辐射性。这种特性保证固化体不致由于放射性废物产生的辐射而损坏。

（4）高生化稳定性和耐腐蚀性。这种特性保证了固化体不致由于周围环境介质的腐蚀或本身所含有化学物质的腐蚀而损坏。

（5）高机械强度。这种特性保证了固化体在装卸、运输、处置期间的结构完整性，而不致出现破裂或粉碎。

（6）高减容比。最终的固化物体积应尽可能小于掺入的废物体积，减容比的大小实际上取决于能嵌入固体中的废物和可以接受的水平。

2. 常用固化方法

拟固化或固定的废物包括中、高放射性浓缩废液，中、低放射性泥浆，废树脂，水过滤器芯子，焚烧炉灰渣等。表 5-6 对几种主要固化方法进行了比较。

表 5-6　几种主要固化方法的比较

项目	水泥固化	沥青固化	塑料固化	玻璃固化	陶瓷固化
干废物包容量(质量百分数)/%	5～40	30～60	30～60	10～30	15～30
密度/(g/cm³)	1.5～2.5	1.1～1.9	1.1～1.5	2.5～3.0	2.5～3.0
浸出率/[g/(cm²·d)]	10^{-4}～10^{-1}	10^{-5}～10^{-3}	10^{-6}～10^{-3}	10^{-7}～10^{-4}	10^{-8}～10^{-5}
耐辐照/Gy	约 10^8	约 10^7	约 10^7	约 10^9	约 10^9
投资	低	中	中	高	高
操作和维修	简单	中等	中等	复杂	复杂
适用性	低、中放废物	低、中放废物	低、中放废物	高放、α 废物	高放、α 废物
应用状况	工业规模	工业规模	工业应用	工业应用	研究开发

（1）水泥固化

① 水泥固化原理

水泥固化是基于水泥的水合和水硬胶凝作用而对废物进行固化处理的一种方法。水泥固化适用于中、低放废水浓缩物的固化。泥浆、废树脂等均可拌入水泥搅拌均匀，待凝固后即成为固化体。目前进行水泥固化的放射性废物主要是轻水堆核电站的浓缩废液、废离子交换树脂和滤渣等及核燃料处理厂或其他核设施产生的各种放射性废物。水泥固化的最佳配方由试验确定。影响水泥固化配方的因素主要有废物种类、pH 值、水泥类型、添加剂、废物比（核废物添加比例）、水灰比（水与水泥质量比）、盐灰比（废物干盐分与水泥质量比）及固化体要求等。水泥固化时由于废物组成的特殊性，会出现混合不均、过早或过迟凝固、产品的浸出率较高、固化产物强度较低等问题，为改善固化性质，需在固化时加适宜的添加剂。

水泥固化的优点是工艺、设备简单，投资少，既可连续操作又可直接在储存容器中固化。缺点是增容大（所得到的固化物体积约为掺入废物体积的 1.67 倍），放射性核素的浸出率较高。

② 水泥固化方法

水泥固化的基本方法是桶内混合和在线混合，也有其他特殊的方法。

③ 水泥固化技术指标

a. 浸出率：水泥固化产品具有较高的浸出率，按其几何表面计算可高达 10^{-2} g/(cm²·d)。

b. 废物包容量：盐灰比一般为 0.15～0.3，最高可达 0.5。盐灰比大，包容废物量大，但产品机械强度低。

c. 机械强度：国家标准规定不小于 7 MPa。机械强度不够的产品易崩裂为碎片，表面积大大增加，并可能产生放射性灰尘，导致环境和水源的污染。

d. 水灰比:硅酸盐水泥水灰比以 0.4 左右为最佳,浆液碱度一般取 pH 值为 8～13。水灰比大,凝固时间长,机械强度低,可能残留水分而未完全凝固。

(2) 沥青固化

沥青固化适于处理低、中放蒸发残液,化学沉淀物,焚烧炉灰分等。沥青固化的产物具有很低的渗透性以及在水中很低的溶解度,与绝大多数环境条件兼容,核素浸出率低,减容比大,经济代价较小。但沥青中不能加入强氧化剂,如硝酸盐及亚硝酸盐;沥青固化温度不应超过 180～230 ℃,否则固化体可能燃烧。

① 沥青固化原理

在一定的碱度、配料比、温度和搅拌速度下,放射性废液与沥青发生皂化反应,冷却后得含盐量高达 60%的均匀混合物。

② 沥青固化方法

沥青固化工艺主要包括废物的预处理、废物与沥青的热混合以及二次蒸汽的净化处理。放射性废物沥青固化的基本方法有高温熔化混合蒸发法和乳化法两种。

③ 沥青固化技术指标

a. 浸出率:沥青固化产品的浸出率主要与放射性元素的种类、水平及赋存形式有关。直储沥青效果较好;混合均匀、孔隙度小的产品浸出率一般较低;碱性固化的浸出率较低。

b. 辐照稳定性:在较强辐照条件下,碳氢化合物不可避免地会受到破坏,释放气体,使固化体硬度增加,体积胀大。这些影响随沥青类型、所掺入废物的性质和数量、累积吸收剂量和剂量率而变化。

c. 减容比:沥青固化废物体积一般减小。提高产品含盐量,可增大减容比,但易使沥青硬化、黏度增加,导致搅拌停止、难以排料等。一般含 50%～60%固体的混合物是兼顾各种性质(如减容比、均匀性、黏度、浸出率等)的优良产品。

(3) 塑料固化

塑料固化是将放射性废物浓缩物(如树脂、泥浆、蒸残液、焚烧灰等)掺入有机聚合物而固化的方法。用于废物处理的聚合物有脲甲醛、聚乙烯、苯乙烯-二乙烯苯共聚物(用于蒸残液)、环氧树脂(用于废离子交换树脂)、聚酯、聚氯乙烯、聚氨基甲酸乙酯等。

与沥青固化相比,塑料固化的优点是处理在室温下进行,水可与放射性组分一同掺入聚合物;对硝酸盐、硫酸盐等可溶性盐有很高的掺合效率;固化体浸出率低,并与可溶性盐的组分关系不大;最终固体产品的体积小,密度小,不可燃。缺点是某些有机聚合物能被生物降解;固化物老化破碎后,可能造成二次污染;固化材料价格昂贵;等等。

(4) 玻璃固化

高放废液的比活度高、释热量大和放射毒性大,其处理和处置难度极大。玻璃固化已经成为处理高放废液的标准工艺流程,有一步法和两步法。一步法是将废液直接注入熔融的硼硅酸盐玻璃中,称为液体进料的陶瓷(或金属)熔炉法;两步法是先使高放废液蒸发和煅烧,然后将烧结后的残渣熔入硼硅酸盐玻璃,称为煅烧-熔融法。

与玻璃固化类似的高放固化工艺还有陶瓷固化和人工合成岩固化。陶瓷固化添加的是黏土页岩,人工合成岩固化添加的是铁、钛、银、铝等的氧化物。

① 玻璃固化原理

玻璃固化是以玻璃原料为固化剂与高放废物以一定配料比混合后,在高温(900～1 200

℃)下蒸发、煅烧、熔融、烧结,废液中的所有固体组分都在高温下结合进入硼硅酸盐玻璃基质,装桶后经退火处理就成为稳定的玻璃固化体。由于放射性废物成为玻璃的组成部分,故放射性浸出率很低。但由于高放废液玻璃固化温度高,放射性核素挥发量大,设备腐蚀极为严重,需要特殊的耐高温、耐腐蚀材料和高效的尾气净化系统。高放玻璃固化是在极高的辐射条件下工作,必须进行高度自动化控制和维修,技术难度大,处理成本较高。

② 玻璃固化方法

玻璃固化法可分为间歇式进料玻璃固化和连续式进料玻璃固化两种。玻璃固化方法的一种改型是就地玻璃固化,在需要进行玻璃固化的地点,将电极插入废物,土壤和废物被加热,最终熔融成玻璃体。

③ 玻璃固化技术指标

a. 增容比:玻璃固化体对废物氧化物的包容率一般为 16%～20%(质量百分比)。

b. 浸出率:玻璃固化体在水及酸、碱溶液中的浸出率小,约为 10^{-7} g/(cm^2 · d)。

c. 稳定性:玻璃固化体导热性好,有较高的热稳定性、辐照和化学稳定性。

(二) 减容技术

固体废物减容的目的是减少体积,降低废物包装、储存、运输和处置的费用。处理方法主要有两种:压缩或焚烧。松散的固体废物可采用压缩减容,废弃设备则经切割、破碎后再行压缩减容,并用标准容器加以包装。可燃性废物常用焚烧法减容,多达 90%的可压缩废物也是可燃的,焚烧灰渣必须固化处理后装入密封容器做最终处置。

1. 压缩

压缩是依靠机械力作用,使废物密实化,以减少废物体积。虽然压缩处理可获得的减容比较低$\left(\frac{1}{10}\sim\frac{1}{2}\right)$,但与焚烧处理相比,压缩处理操作简单,设备投资和运行成本低,所以压缩处理在核电厂应用相当普遍。

(1) 常规压缩:压缩一般用圆筒式压缩机来实现。将装满可压缩固体废物的钢制标准运输桶(一般为 220 L)放置在挤压机平台上,然后用液压力将挤压机圆盘压进金属桶,重复多次直到金属桶装满为止。液压挤压机的工作压力在 1～100 MPa 之间,所达到的体积减缩因子约为 5。在此体积缩减情况下,每个金属桶约可装 100 kg 的固体废物。

(2) 超级压缩:超级压缩机的高端压力大于 100 MPa。超级压缩的减容情况见表 5-7,对金属、混凝土、橡胶制品和玻璃等质量大的废物用超级压缩机可将废物压至密度约为 2 500 kg/m^3。

表 5-7　超级压缩的减容情况

废物类型	减容因子	压块密度/(kg/m^3)
金属废屑	4～5	3 200～4 000
重废物的混合物	3.5～5	1 600～2 400
轻废物的混合物①	2.5～3.5	800～1 280
塑料制品	2～3	800～1 120

注:① 在超级压缩前已用桶内压缩机包装过。

2. 焚烧

焚烧是将可燃性废物氧化处理成灰烬(或残渣)的过程。焚烧可获得很大减容比(10～100),可使废物向无机化转变,免除热分解、腐烂、发酵和着火等危险,还可以回收铀等有用物质。

焚烧分为干法焚烧和湿法焚烧两大类,前者如过剩空气焚烧、控制空气焚烧、裂解、流化床、熔盐炉等方法;后者如酸煮解、过氧化氢分解等方法。对放射性废物焚烧,要求采用专门设计的焚烧炉,炉内维持一定负压,配置完善的排气净化系统,经焚烧,70%以上放射性物质进入灰渣之中,对焚烧灰渣应进行固化处理或直接装入高度整体性容器进行处置。图 5-4 为典型的焚烧炉及其废气净化系统的示意图。

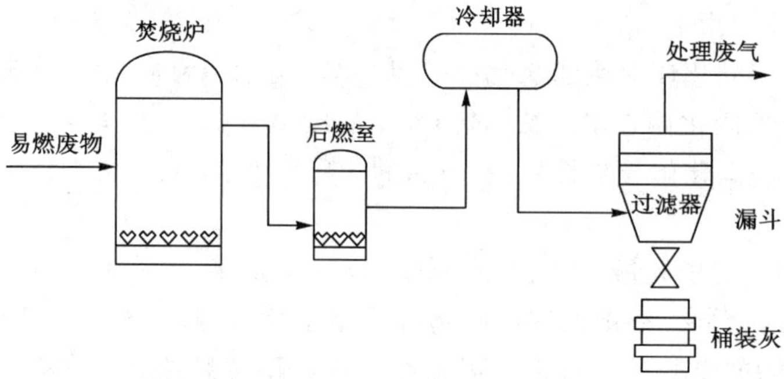

图 5-4　典型的焚烧炉及其废气净化系统示意图

二、放射性废液处理技术

各类放射性废液的比活度、含盐量差别很大,处理方法也不一样。放射性同位素应用产生的放射性废水一般比活度低,核素的半衰期也比较短,经过衰变储存,检测放射性物质浓度合格后可作为工业废水处理。核工业放射性工艺废液一般需要多级净化处理,低、中放废液常用的处理方法有絮凝沉淀、蒸发、离子交换(或吸附)和膜技术(如电渗析、反渗透、超滤膜)。高放废液比活度高,一般只经过蒸发浓缩后储存在双壁不锈钢储槽中。常用放射性废液处理技术的去污系数(去污因子,DF)列于表 5-8,典型放射性废水处理工艺流程见图 5-5。

表 5-8　常用放射性废液处理技术的去污系数

处理技术	去污系数	使用对象
絮凝沉淀、吸附	1～10	低、中放废液,洗衣、淋浴水
蒸发	10^3～10^6	低、中放废液
离子交换	10～100	低、中放废液
反渗透	10～40	低、中放废液,洗衣、淋浴水

(一) 絮凝沉淀

放射性核素污染物质通常以悬浮固体颗粒、胶体或溶解离子状态存在于废水中。向废水中投放一定量的化学絮凝剂(如硫酸钾铝、铝酸钠、硫酸铁、氯化铁、碳酸钠等),絮凝剂水解,生成带正电荷的胶体粒子,缓慢搅拌下,胶体凝聚长大,污染物质被其吸附载带,除去絮状矾花,即可达到净化放射性废水的目的。废水的碱度、絮凝剂用量、混合均匀程度和废水

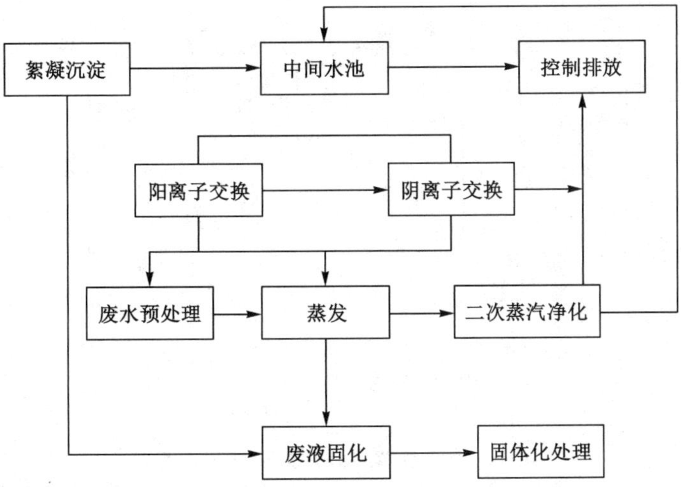

图 5-5　典型放射性废水处理工艺流程

温度对絮凝净化效果都有影响。

絮凝沉淀工艺多用于处理组分复杂的低、中放射性废水。该法简便，成本低廉，在去除放射性物质的同时，还去除悬浮物、胶体、有机物和微生物等，一般与其他方法联用时作为预处理方法。缺点是放射性去除效率较低，一般为 50%～70%，去污系数最大只有 10 左右，且产生含大量放射性的污泥。

如果使污泥经过反复冻结、融化处理，过滤后泥浆体积比未处理时减小 1/2，污泥中不会析出放射性物质。污泥脱水也可采用渗漏、自然蒸发和冻结的联合工艺，将絮凝槽内沉淀下来的污泥放置在带有排水渗沟的坑内，渗滤出的液体返回废水处理工序，残留污泥通过夏季的蒸发和冬季的天然冻结，体积缩减至原来的 1/100～1/50，含水量由 98% 降至 8%～10%，亦无放射性物质析出。

（二）蒸发

蒸发工艺用于高、中放射性废液的处理，其主要目的是将放射性物质浓缩、减少废液的体积，以便降低储存或后处理的费用。在某些情况下，通过蒸发操作还可回收有用的化学物质（如硝酸等），而二次蒸汽的冷凝水若放射性相当低，则可直接排放或经其他方法处理后排放。蒸发法的突出优点是净化效率较高，一般去污系数可达到 10^5。但蒸发不适合处理含易起泡物质和易挥发核素（如 Ru、I）的废水，且蒸发耗能大，处理费用较高。

常用于放射性废液处理的主要有强制循环蒸发器和自然循环蒸发器。废水在蒸发器内被加热沸腾，水分逐渐蒸发，形成水蒸气，而后冷凝成水，废水中所含非挥发性放射性核素及其他各种化学杂质大部分残留在蒸发浓缩液中，冷凝水的污染程度大为降低，蒸发浓缩液则去进一步固化处理。图 5-6 所示为典型的蒸发法处理放射性废水系统。

蒸发法处理放射性废水最重要的指标是总去污系数 DF 和总废液浓缩倍数 CF。DF 是废液中的放射性浓度与蒸汽冷凝液中放射性浓度之比。提高 DF 的关键在于二次蒸汽的净化，可选用泡罩塔、旋风分离器、填料塔等雾沫分离装置。蒸发器 DF 随蒸发速率的增大而下降，但二次蒸汽净化设备要求有相当大的气流速度，这样才能有效地去除二次蒸汽中夹带的液滴，因此，随蒸发速率的增大，蒸发系统总的 DF 将逐渐增大，超过某一极限速率后，DF

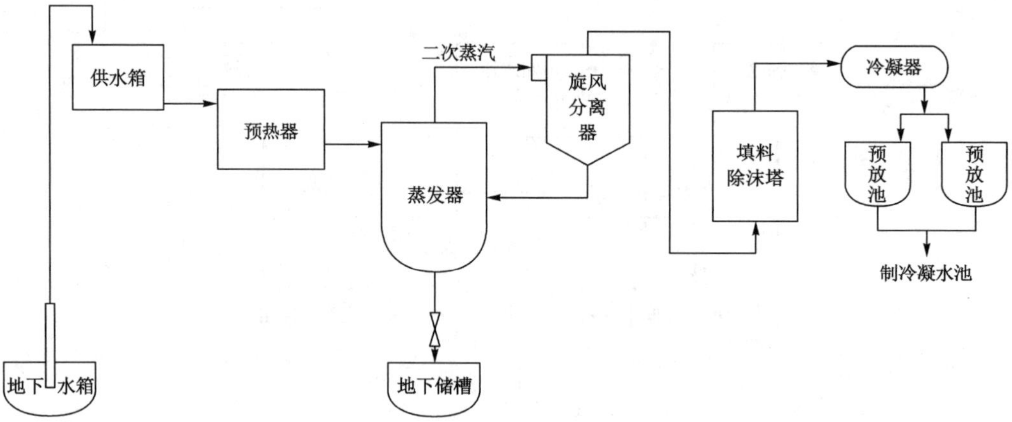

图 5-6　典型的蒸发处理放射性废水系统

即急剧下降。蒸发器内浓缩液中含盐浓度愈高，蒸发过程中液滴飞溅愈多，DF 随之下降，因此，蒸发中的 CF 不可过大，一般为 10～50 倍。影响蒸发器 DF 的不利因素还有起泡、结垢和腐蚀等。

（三）膜分离和过滤

1. 膜分离技术

膜分离是指借助膜的选择渗透作用，在外界能量或化学位差的推动下对混合物中溶质和溶剂进行分离、分级、提纯和富集。与其他传统的分离方法相比，膜分离具有过程简单、无相变、分离系数较大、节能高效、可在常温下连续操作等特点。由于膜材料、操作条件和物质通过膜传递的机理和方式不同，可分为反渗透、电渗析、微滤和超滤等。

2. 过滤技术

含有放射性颗粒的水被收集在澄清槽内，当槽中水充满后，经过一段时间（数小时至数十小时），颗粒物就沉降下来。上清液分离处理或排放，槽底部的水（或泥浆）可用作水泥固化时的供水。在蒸发和除盐处理之前除去悬浮的固体微粒，蒸发器将减少结垢，离子交换树脂的交换容量也会提高。

过滤介质一般用砂、活性炭、滤布、玻璃纤维、金属丝和其他各种材料制成。如果在过滤介质表面预先涂上一层不可压缩的大颗粒材料，如硅藻土，则可提高过滤速率。图 5-7 所示为典型过滤器的组成。

（四）离子交换和吸附

凡属带有可交换阳离子的载体都称为阳离子交换剂，带有可交换阴离子的称为阴离子交换剂。在处理中、低放射性废水时，离子交换树脂对去除含盐类杂质较少的废水中放射性离子具有特殊的作用。表 5-9 列举了用阳离子交换树脂、阴离子交换树脂及混合树脂去除单一放射性核素的效果。

图 5-8 所示是典型的离子交换流程。离子交换装置由阴离子柱、阳离子柱和混合离子交换柱组成。用泵将供料槽的水送入 pH 值调节槽，在该槽中加入化学试剂以确保金属离子溶入水中。用泵将调节了 pH 值的水送至过滤器，除去残余的不溶物，然后进入阴离子、阳离子、混合离子交换装置。当放射性核素离子含量低于排放容许的水平后，通常还需要进行最终 pH 值调节。

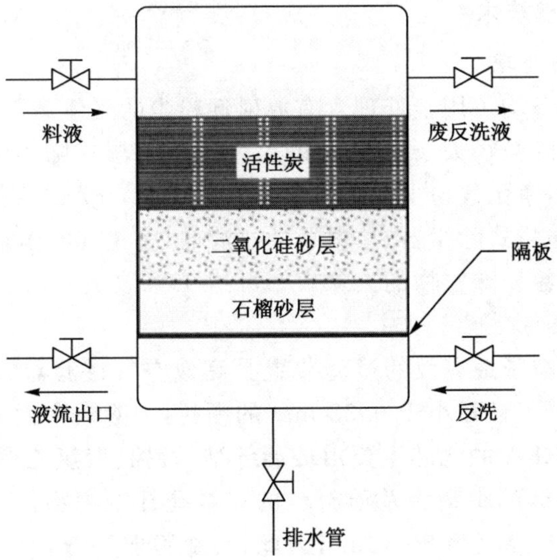

图 5-7　典型过滤器的组成

表 5-9　离子交换树脂去除单一放射性核素的效果

放射性核素	去除率/%		
	阳离子交换树脂	阴离子交换树脂	混合树脂
^{185}W	12.0～16.0	97.2～99.2	98.9
^{91}Y	86.0～93.1	94.2～98.5	97.6～98.7
^{46}Sc	95.7～97.2	98.8～99.0	98.5～98.7
^{89}Sr	99.1～99.8	5.0～7.0	99.95～99.97
^{140}Ba、^{140}La	98.3～99.0	36.0～42.0	99.5～99.6
^{137}Cs	99.8	9.0	99. 8
^{115}Cd	98.5	0	99. 2
^{95}Zr、^{95}Nb	58.0～75.0	96.4～99.9	90.9～99.4

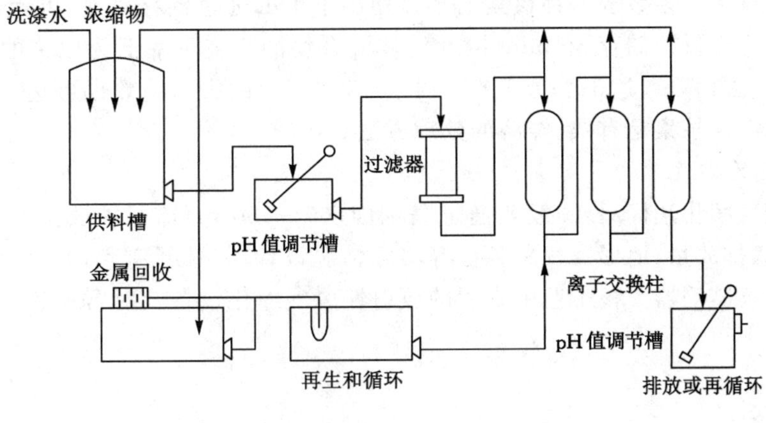

图 5-8　典型的离子交换流程

三、放射性废气处理技术

（一）放射性粉尘的处理

一般的工业除尘设备均可用于处理含有放射性粉尘的气体。干式除尘器如重力沉降室和旋风分离器常用于去除粒径大于 60 μm 的粉尘颗粒。湿式除尘装置常用于去除粒径为 10～60 μm 的粉尘颗粒，净化气粉尘浓度一般不大于 100 mg/m^3。去除粒径小于 10 μm 的粉尘颗粒，常用装置为布袋式除尘器、填料及油过滤器，净化气粉尘浓度为 1～2 mg/m^3。新型的静电除尘器对微米粒径颗粒物的去除效率可达 99%以上。

（二）放射性气溶胶的处理

捕集放射性气溶胶粒子最有效的过滤装置是高效空气过滤器（HEPA），这种过滤器具有很高的除微粒效率，对于粒径小于 0.32 mm 的颗粒，去除效率大于 99.97%，广泛用于几乎所有的核设施内。HEPA 的滤芯主要由玻璃纤维、石棉、聚氯乙烯纤维或陶瓷纤维构成，滤膜是以孔径为 1～4 μm 的织物为基质材料的亚微孔纤维织物，层间用有机黏合剂粘合。滤膜厚度仅为 4 μm，质量厚度为 80 g/m^2，因此，质地脆弱易碎，是一种一次使用失效后即行废弃的干式过滤器。在很多情况下，在 HEPA 过滤器之前都要安装预过滤器，以除去废气中的大颗粒固体。

（三）放射性气体的处理

放射性气体处理的常用方法是吸附。对 ^{85}Kr、^{133}Xe 等惰性气体核素一般可采用活性炭滞留、液体吸收、低温分馏装置及储存衰变等方法去除。

活性炭滞留床是利用活性炭的吸附特性，将放射性废气中的惰性气体在活性炭滞留床中滞留一定的时间，使惰性气体核素衰变到所要求的水平。活性炭对 ^{85}Kr、^{133}Xe 有良好的吸附选择性。滞留床为常温操作，操作压力低，保持干燥状态的滞留床可长期使用，不需再生和更换活性炭。

液体吸收装置利用各种气体成分在有机溶剂中的溶解度不同，使用制冷剂吸收溶解度较高的惰性气体，再用洗涤法从中回收惰性气体。这一方法制冷成本低，溶剂价廉易得，稳定性好。

低温分馏装置是将气载废物在低温下液化，通过分馏使惰性气体从气体中分离并得以浓集，这种方法对 ^{85}Kr 的回收率大于 99%。

核电厂废气中大多数放射性核素的半衰期小于 1 d，通过储存衰变，可使惰性气体核素的活度水平大为降低。储存 30 min，惰性气体混合物的活度可降低为原来的 1/50；储存衰变 3 d，对 ^{85}Kr 去污系数达 10^3；衰变 35～40 d，对 ^{133}Xe 的去污系数也可达 10^3。储存衰变对于短寿命放射性核素是有效、经济的处理方法。

（四）废气的排放

放射性废气净化达标后，一般要通过高烟囱（60～150 m）稀释扩散排放。烟囱的高度根据排放方式、排放量、地形及气象条件等实际情况设计，并选择有利的气象条件排放。排放口要设置连续监测器。核工业中常用的放射性废气净化设备及对常见废气去污系数 DF 列于表 5-10。

表 5-10　核工业中常用的废气净化设备及对常见废气的 DF

设备	颗粒物质	挥发性钌	碘	NO_2	NO
旋风分离器	10	1	1	1	1
文丘里洗涤塔	100～600	10	2	2	1
冷凝器	100～1 000	200	1	2	1
NO_x 吸收塔	10	10	20	5	1
填充喷雾塔	1 000	100	1	4	1
转化塔	2	400		100	1
硅胶柱	8	1 000	1	1	100
碘塔	1	1	500	1	1
烧结金属过滤器	1 000	1	1	1	1
高效空气过滤器	1 000	1	1	1	1

第五节　放射性污染去污技术

一、概述

放射性污染是指沉积在材料、结构物或设备表面的放射性物质。大致可分为机械沾污、物理吸附和化学吸附。对放射性污染的去除即放射性去污技术是 21 世纪放射性废物管理和核设施退役管理的关键技术。

（一）去污的定义

放射性去污定义为用化学或物理方法除去沉积在核设施结构、材料或设备内外表面上的放射性物质。对放射性污染的去除效果通常用去污系数 DF 和去污率 DE 来评价，表达为

$$DF=\frac{A_0}{A_i} \tag{5-16}$$

$$DE=\frac{A_0-A_i}{A_0}\times 100\% \tag{5-17}$$

式中　A_0——去污前放射性核素的活度，Bq；

A_i——第 i 次去污后放射性核素的活度，Bq。

（二）去污的目的

去污总的目的是去除放射性污染物，降低残留的放射性水平。根据不同的目标和技术要求，去污的目的一般分为以下几种：① 为运行管理和检修进行的去污。目的是在合理的范围内，降低运行和检修工作人员总的放射性照射。② 为退役进行的去污。目的是便于手动拆卸技术的使用。③ 为废物治理进行的去污。目的是降低污染水平，使产生的废物能作为放射性较低的废物进行处理和处置。④ 为长期监护进行的去污。目的是减少监护储存中残余放射源的数量，或缩短监护储存周期。⑤ 为环境整治进行的去污。出于政治或公众健康和安全的原因，使场地和设施恢复到不受限制使用的状态。⑥ 为其他目的进行的去污，如经济目的（回收利用设备和材料）、事故处理等。

（三）核设施去污技术的选择原则

核设施去污通常需要联合使用几种去污技术，当选择用于系统或设备去污的一项具体技术时，需要考虑效益和技术两方面的问题。

1. 效益方面

（1）辐射安全：去污方法的应用不应引起由于操作人员的外部污染或是吸入放射性尘埃和气溶胶而导致辐射危害的增加。

（2）去污效率：去污方法应使表面污染去除到预期的水平，以便于手工操作或者允许材料再循环或再利用，或至少使废物的等级下降。

（3）经济效益：如果可能，设备应经去污和维修后再利用。但这样的方法不应使费用的增加超过材料的回收价值，或超过所节省的放射性废物的处理、处置费用。

（4）废物的最少化：去污方法不应产生更多数量的二次废物，而使处理和处置需要更多的能源、费用和存在更多的辐射危害。

2. 技术方面

去污技术一般分为腐蚀性的和温和的两种。腐蚀性方法去污后，设备材料受损，可以回收，但往往不能重复使用；温和的技术只是将表面的污染物除去，多数达不到清洁解控水平。两者要根据去污目的和要求进行选择。

去污技术有四种基本工艺类型：化学去污、人工和机械去污、电抛光去污和超声去污。每种工艺对要去污的特定系统、结构及装置的适用范围和去污效率各不相同，应在制订去污技术方案时反复比较，仔细推敲确定。

二、化学去污技术

化学去污原理是用化学溶剂去除污染部件带有的放射性核素污染物、油漆涂层或氧化膜层，达到去污目的。化学冲洗用于对无损伤管道系统的远距离去污。化学去污还可有效地降低大面积区域（如地面和墙壁）的放射性活度。

（一）化学去污的优缺点

化学去污的优点是：化学试剂易得，适用于难以接近的表面的去污，所需工作时间少，且通常可遥控操作，产生放射性废气较少，一般清洗液经处理可回收再用。因其简单可靠，去污效率能满足要求，目前是主要的去污方法。

化学去污的缺点是：对粗糙、多孔的表面去污效率低，清洗废液体积较大，产生组分复杂的混合废水。化学去污使用不当时会产生腐蚀和安全方面的问题，大型核设施的去污，一般需要建有化学药品储存和收集设施，去污成本较高。

（二）化学去污常用试剂

化学去污试剂按照性质和类型可分为水（水蒸气）、酸、碱、盐或络合剂、氧化剂和还原剂、去垢剂和表面活性剂等；按照对去污对象的腐蚀性可分为非腐蚀性、低腐蚀性和强腐蚀性化学去污剂等。

（三）化学去污常用工艺

通常的化学去污工艺有浸泡法、循环冲洗法、可剥离膜去污法、泡沫去污法和化学凝胶去污法等。

三、机械去污技术

机械去污是以物理方法作用于污染表面且达到一定去污效果的方法。机械去污技术大致可分为表面清洗法和表面去除法两大类。

(一) 表面清洗法

表面清洗法一般是非破坏性去污方法，适用于去污物体的材质表面比较光洁，污染物比较松散的情况，常用的有水冲洗、擦洗和刷洗、蒸汽清洗和高压水喷洗等方法。

(二) 表面去除法

表面去除法是破坏性去污方法，适用于污染物体的材质表面粗糙有孔，污染物渗入表层以下的情况，常用的有喷射磨料、研磨、破碎剥离等方法。

四、其他去污新技术

(一) 电抛光去污技术

电抛光是一种电化学过程，在电解槽中待去污的物体作为阳极，电流通过时发生阳极材料表面溶解，逐步形成平滑的表面。表面上的任何放射性污染或夹带在表面内的缺陷都可通过该表面的溶解过程清除并释放到电解液中。电抛光去污原理如图 5-9 所示。电抛光去污后导电体表面的放射性水平可降低到接近本底水平，能对形状比较复杂的部件和大表面的导电体进行去污。

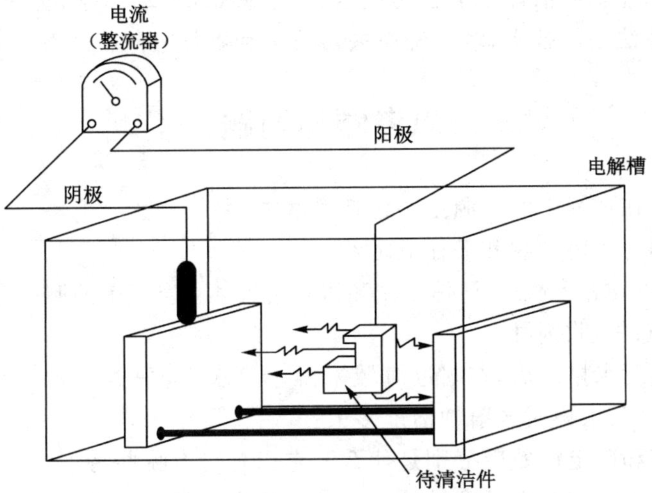

图 5-9　电抛光去污原理图

(二) 超声波去污技术

超声清洗的原理是将超声波(约 20 kHz)能量转变为低振幅机械能，使清洗液对污染部件产生空化效应和机械冲击作用，从而达到洗涤去污的目的。超声清洗受槽尺寸和换能器功率的限制，适用于小型物体的去污，如工具和小型装置(阀、泵的部件等)。混凝土、塑料和橡胶制品等能吸收超声波能的物质不适用。

(三) 光烧蚀去污技术

光烧蚀法是利用光的吸收及其转变为热能来有选择地清除物体表面上的涂层或污物。光烧蚀法选择使用的光源有激光、低闪光灯和等离子体灯。针对污染物和被污染基体的性质，选用合适频率的光，当光强足够大时，在微秒或更短时间内即可将污染层加热到 1 000～2 000 ℃，而对基体材料实际上无影响。伴随着持续的光脉冲，物体表面的污物等离子体化而从物体表面上喷发出来。去污过程不用化学试剂和磨料，所以不增加二次废物体积。

（四）高温火焰去污技术

高温火焰去污是用可控高温火焰来热裂解掉不易燃烧表面上的有机污物。这种热分解反应是放热的和自催化的，由火焰产生的自由基的作用和给定热量在接近焰锋处可实现残留污物的完全分解。由于高温火焰去污温度高，火焰停留时间应尽量短，以使材料的破坏降低到最低程度。高温火焰去污主要用于混凝土、水泥、砖和金属表面的去污。有机污物的热分解有产生气态污物的危险，因此需要洗涤，以防止污染物释放到大气中去。

（五）熔炼去污技术

熔炼是一种冶金方法，依靠熔融使污染的金属中的放射性核素在钢锭、炉渣和过滤灰尘之间重新分配，因此原来的材料得到了去污。熔炼特别适合有复杂几何形状设备的去污和减容。熔炼尾气经净化系统处理，炉渣也要做适当处理。

（六）其他新技术

近年来正在开发研究中的放射性去污新技术主要有光风化（光蚀）去污技术、微生物降解（生物去污）技术、超临界液体萃取去污技术、电迁移（或电动力学）去污技术、蒸汽相传输分离去污技术、气体法去污技术、溶剂洗涤去污技术和爆炸去除技术等。

思考题与习题

1. 放射性物质在环境中的来源主要包括哪些方面？

2. 辐射对人体有哪些影响和潜在危害？

3. 切尔诺贝利核电站事故后，评估专家测得其附近某点空气中的照射量为 8×10^{-3} C/kg，请据此计算该点空气的吸收剂量。

4. 假设福岛核污水排海后，在附近海域采得一份水样，采集后 24 天测得 ^{131}I 的放射性活度为 0.2 Bq/L，则其采样时放射性活度多大？

5. 随机性效应和确定性效应分别是什么？它们各自有哪些特点？

6. 放射性评价方法和基本标准是什么？请简述它们的基本概念。

7. 秦山核电站是中国自行设计、建造和运营管理的第一座 30 万 kW 压水堆核电站。某次对其抽检过程中，测得 10 mL 放射性废水的总放射性活度为 2.5 Ci，经过蒸发处理后，二次冷凝液的比活度为 3.7×10^{2} Bq/L，请计算蒸发处理的净化系数和残留的总放射性活度。

8. 放射性气体处理有哪些方法？

9. 在福岛核电站的事故处理中，某设施的配件被 β 放射性核素沾污，测量 β 计数为 3×10^{7} 粒子数/(1 000 $cm^2\cdot2\pi\cdot$min)，经擦洗去污后，β 计数为 1.5×10^{5} 粒子数/(1 000 $cm^2\cdot2\pi\cdot$min)，去污系数和去污率分别是多少？

10. 简述一种去污新技术，并讨论开发去污新技术的意义。

第六章　热污染及其控制

本章重点和难点：

(1) 热污染的成因与类型。

(2) 城市热岛、温室效应的定义、成因、危害、防治措施。

(3) 热污染评价指标。

(4) 热污染控制技术。

第一节　概　　述

一、热环境

(一) 热环境的定义及分类

热环境又称环境热特性，是指提供给人类生产、生活及生命活动的生存空间的温度环境，它主要是指自然环境、城市环境和建筑环境的热特性。太阳能量辐射为人类生存创造了大的热环境，各种能源为人类生存提供了小的热环境，使环境更适于人类的生存。

影响热环境的因素很多，除太阳辐射的直接影响外，还受相对湿度和风速等因素的影响。所以，热环境是一个反映温度、湿度和风速等条件的综合性指标。如表 6-1 所示，热环境可以分为自然热环境和人工热环境。

表 6-1　热环境的分类

名称	热源	特征
自然热环境	主要热源是太阳	热特性取决于环境接收太阳辐射的情况，并与环境中大气同地表间的热交换有关，也受气象条件的影响
人工热环境	房屋、火炉、机械、化学等设施	人类为了防御、缓和外界环境剧烈的热特性变化，创造的更适于生存的热环境

(二) 热环境的热量来源

地球是人类生产、生活的主要空间，其热量来源主要有两大类。一类是天然热源即太阳，它以电磁波的方式不断向地球辐射能量。另一类是人为热源，即人类在生产、生活过程中产生的热量。

1. 天然热量来源

影响地球接受太阳辐射的因素主要有两方面，一是地壳以外的大气层，二是地表形态。太阳辐射中到达地表的主要是短波辐射，其中，臭氧层主要吸收对地球生命系统构成极大危害的紫外线,而较少量的长波辐射被大气下层中的水蒸气和二氧化碳所吸收。大气中主要物质吸收辐射能量的波长范围见表 6-2。

表 6-2 大气中主要物质吸收辐射能量的波长范围

物质种类	吸收能量的波长范围/μm		
N_2,O_2,NO	<0.1	短波	距地 100 km,对紫外线完全吸收
O_2	<0.24	短波	距地 50~100 km,对紫外线部分吸收
O_3	0.2~0.36 0.4~0.85 8.3~10.6	短波 长波 长波	在平流层中吸收绝大部分的紫外线,对来自地表辐射少量吸收
H_2O	0.93~2.85 4.5~80	长波 长波	距地 6~25 km,对来自地表辐射吸收能力较强
CO_2	4.3 附近 12.9~17.1	长波 长波	对来自地表的辐射完全吸收

2. 人为热量来源

热环境中的人为热量来源主要包括以下几种:

① 各种大功率的电器、机械装置在运转工程中,以副作用的形式向环境中释放的热能,如电动机、发电机和各种电器等。

② 放热的化学反应过程,如化工厂的化学反应炉和核反应堆中的化学反应。

③ 密集人群释放的辐射能量。一个成年人对外辐射的能量相当于一个 146 W 的发热器所散发的能量,如在密闭潜水艇内,人体和烹饪所产生的能量积累可以使舱内温度达到 50 ℃。

二、热污染

热污染即工农业生产和人类生活中排放出的废热造成的环境热化,损害环境质量,进而又影响人类生产、生活的一种增温效应。热污染发生在城市、工厂、火电站、原子能电站等人口稠密和能源消耗大的地区。20 世纪 50 年代以来,随社会生产力的发展,能源消耗迅速增加,在能源转化和消费过程中不仅产生直接危害人类的污染物,而且还产生了对人体无直接危害的 CO_2、水蒸气和热废水等。这些成分排入环境后引起环境增温效应,达到损害环境质量的程度,便成为热污染。热污染一般包括水体热污染和大气热污染。随着人们环境保护意识的日益增强,热污染开始受到公众的重视。

(一) 热污染的类型

根据污染对象的不同,可将热污染分为水体热污染和大气热污染(表 6-3)。

表 6-3 热污染的分类

分类	污染源	备注
水体热污染	热电厂、核电站、钢铁厂的循环冷却系统排放热水;石油、化工、铸造、造纸等排放含大量废热的废水	一般以煤为燃料的火电站热能利用率仅 40%,轻水堆核电站仅为 31%~33%,且核电站冷却水耗量较火电站多 50% 以上。废热随冷却水或工业废水排入地表水体,导致水温急剧升高,改变水体理化性质,对水生生物造成危害

表 6-3(续)

分类	污染源	备注
大气热污染	主要是城市大量燃料燃烧过程产生废热,高温产品、炉渣和化学反应产生的废热等	目前关于大气热污染的研究主要集中于城市热岛效应和温室效应。温室气体的排放抑制了废热向地球大气层外扩散,更加剧了大气的升温过程

随着现代工业的迅速发展和人口的不断增长,环境热污染将日趋严重。目前热污染正逐渐引起人们的重视,但至今仍没有确定的指标用以衡量其污染程度,也没有关于热污染的控制标准。因此,热污染对生物的直接或潜在威胁及其长期效应,尚需进一步研究。

(二)热污染的成因

随着人口和耗能的增长,城市排入大气的热量日益增多。按照热力学定律,人类使用的全部能量终将转化为热,传入大气,逸向太空。这样,使地面反射太阳热能的反射率增高,吸收太阳辐射热减少。如表 6-4 所示,人类活动对热环境的改变主要通过直接向环境释放热量、改变大气的组成、改变地表形态来实现。

表 6-4　热污染的成因

成因		说明
向环境释放热量		能源未能有效利用,余热排入环境后直接引起环境温度升高;根据热力学原理,转化成有用功的能量最终也会转化成热而传入大气
改变大气层组成和结构	CO_2 含量剧增	CO_2 是温室效应的主要贡献者
	颗粒物大量增加	大气中颗粒物可对太阳辐射起反射作用,也有对地表长波辐射的吸收作用,对环境温度的升降效果取决于颗粒物的粒度、成分、停留高度、下部云层和地表的反射率等多种因素
	对流层水蒸气增多	在对流层上部亚声速喷气式飞机飞行排出的大量水蒸气积聚可存留1～3 年,并形成卷云,白天吸收地面辐射,抑制热量向太空扩散;夜晚又会向外辐射能量,使环境温度升高
	平流层臭氧减少	平流层的臭氧可以过滤掉大部分紫外线,现代工业向大气中释放的大量氯氟烃(CFCs)和含溴卤化烃哈龙(Halon)是造成臭氧层破坏的主要因素
改变地表形态	植被破坏	地表植被破坏,增强地表的蒸发强度,提高其反射率,降低植物吸收 CO_2 和太阳辐射的能力,减弱了植被对气候的调节作用
	下垫面改变	城市化发展导致大面积钢筋混凝土构筑物取代了田野和土地等自然下垫面,地表的反射率和蓄热能力,以及地表和大气之间的换热过程改变,破坏环境热平衡
	海洋面受热性质改变	石油泄露可显著改变海面的受热性质,冰面或水面被石油覆盖,使其对太阳辐射的反射率降低,吸收能力增加

第二节　水体热污染

一、水体热污染的危害

（一）降低水体溶解氧能力且加重水体污染

温度是水的一个重要物理学参数，将影响水的其他物理性质指标。水中饱和溶解氧（DO_f）随温度发生变化，公式如下：

$$DO_f = 468/(31.6 + T) \tag{6-1}$$

式中　T——水温，℃；

DO_f——一定温度、气压下的饱和溶解氧浓度，mg/L。

由公式(6-1)可以看出，水中的饱和 DO 值随温度的降低是逐渐降低的。水中好氧微生物和污染物质的降解会消耗水中的溶解氧，同时温度升高，微生物分解有机物的能力增强，耗氧量增加，导致水体缺氧严重，引起厌氧菌大量繁殖，有机物腐败严重，加重了水体污染。温排水还会促进底泥中营养物质的释放，导致水体的离子总量，特别是 N、P 含量增高，加剧水体富营养化。

（二）威胁水生生物生存

水体升温，水生生物的新陈代谢加快，在 0～40 ℃内温度每升高 10 ℃，水生生物的生化反应速率会增加 1 倍，这样就会加剧水中化学污染物质（如氰化物、重金属离子等）对水生生物的毒性以及水生生物对有害物质的富集能力。水体缺氧也会引起鱼类和其他水生生物的死亡。

（三）引发流行性疾病

热污染使水体温度上升，会降低人体的正常免疫功能，给致病微生物提供滋生繁衍条件和传播途径，导致其大量滋生、泛滥，形成一种互感连锁效应，引起各种新、老传染病如疟疾、登革热、血吸虫病、恙虫病等疾病的扩大流行和反复流行。

（四）增强温室效应

水温升高会加快水体的蒸发速度，使大气中的水蒸气和二氧化碳含量增加，从而增强温室效应，引起地表和大气下层温度上升，影响大气循环，甚至导致气候异常。

二、水体热污染的防治

（一）从源头上，减少废热入水

水体热污染的主要污染源是电力等工业排放的冷却水，要实现水域热污染的综合治理，首先要控制冷却水进入水体的质和量。火电厂、核电站等工业部门要改进冷却系统，通过冷却水的循环利用或改进冷却方式，减少冷却水用量、降低排水温度，从而减少进入水体的废热量。

（二）进行废热综合利用

排入水体的废热均为可再利用的二次能源。将冷却水引入养殖场可用于鱼、虾或贝类的养殖。通过热回收管道系统可将废热输送到田间土壤或直接利用废热水进行灌溉等。将废热水引入污水处理系统中调节水温（20～30 ℃）可加速微生物酶促反应，提高其降解有机物的能力，从而提高污水处理效果。也可将冷却水引入水田以调节水温，或排入港口或航道以防止结冰。利用废温热水冬季供暖和夏季作为吸收型空调设备的能源，其应用前景较为乐观。

（三）政策方面加强管理

各地方部门加强对受纳水体的管理和保护，将热污染纳入建设项目的环境影响评价。禁止在河岸或海滨开垦土地、破坏植被，通过植树造林避免土壤受侵蚀等对水体热污染的综合防治也具有重要意义。

第三节 大气热污染

一、城市热岛效应

城市热岛效应是指在人口稠密、工业集中的城市地区，由人类活动排放的大量热量与其他自然条件共同作用致使城区气温普遍高于周围郊区的现象。在近地面温度图上，郊区气温变化很小，而城区则是一个高温区，就像突出海面的岛屿，由于这种岛屿代表高温的城市区域，被形象地称为城市热岛。

图 6-1 所示是城市热岛效应形成模式图。白天，在太阳辐射下构筑物表面迅速升温，积蓄大 量热能并传递给周围大气，夜晚又向空气中辐射热量，使近地继续保持相对较高的温度，形 成城市热岛。另外，由于建筑密集，“天穹可见度”低，地面长波辐射在建筑物表面多次反射，使得向宇宙空间散失的热量大大减少，日落后降温也很缓慢。引起城市热岛效应的原因主要包括城市下垫面变化，大气成分的改变，人为热释放以及城市规模、形状和所处的地理位置影响。

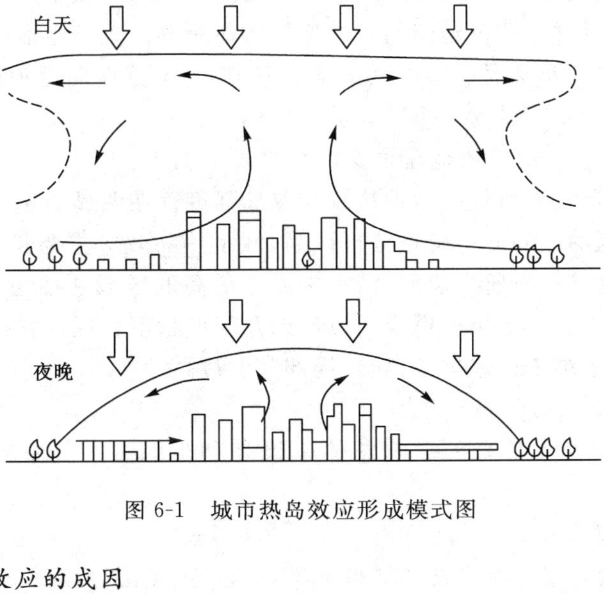

图 6-1 城市热岛效应形成模式图

（一）城市热岛效应的成因

1. 城市下垫面的变化

下垫面是影响气候变化的重要因素。随着城市化的发展，原来的林地、草地、农田、牧场和水塘等自然生态环境逐渐被水泥、沥青、砖、石、土、陶、玻璃和金属等材料的人工地貌所取代，使城市下垫面的热力学、动力学特征改变。表 6-5 所列为不同类型地表的湿热系数。城市地表含水量少，热量更多地以显热形式进入空气，导致空气升温。同时城市地表对太阳光的吸收率较自然地表高，反射率低(10%～30%)，热导率高，热容量大，蓄热能力强。

表 6-5 不同类型地表湿热系数

地表类型	B①	C②	地表类型	B①	C②
沙漠	20.00	0.95	针叶林	0.50	0.33
城市	4.00	0.80	阔叶林	0.33	0.25
草原农田(暖季)	0.67	0.40	雪地	0.10	0.29

注：① 鲍恩(Bowen)比，$B=H/L$，式中，H 为日地热交换量；L 为地表热蒸发耗热量；

② 湿热系数，$C=H/(H+L)$。

2. 城市大气成分的变化

干洁空气是大气的主体，平均约占低层大气体积的 99.97%(水汽平均约为 0.03%，杂质可忽略)。其主要成分是氮、氧、氩、二氧化碳等，体积含量占全部干洁空气的 99.99%以上。其余还有少量的氢、氖、氪、氙、臭氧等。通常我们所谓的“空气污染物”如 NO_2、O_3、SO_2、CO 等物质，在干净空气中的含量均极少。随着人们生活和生产水平的逐渐提高，城市地区能源消耗量逐年增大，且以矿物燃料为主，燃烧过程排放大量的 CO_2、CO、SO_2 等有毒有害气体和颗粒物，致使城市上空大气组成改变，降低了城市大气的透明度，使其吸收太阳辐射和地表长波辐射的能力增强，造成大气逆辐射增强，加剧了温室效应，从而强化了城市热岛效应。

3. 人为热的释放

城市人为热即人类活动产生的废热，主要来自工厂车间机械生产、交通运输中机动车排放、空调运转和人们日常生活及建筑物向外散发的热量等。人们生活中大功率电器的使用、工业生产中化学气体以及交通运输中汽车尾气等，都在不停地向近地层大气排放大量人为热和粉尘温室气体，使城市成为一个巨大的发热体。

4. 城市规模、形状和所处的地理位置的影响

城市规模、几何形状和所处的地理位置与热岛强度存在明显的相关性。根据相关研究，通过对城市表层气温的空间分区特点分析认为，城市热岛效应主要是各个区域不同的建筑结构(几何结构)和建筑材料所引起的，城市中温度最高的区域往往与最深的城市街道相对应，即通常分布在市中心。如果街道走向设计或几何形状不合理，则密不通风，风速小，热量不易散发，温室气体也难于迅速扩散，导致局部气温过高。

(二) 城市热岛效应的影响

城市热岛效应给人类带来的影响总体来说是利少弊多。其主要影响表现在以下几方面。

1. 造成恶劣的天气

城市热岛效应会带来各种异常的城市气象，如暖冬、暴雨等，对城市气候带来很 大的影响。城市热岛效应会引起局地环流，使得城市风场特征极为复杂。热岛的存在使得城区凝露量、结霜量、霜冻日数、下雪频率和积雪时间都小于郊区。

2. 对降水的影响

热岛效应影响着云的形成和运动，还可能通过流场的作用对冬夏季降水过程产生影响。

一般认为，热岛效应可以增加城市的降水，但只是增加降水量而不会引起降雨，即它不会提高降雨次数。

3. 破坏大气环境

由于热岛的存在，城市中盛行上升气流，上升的气流中含有大量的烟尘等微粒，因而城市上空容易形成以这些微粒为团粒结构的云团，造成城市地区近地层空气污染严重。

4. 改变生物习性

城市热岛效应改变城市近地表热量结构，提高市区温度，使得生物物候、生理活动、区系组成、种群结构、分布范围以及繁殖活动等发生改变。

5. 加速能量消耗

热岛效应会导致城市内部温度升高，增加了空调运转的能源消耗，从而导致温室气体排放大量增加，温室气体排放又直接加速全球变暖，气温进一步上升，反过来又加重热岛效应，这两者之间已经形成了恶性循环。

6. 危害居民健康

城市热岛效应在夏季加剧城区高温天气，不仅会降低人们的工作效率，还会引起中暑和死亡人数的增加。医学研究表明，环境温度与人体的生理活动密切相关，当温度高于 28 ℃时，人会有不舒适感；温度再高就易导致烦躁、中暑和精神紊乱等。

（三）城市热岛效应的防治

1. 改变城市规划与设计理念，增加自然下垫面的比例

增加自然下垫面的比例，大力发展城市绿化，加强屋顶、墙壁绿化，营造各种“城市绿岛”，是防治城市热岛效应的有效措施。绿地是城区自然下垫面的主要组成部分，有研究认为，每公顷绿地平均每天可从周围环境中吸收 81.8 MJ 的热量，相当于 189 台空调的制冷作用。园林植物光合作用，吸收空气中的二氧化碳，一公顷绿地，每天平均可以吸收 1.8 t 的 CO_2。当绿化覆盖率大于 30%时，热岛效应将得到明显的削弱。

启用合理的城市开发、交通、绿地生态规划模式。要合理布局城市建筑物，控制建筑的高度和密度，避免过度集中建设，根据城市地理环境（包括纬度、地形、风向、风速、日照、辐射条件等）确定道路网的方位、宽度，建筑物朝向、间距以及建筑物的形体等，建设城市“通风道”。

2. 调整能源结构，限制大气污染物的排放

根据城市的性质及定位确定合理的产业结构，调整能源结构，提高能源利用效率，采取工业集中采热、集中供热；通过发展清洁燃料和可再生性替代能源、开发利用太阳能等新能源，减少化石性能源的使用量。同时加强工业整治及机动车尾气治理，限制大气污染物的排放。

3. 开发使用高反射率、吸热率低、隔热性能好的新型环保建筑材料

合适的建筑材料可以有效提高反射率，降低吸收率，对缓解热岛效应具有明显的作用。

此外，应采用增加人工湿地、完善环境监察制度等措施综合防治热岛效应。

二、温室效应

（一）温室效应与温室气体

1. 温室效应

来自太阳各种波长的射线，一部分在到达地面之前被大气反射回外空间或者被大气吸

收后再辐射而返回外空间；一部分直接达到地面或者通过大气散射到达地面。到达地面的辐射有少量短、长的紫外线，大量可见光和长波红外线。这些辐射在被地面吸收之后，最终以长波辐射的形式又返回外空间，从而维持地球的热平衡，如图 6-2 所示。

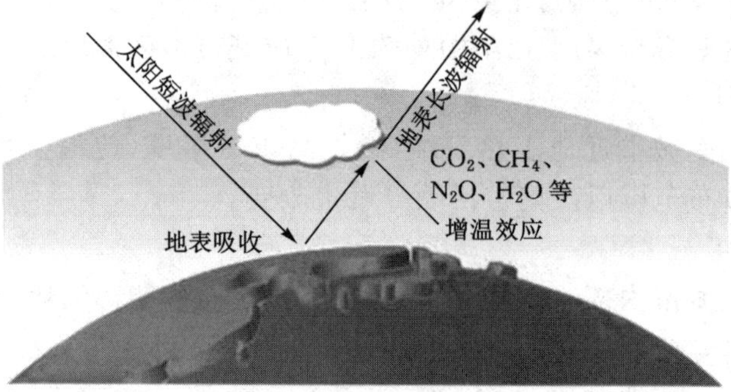

图 6-2　温室效应示意图

温室气体起到了单向过滤器的作用，吸收了地球表面辐射出来的红外线，把能量截留在大气中，从而使大气温度升高，这种现象称为温室效应，正常的温室效应是有利于全球生态系统的。正是由于大气中温室效应的存在，地球表面的平均温度才能维持在 15 ℃左右，特别适于生命的延续；同时温室效应也和一些"制冷效应"机制相平衡，保持地球热量的平衡。

2. 温室气体

温室气体是指能引起温室效应的气体，主要有二氧化碳（CO_2）、甲烷（CH_4）、各种氯氟烃（CFCs）、氧化亚氮（N_2O）和臭氧（O_3）。表 6-6 给出了大气中温室气体的体积分数与年平均增长率，其中五种重要的温室气体对温度升高的影响程度为 CO_2＞CFCs＞CH_4＞O_3＞N_2O。CO_2 的全球变暖潜能最小，但其含量远远超过其他气体，因此是温室效应中贡献最大者。

表 6-6　大气中具有温室效应的气体

气体	大气中体积分数/10^{-9}	年平均增长率/%
二氧化碳	379 000	0.4
甲烷	1 650	1.0
氧化亚氮	314	0.25
臭氧	不定	
CFC-11	0.23	5.0
CFC-12	0.4	5.0
四氯化碳	0.125	1.0

大气中存在水蒸气也是造成自然温室效应的主要原因之一，其含量比 CO_2 和其他温室气体的总和还高许多，因此自然温室效应主要是水蒸气在起作用，只是有部分波长的红外线它不能吸收。

氟利昂是氯、氟和碳的化合物，自然界里本不存在，完全是人类制造出来的。由于它的熔点和沸点都比较低，不燃，不爆，无臭，无害，稳定性极好，因此被广泛用来制造制冷剂、发泡剂和清洁剂等。

臭氧的作用也与其在大气层中所处的高度密切相关，具有温室效应的臭氧是指地表附近对流层中的臭氧。对流层中的臭氧是一种生命周期较短的气体，主要通过大气光化学反应产生和损耗。

（二）温室效应加剧的原因

人类实现工业化以后，大量开采使用地下矿物能源。近几年来，煤、石油和天然气等化石燃料的燃烧每年释放几十亿吨 CO_2。此外，大气中 CO_2 的增加还有一个主要原因，就是森林被大量砍伐当作燃料焚烧，而森林可以吸收 CO_2，进而降低温室效应。

随着城市化、工业化、交通现代化以及人口的剧增，煤、石油、天然气等化石燃料大量消耗，排入大气的 CO_2 等温室气体迅速增加，从而破坏了自然界的碳循环。目前大气中 CO_2 的含量较 18 世纪增加了 30%，而且还在以每年 0.5% 的速度增加。表 6-7 表明，温室气体在大气中的含量都呈现出加速增长的趋势。

表 6-7　人类活动对主要温室气体变化的影响

	CO_2	CH_4	N_2O	CFC-11	HCFC-22
工业革命前体积分数	280×10^{-6}	0.7×10^{-6}	0.275×10^{-6}	0	0
1994 年体积分数	358×10^{-6}	1.72×10^{-6}	0.312×10^{-6}	268×10^{-6}	72×10^{-6}
浓度增长速率/(%/a)	0.4	0.6	0.25	0	5

注：CO_2、CH_4、N_2O 的增长率计算是以 1984 年为基础的，CFC-11 和 HCFC-22 的增长率计算是以 1990 年为基础的。

世界气象组织（WMO）于 2021 年 10 月 25 日发布的《WMO 温室气体公报（2020 年）》显示，2020 年主要温室气体的全球大气年平均浓度创下新高，二氧化碳（CO_2）为 413.2 ± 0.2 ppm（10^{-6}），甲烷（CH_4）为 $1\,889\pm2$ ppb（10^{-9}），氧化亚氮（N_2O）为 333.2 ± 0.1 ppb，分别为工业化前水平的 149%、262% 和 123%。

（三）温室效应的危害——全球变暖

已有的统计资料表明，全球温度在过去的 20 年间已经升高了 0.3～0.6 ℃。全球变暖，会对已探明的宇宙空间中唯一有生命存在的地球环境产生非常严重的后果。

1. 冰川融化

温室效应导致的气温上升和冰川消退之间是一种正反馈的关系。长期的观测结果表明，由于近百年来海温的升高，海平面已经上升了 2～6 cm。

2. 荒漠化程度加剧

全球变暖，会加大海洋的蒸发速度，同时改变全球各地的雨量分配。研究表明，在全球变暖的大环境下，陆地蒸发量将会增大，这样世界上缺水地区的降水和地表径流都会减少，会变得更加缺水，从而给那些地区人们的生产生活带来极大的困难。

3. 危害地球生命系统

全球变暖将会使多种业已灭绝的病毒、细菌死灰复燃，使业已得到控制的有害微生物和害虫得以大量繁殖，人类自身的免疫系统也将因此而降低，从而对地球生命系统构成极大威胁。

（四）温室效应的综合防治

1. 减少大气中的温室气体

要减少温室气体的排放必须控制矿物燃料的使用量，为此必须调整能源结构，增加核能、太阳能、生物能和地热能等可再生能源的使用比例。此外，还需要提高能源利用率，特别是发电和其他能源转换的效率。

2. 增加温室气体的吸收

森林是吸取CO_2的大气净化器，它把氧气放回到大气，而把碳固定在植物纤维质里。森林是抑制气候危机、推迟或扭转温室效应最有效的吸收源，大规模造林，保护森林资源，通过植树造林提高森林覆盖面积可以有效提高植物对CO_2的吸收量。

3. 适应气候

通过培育新的农林作物品种、调整农业生产结构、规划和防止海岸侵蚀的工程等来适应气候变化。此外，加强温室效应和全球变暖的机理及其对自然界和人类的影响研究，加强环境保护的宣传教育等对温室效应的控制也具有重要意义。

第四节 热污染评价与标准

一、水体热环境评价与标准

《地表水环境质量标准》(GB 3838—2002) 中规定，人为造成的环境水温变化应限制在：周平均最大温升≤1 ℃；周平均最大温降≤2 ℃。制定水体的温度限制值要兼顾社会、经济和环境三方面的效益，由冷却水排放造成的水体热污染的控制标准通常以鱼类生长的最高周平均温度(maximum weckly average temperature，MWAT)来确定。该指标是根据高起始致死温度(UILT)和最适温度制定的一项综合指标。计算式为：

$$\text{MWAT}=\text{最适温度}+(\text{UILT}-\text{最适温度})/3 \tag{6-2}$$

其中起始致死温度 (incipient lethal temperature)，即 50%的驯化个体能够无限期存活下去的温度值，通常以 LT_{50}表示。随驯化温度升高，LT_{50}亦升高，但驯化温度升至一定程度时 LT_{50}将不再升高，而是固定在某一温度值上，即最高致死温度。

最适温度即最适宜鱼类生长的温度。不同生活阶段，鱼类最适温度也各不相同。由于最适温度的测定条件(光照、饲料量、溶解氧等)要求很苛刻，测试时间也很长，通常以与活动或代谢有关的某种特殊功能的最适温度来代替。

实际上最理想的高温限值应该是零净生长率温度(鱼的同化速率与异化速率相同时的温度)和最适温度的平均值，此值至少可以保证鱼的生长速率不低于最高值的 80%。但由于这一数值很难获得，而生长的最高周平均温度被认为很接近该平均值，因此在国内外将最高周平均温度作为水体的评价标准。

二、大气热环境评价与标准

大气热环境在很大程度上受湿度和风速的影响，因此有干球、湿球、黑球三种测量方法(表 6-8)。三种方法测定的温度值各代表一定的物理意义，其值之间存在较大差异。因此在表示环境温度时，必须注明测定时所采用的方法。

表 6-8　大气热环境温度测量方法

测量方法	说明
干球温度(T_a)法	将水银温度计的水银球不加任何处理，直接放置到环境中进行测量，即得到大气的温度，又称为气温
湿球温度(T_{nw})法	将水银温度计的水银球用湿纱布包裹起来，放置到环境中进行测量，所测温度为饱和湿度下的大气温度。干球温度与湿球温度的差值反映了环境的湿度状况
黑球温度(T_g)法	将温度计的水银球放入一个直径为 15 cm、外表面涂黑的空心铜球中心进行测量，所测温度可以反映环境热辐射的状况

环境温度对于人体产生的生理效应，除与环境温度的高低有关外，还与环境湿度、风速等因素有关。环境生理学上常采用温度-湿度-风速的综合指标来表示环境温度，并称之为生理热环境指标。常用的生理热环境指标主要有以下几种。

1. 有效温度（ET）

有效温度是通过受试者对干球温度、相对湿度、气流流速的主观反映得出的具有相同热感觉的综合指标，数值上等于产生相同感觉的静止饱和空气的温度。有效温度在低温时过分强调了湿度的影响，而在高温时对湿度的影响强调得不够，现在已不再推荐使用。

新有效温度(或标准有效温度，SET)，是根据人体热调节系统数学模型提出的，指相对湿度 50%的假想封闭环境中相同作用的温度。该指标同时考虑了辐射、对流和蒸发三种因素的影响，将真实环境下的空气温度、相对湿度和平均辐射温度规整为一个温度参数，是一个等效的干球温度，主要用于确定人的热舒适标准，进而指导室内热环境的设计。

2. 干-湿-黑球温度

此值是干球温度法、湿球温度法和黑球温度法测得的温度值按一定比例的加权平均值，可以反映出环境温度对人体生理影响的程度。

(1) 湿球黑球温度指数

湿球黑球温度(wet-bulb globe temperature，WBGT)指数计算式如下：

$$\mathrm{WBGT}=0.7T_{nw}+0.2T_g+0.1T_a \quad (\text{室外}) \tag{6-3}$$

或

$$\mathrm{WBGT}=0.7T_{nw}+0.3T_g \quad (\text{室内}) \tag{6-4}$$

式中　T_nw——湿球温度，即把湿球温度计暴露于无人工通风的热辐射环境条件下测得的湿球温度值。

WBGT 指数是综合评价人体接触作业环境热负荷(如高温车间)的一个基本参量，此法可应用在工业环境中，用以评价人体的平均热负荷。它用来评价在整个工作周期中人体所受的热强度，而不适于评价短时间内或热舒适区附近的热强度。我国的《工作场所职业病危害作业分级 第 3 部分：高温》(GBZ/T 229.3—2010)和《工作场所物理因素测量 第 7 部分：高温》(GBZ/T 189.7—2007)也采用了 WBGT 指数法。

同样的 WGBT 指数，当人体代谢水平不同时给人的热负荷强度也不同，因此其评价标准与人的能量代谢有关，具体见表 6-9。

表 6-9　WBGT 指数评价指标

平均能量代谢率等级	WBGT 指数/℃			
	好	中	差	很差
0	≤33	≤34	≤35	>35
1	≤30	≤31	≤32	>32
2	≤28	≤29	≤30	>30
3	≤26	≤27	≤28	>28
4	≤25	≤26	≤27	>27

人体的能量代谢等级可通过测量来获得，没有能量代谢数据的情况下也可根据劳动强度将其划分为相应的 5 个等级，即休息、低代谢率、中代谢率、高代谢率和极高代谢率（表 6-10）。

表 6-10　能量代谢率分级

级别	平均能量代谢率 M			示例
	W/m^2（体表面积）	$kcal/(min \cdot m^2)$	$kJ/(min \cdot m^2)$	
休息	≤65	≤0.930	≤3.892	休息
低代谢率	65～130	0.930～1.859	3.892～7.778	坐姿：轻手工作业（书写、打字、绘画、缝纫、记账），手和臂劳动（小修理工具、材料的检验、组装和分类），臂和腿劳动（正常情况驾驶车辆脚踏开关或踏脚）； 立姿：钻孔（小型），碾磨机加工（小件），绕线圈，小功率工具加工，闲步（速度<3.5 km/h）
中代谢率	130～200	1.859～2.862	7.778～11.974	手和臂持续动作（敲钉子或填充），臂和腿的工作（卡车、拖拉机或建筑设备等非运输操作），臂和躯干工作（风动工具操作、拖拉机装配、粉刷、间断搬运中等重物、除草、锄田、摘水果和蔬菜），推或拉轻型独轮车或双轮小车（速度 3.5～5.5 km/h），锻造
高代谢率	200～260	2.862～3.721	11.974～15.565	臂和躯干负荷工作，搬重物、铲、锤锻、锯刨或凿硬木，割草、挖掘、以 5.5～7 km/h 速度行走，推或拉重型独轮车或双轮车，清砂、安装混凝土板块
极高代谢率	>260	>3.721	>15.565	快到极限节律的极强活动，劈砍工作，大强度的挖掘，爬梯、小步急行、奔跑、行走速度超过 7 km/h

（2）温湿指数（temperature-humidity index，THI）

THI 又名人体舒适度指数，是用气象要素中的温度和湿度表征人在气象环境中身体的舒适程度的指数。通常分为 7～11 个级别不等，居于中间级别最为舒适。THI 计算公式是由有效温度计算公式演变而来的，可有效表征温度和湿度对人体热感受的综合影响，公式如下：

$$\mathrm{THI}=T_a-0.55(1-f)(T_a-14.4) \tag{6-5}$$

式中 f—— 相对湿度。

根据 THI 进行的热环境评价见表 6-11。

表 6-11 温湿指数（THI）的评价标准

范围/℃	感觉程度	范围/℃	感觉程度
>28.0	炎热	17.0～24.9	舒适
27.0～28.0	热	15.0～16.9	凉
25.0～26.9	暖	<15.0	冷

3. 操作温度

操作温度 OT 是平均辐射温度和空气温度关于各自对应的换热系数的加权平均值。

$$OT=(h_\gamma T_{wa}+h_c T_a)/(h_\gamma+h_c) \tag{6-6}$$

式中 T_{wa}——平均辐射温度（舱室墙壁温度）；

h_γ——热辐射系数；

h_c——热对流系数。

4. 预测平均评价指标（predicted mean vote，PMV）

PMV 指标是引入反映人体热平衡偏离程度的人体热负荷而得出的，其理论依据是当人体处于稳态的热环境下，人体的热负荷越大，人体偏离热舒适的状态就越远，即人体热负荷正值越大，人就觉得越热，负值越大，人就觉得越冷。Fanger（范格尔）收集了 1 393 名美国和丹麦受试者在室内参数稳定的人工气候室内进行热舒适试验的冷热感觉资料，得出人的热感觉与人体热负荷之间关系的实验回归公式：

$$PMV=[0.303\exp(-0.036M)+0.0275]S \tag{6-7}$$

式中 M——人体的总产热量；

S——热舒适系统的能量传输率，这一项由人体热平衡方程得出。

PMV 的值在－3～＋3 之间，负值表示产生冷感觉，正值表示产生热感觉。PMV 指标代表了对同一环境绝大多数人的舒适感觉，根据结果可对室内热环境做出评价（表 6-12）。

表 6-12 PMV 指标对热环境的判断

－3	－2	－1	0	1	2	3
很冷	冷	凉	适中	温暖	热	很热

5. 热平衡数（heat balance，HB）

HB 由我国学者叶海等提出，表示显热散热占总产热量的比例，可以用于普通环境的客观评价，也可以作为 PMV 的一种简易计算方法。计算式为：

$$HB=\frac{33.5-[A\cdot T_a+(1-A)\cdot T_{wa}]}{M(I_C+0.1)} \tag{6-8}$$

式中 I_C——服装的基本热阻；

A——风速 v 的函数，实际空调环境中，风速一般控制在 0.2 m/s 左右，所以风速对 HB 影响不大。

HB包含了影响热舒适的5个基本参数(空气温度、平均辐射温度、风速、活动量和服装热阻),可用于对热环境进行客观评价。其值在0～1之间,值越高表示环境给人的热感觉越凉(表6-13)。

表6-13　HB的热感觉等级

HB	热感觉	PMV	HB	热感觉	PMV
0.91	稍凉	−1	0.55	微暖	0.38
0.83	略凉	−0.69	0.46	略暖	0.69
0.75	微凉	−0.83	0.38	稍暖	1
0.65	热中性	0			

第五节　热污染控制技术

一、节能技术与设备

(一) 热泵

热泵是将热由低温位传输到高温位的装置,是一种高效、节能、环保技术。它利用机械能、热能等外部能量,通过传热工质把低温热源中无法被利用的潜热和生活生产中排放的废热,通过热泵机组集中后再传递给要加热的物质。早在19世纪初期,法国科学家卡诺就提出"卡诺循环"理论,这成为热泵技术的起源。热泵系统的工作原理与制冷系统的工作原理是一致的,如图6-3所示。

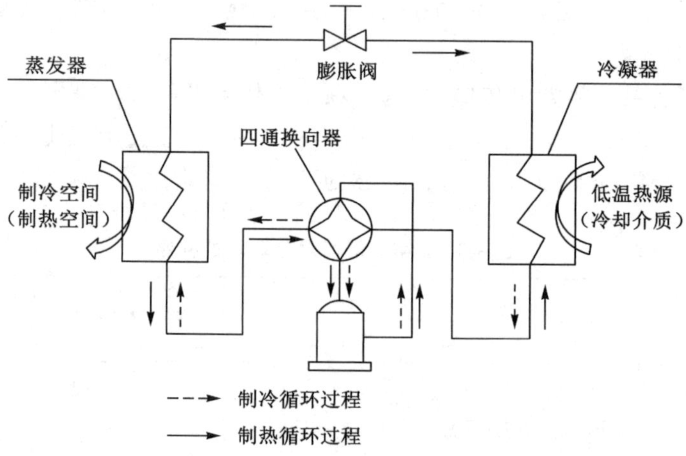

图6-3　典型压缩式热泵的工作原理

20世纪70年代以来,热泵工业进入了黄金时期,诸如国际能源机构和欧洲共同体,都制订了大型热泵发展计划,热泵新技术层出不穷,热泵的用途也在不断拓展,广泛应用于空调和工业领域,在能源的节约和环境保护方面起着重大的作用。目前热泵主要用于住户取暖和提供生活热水,而且在北美洲和欧洲的应用很广(表6-14)。

表 6-14 欧洲一些国家热泵机组的应用

国家	2000 年总量/套	热泵类型			应用
		地热源/%	水源/%	空气源/%	
德国	100 000	72	11	17	63%用于住宅供暖
荷兰	29 500				43%用于住宅供暖
瑞典	370 000	72	12	16	90%用于住宅供暖
瑞士	67 000	40	5	55	91%用于住宅供暖
法国	30 000	15		85	95%用于住宅供暖

热泵的热量来源可以是空气、水、地热和太阳能。其中以各种废水、废气为热源的余热回收型热泵不仅可以节能，同时也可以直接减少人为热的排放，减轻环境热污染。采用热泵与直接用电加热相比，可节电 80%以上；对于 100 ℃以下的热量，采用热泵比锅炉供热可节约燃料 50%。

（二）热管

热管是利用密闭管内工质的蒸发和冷凝进行传热的装置。常见的热管主要由管壳、吸液芯（毛细多孔材料构成）和工质（传递热能的液体）三部分组成。热管一端为蒸发端，另外一端为冷凝端。当一端受热时，毛细管中的液体迅速蒸发，蒸汽在微小的压力差下流向另外一端，并释放出热量，重新凝结成液体，液体再沿多孔材料靠毛细作用流回蒸发段（图 6-4），如此循环不止，便可将各种分散的热量集中起来。

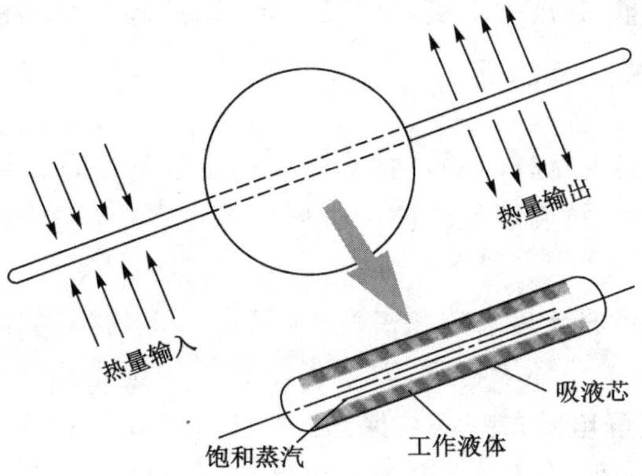

图 6-4 热管的工作原理

（三）隔热材料

隔热材料是指能阻止热流传递的材料，又称热绝缘材料，一般指当处于温度低于 623 K 的环境时，其导热系数不大于 0.14 W/(m · K)的材料，通常具有轻质、隔热的特点。隔热材料的使用，能够减少不必要的热量损失，以达到节约能源的目的，同时还能够提高生产过程的安全性，改善作业环境。另外，在高温作业环境中使用隔热材料，还能显著降低对人体的伤害。隔热材料被广泛应用在航空航天、工业窑炉、能源开发、化工和冶金等多个领域，对我国国民经济的发展发挥着极为重要的作用。

1. 隔热材料的分类

隔热材料按其内部组织和构造的差异,可分为以下三类。

① 多孔纤维质隔热材料

多孔纤维质隔热材料是由无机纤维制成的单纤维毡或纤维布,或者几种纤维复合而成的毡布,具有导热系数低、耐温性能好的特点。常见的有超细玻璃棉、石棉、矿岩棉等。

② 多孔颗粒类隔热材料

多孔颗粒类隔热材料利用材料本身所含的孔隙隔热,因为空隙内的空气或惰性气体的导热系数很低。常见的有膨胀硅石、膨胀珍珠岩等材料。

③ 发泡类隔热材料

发泡类隔热材料包括有机类,无机类及有机、无机混合类三种。无机类常见的有泡沫玻璃、泡沫水泥等;有机类如聚氨酯(PU)泡沫、聚苯乙烯(PS)泡沫、聚烯烃[PP(聚丙烯)、PE(聚乙烯)]泡沫、聚氯乙烯(PVC)泡沫、酚醛树脂泡沫、环氧树脂泡沫等,具有低密度、耐水、热导率低等优点,应用较广;混合型多孔泡沫材料是由空心玻璃微球或陶瓷微球与树脂复合热压而成的闭孔泡沫材料。

为了适应高效保温的需求,近些年,隔热材料开始向着憎水性保温隔热材料、纳米孔保温隔热材料、真空粉末隔热材料、复合保温隔热材料等方向发展。

2. 隔热材料的基本性能

热导率、密度、强度是隔热材料的基本性能参数。热导率是衡量隔热效果的主要参数,通常热导率越低越好,例如空心微珠热导率仅 0.08～0.1 W/(m·K),其隔热性能极好。密度过高会增加隔热层质量,强度太低则易导致变形,因此隔热材料的密度一般都比较小,而且需要具备一定的强度。

3. 隔热材料的应用

不同领域中隔热材料的选择及隔热技术的应用也各不相同。某些使用条件对隔热材料的耐热性、防水性、耐火性、抗腐蚀性和施工方便性等也有一定的要求。

① 矿井巷道隔热技术

矿井巷道隔热材料要求导热系数和密度小,具有一定的强度和防水性能。在矿井巷道中,由于热湿条件复杂,工作环境特殊,对于保温材料的选用还需要考虑较多因素,如无毒无害、非可燃性材料、抗静电等这些都是保证井下工作人员生命安全的基本条件。

我国在矿井内喷射的保温材料大多为无机保温隔热材料。巷道隔热材料一般由胶凝材料、集料、外掺料、外加剂等组成。其中胶凝材料是隔热材料的强度保障,集料的作用是改善隔热性能,外掺料用于减少水泥用量,而外加剂则用于提高隔热材料的各项性能。具体组成见表 6-15。目前,还有深井巷道玻化微珠陶粒混凝土隔热体系、蛭石砂浆等新型隔热材料。

表 6-15　巷道隔热材料的组成

胶凝材料	集料	外掺料	外加料	水
水泥、生石灰	硅石灰、膨胀珍珠岩	粉煤灰	增加剂、发泡剂、减水剂、防水剂	自来水

② 工业炉窑隔热技术

炉衬结构中使用的隔热材料必须耐高温,最高可达 2 000 ℃以上。以轻质炭砖为例,它是一种由炭粉、黏结剂和发泡剂经过一定工艺制成的建筑材料，热稳定性好，热胀系数小，耐高温。由于炭粉具有较低的导热系数，轻质炭砖的导热系数相对较小。一般来说，轻质炭砖的导热系数在 0.06～0.1 W/(m·K)之间，相较于传统的砖材料，导热系数更低。

③ 建筑工程隔热技术

在建筑工程中，根据在围护结构中使用部位的不同，保温隔热料可分为内、外墙保温隔热材料；根据节能保温材料的状态及工艺不同又可分为板块状、浆体保温隔热材料等。

④ 低温工程隔热技术

隔热材料的蓄热系数越大，冷却降温速度越慢。因此不同低温工程对隔热材料的要求也有所差异。通常速冻间选择蓄热系数小的材料作隔热内层，有利于提高降温速度，减少冷负荷，节省投资和运行费用。对于冻结物或冷却物的冷藏间，则应选用蓄热系数较大的隔热材料，以减少库内壁表面的温度波动，保持库内温度稳定，从而节省动力消耗。

（四）空冷技术

空气冷却器是以环境空气作为冷却介质，使之横掠于翅片管外，使管内高温工艺流体得到冷却或冷凝的设备，目前已基本取代了传统的水冷却器。空冷技术的优点是可以显著节约水资源，有助于控制水体热污染，投资及维护成本小。但空冷技术耗电量大，会提高燃料消耗，在能源丰富而水源短缺的地区比较适用。空冷技术主要应用于炼油厂、石油化工厂、液化天然气和石油气、煤液化、煤气管道、火力发电海洋工程、原子能工业及城市垃圾处理等领域。对于遇水易爆、易溶的有毒介质尤为适用。

二、生物质能技术

（一）生物质能的特点及开发现状

生物质能是蕴藏在生物质中的能量，是绿色植物通过叶绿素将太阳能转化为化学能而储存在生物质内部的能量。它一直是人类赖以生存的重要能源，仅次于煤炭、石油和天然气而居于世界能源消费总量第 4 位，在整个能源系统中占有重要的地位。据预测，到 21 世纪中叶，采用新技术生产的各种生物质替代燃料将占全球总能耗的 40%以上。以生物质资源替代化石燃料，不仅可以减少化石燃料的消耗，同时也可减少 CO_2、SO_2 和 NO 等的排放量。另外，生物质能分布广泛，不受天气和自然条件的限制，经过转化后几乎可应用于人类工业生产和社会生活的各个方面，因此生物质能的开发和利用对常规能源具有很大的替代潜力。

生物质包括植物、动物及其排泄物、有机垃圾和有机废水几大类。目前的开发利用主要集中在三方面：一是建立以沼气为中心的农村新能源；二是建立“能量林场”“能量农场”“海洋能量农场”，以植物为能源发电，常用的能源植物或作物有绿玉树、续随子（千金子）等；三是种植甘蔗、木薯、海草、玉米、甜菜、甜高粱等，发展食品工业的同时，用残渣制造酒精来代替石油。

（二）生物质压缩成型技术

生物质原料的结构通常比较松散，密度较小。将分布散、形体轻、储运难、使用不便的生物质，经压缩成型和炭化工艺，加工成燃料，能提高容量和热值，改善燃烧性能，成为商品能源，这种转换技术称为生物质压缩成型技术或致密固化成型技术，这种被压缩后的物质称为生物质颗粒。我国已研制出螺旋挤压式、活塞冲压式和环模滚压式等几种生物质压缩成型设备。其中，螺旋挤压式压缩成型机推广应用较多。生物质经压缩后可直接作为燃料，也可经炭化炉炭化，用于烧烤和冶金工业，还可生产块状饲料。

（三）生物质气化技术

生物质气化就是利用空气中的氧气或含氧物质作气化剂，将组成生物质的碳氢化合物氧化生成可燃气体的过程。气态燃料比固态燃料在使用上具有许多优良性能：燃烧过程易于控制，不需要过量空气，燃烧器比较简单，燃烧时没有颗粒物排放，仅有较小的气体污染。生物质气化可将低品位的固态生物质转换成高品位的可燃气体，广泛应用于工农业生产的各个领域，如集中供气、供热、发电等。其工艺系统如图 6-5 所示。

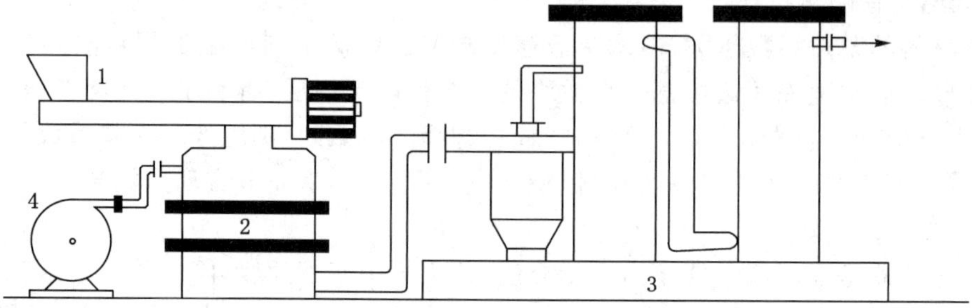

1—加料器；2—气化器；3—净化器；4—燃气输送机。

图 6-5　生物质气化工艺系统

（四）生物质燃料酒精

生物质燃料酒精是指通过微生物的发酵将各种生物质转化为燃料酒精，燃烧酒精放出的有害气体比燃烧汽油少得多，CO_2净排放量也很少。其可单独使用或与汽油混配成乙醇汽油，汽油中掺入 10%～15%的酒精可使汽油燃烧更完全。随着全球经济的快速发展、不可再生能源的逐渐枯竭，环境压力与日俱增，生物乙醇燃料作为新能源将是不可避免的发展趋势。生物乙醇以其经济、环保、实用、可再生等优势成为替代传统能源的焦点新能源。

目前制备生物乙醇的主要原料为各种粮食作物，如玉米等谷物，考虑到人口压力和粮食压力，此种原料没有前景。目前的趋势是利用木质纤维素类物质制备生物乙醇。

生物乙醇的制备大致分为三个步骤：预处理、水解发酵和纯化。原料预处理是制备生物乙醇的关键步骤，对后续水解和发酵工艺意义重大，同时也是一个十分昂贵的过程。其目的是瓦解纤维素的晶体结构，降低纤维素的分子量。水解即糖化过程，在一定温度和催化剂的条件下，原料与水反应生成糖。水解生成的糖经过发酵即可生成生物乙醇。

（五）生物质热裂解液化技术

生物质热裂解技术是世界上生物质能研究的前沿技术之一。该技术能以连续的工艺和工厂化的生产方式将以木屑等废弃物为主的生物质转化为高品质的易储存、易运输、能量密度高且使用方便的代用液体燃料（生物油），其不仅可以直接用于现有锅炉和燃气透平等设备的燃烧，而且可通过进一步改进加工使液体燃料的品质接近柴油或汽油等常规动力燃料的品质，此外还可以从中提取具有商业价值的化工产品。相比常规的化石燃料，生物油因其所含的硫、氮等有害成分极少，可视为 21 世纪的绿色燃料。

三、二氧化碳捕获、利用与封存技术

碳捕获、利用与封存技术（carbon capture，utilization and storage，CCUS）是碳捕集、运输及再利用或安全封存的技术组合，是当前全球公认最有效的减碳负碳技术手段，被视为世界经济脱碳的重要工具，对达成我国双碳目标具有重要战略意义。

目前，CO_2利用技术包括碳封存、矿化利用、化学转化等。碳封存是对CO_2的长期清除或储存，捕获的CO_2被封存在地下的储油层、盐层或非开采煤层。当前许多运营的CCUS项目都将CO_2注入油井来驱油，是大批量消纳CO_2以及碳储存货币化的主要途径之一。矿化利用是指将CO_2与固废中的钙、镁成分发生碳酸化反应生成$CaCO_3$或$MgCO_3$，可实现大批量CO_2被永久稳定固化在建筑材料中，可以实现固碳减污协同处置。CO_2化学转化主要是在特殊催化体系下，使惰性CO_2活化，与其他化学原料发生许多化学反应，从而可固定为高分子材料，构建全新CO_2循环经济产业链。CO_2还可以转化合成为高附加值的碳基新材料（碳纳米管、碳纤维、金刚石、石墨烯等），这也是实现碳中和的有效路径，并提供可持续的经济基础。

思考题与习题

1. 简述热污染的概念和类型。
2. 水体热污染有什么危害？如何防治水体热污染？
3. 什么是城市热岛效应？它是如何形成的？怎样防治？
4. 什么是温室效应？其主要危害有哪些？
5. 大气热环境评价标准有哪些？
6. 热污染的控制技术有哪些？

第七章　光污染及其控制

本章重点和难点：

（1）光污染的定义、类型、防治措施。

（2）眩光污染的分类及防治措施。

第一节　概　　述

随着科技的发展，现代的光源与照明能使夜间亮如白昼。但是，光源的过度开发建设以及不合理的规划设计，给人们的工作和生活带来许多不便，甚至妨碍了我们的正常生活。所以，有必要以环境光学为依据，从各种光学角度来分析现代人类的光源利用对光环境的影响，探讨光污染的产生、危害和防治，减少甚至避免对人类的危害。

一、光环境

光环境（luminous environment）包括室内光环境和室外光环境。

室内光环境主要是指由光照（照度水平和分布、照明的形式和颜色）与颜色（色调、色饱和度、室内颜色分布、颜色显现）在室内建立的与房间形状有关的生理和心理环境。其功能是满足物理、生理（视觉）、心理、人体功效学及美学等方面的要求。

室外光环境是在室外空间由光照射而形成的环境。它的功能除了要满足与室内光环境相同的要求外，还要满足诸如节能和绿色照明等社会方面的要求。对建筑物来说，光环境是由光照射于其内外空间所形成的环境。光环境中的光源包括天然光和人工光。研究人为的光环境，包括视觉环境，是环境光学的主要研究内容。

环境光学的研究内容包括：天然光环境和人工光环境；光环境对人的心理和生理的影响；光污染的危害及防治；等等。它是在物理学、光度学、色度学、生理光学、心理光学、心理物理学、建筑光学等学科基础上发展起来的。其定量分析以光度学、色度学为基础。在研究光与视觉的关系时，主要借助生理光学及心理物理学的试验和评价方法。

二、光源及其类型

光源分为自然光源、人工光源。自然光源指日光和月光，日光和月光强度相差几十万倍，人眼都能适应。人工光源包括热辐射光源、气体放电光源、固体发光光源。

（1）热辐射光源

热辐射光源是依靠电流通过灯丝发热到白炽程度而发光的电光源，主要有白炽灯、卤钨灯。

白炽灯显色性好、光谱连续、结构简单、易于制造、价格低廉、使用方便，是利用最早、应用最广的一种电光源。但其主要缺点是能量转换效率低，大部分能量转化为红外辐射损失，发光效率低，使用寿命短。近年发展起来的涂白白炽灯、氪(Kr)气白炽灯和红外反射膜白炽灯发光效率提高，寿命相对较长。

卤钨灯是灯泡内含有一定比例卤化物的改进型白炽灯。卤钨灯除在灯泡内充填惰性气体外，还充入少量的卤族光素，如氟(F)、氯(Cl)、溴(Br)、碘(I)或与其相应的卤化物使之在灯泡内形成卤钨再循环过程，以防止钨沉积在玻璃内壳上，降低灯丝的老化速度。卤钨灯与普通白炽灯相比，发光效率可提高到30%左右，高质量的卤钨灯寿命可提高到普通白炽灯寿命的3倍左右。其在公共建筑、交通等方面得到广泛应用。

(2) 气体放电光源

气体放电光源是利用某些元素的原子被电子激发产生光辐射的光源，称为冷光源。气体放电光源是电极在电场作用下，电流通过一种或几种气体或金属蒸气而发光的电光源。气体放电光源按充气压力大小可分为低压气体放电灯和高压气体放电灯。高压气体放电灯主要有高压汞灯和高压钠灯，高压汞灯中使用最多的是荧光高压汞灯和金属卤化物灯两种。低压气体放电灯主要有荧光灯和低压钠灯，在荧光灯中使用较多的是直管型、环管型和紧凑型荧光灯三种。气体放电光源比热辐射光源的发光效率高。

(3) 固体发光光源

固体发光光源是直接把电能转换成光能的电光源，包括发光二极管灯(LED灯)和场致发光灯。LED光源是一种能够将电能转化为可见光的固态的半导体器件，它可以直接把电转化为光。它具有体积小、抗振动、亮度高、可调光、低能耗、维修和更换简便、节能环保、寿命长等优点，几乎能满足人类对人造光源的所有期望和要求。场致发光光源，是两电极之间的固体发光材料在电场激发下发光的电光源。

目前建筑照明通用的光源类型如图7-1所示。

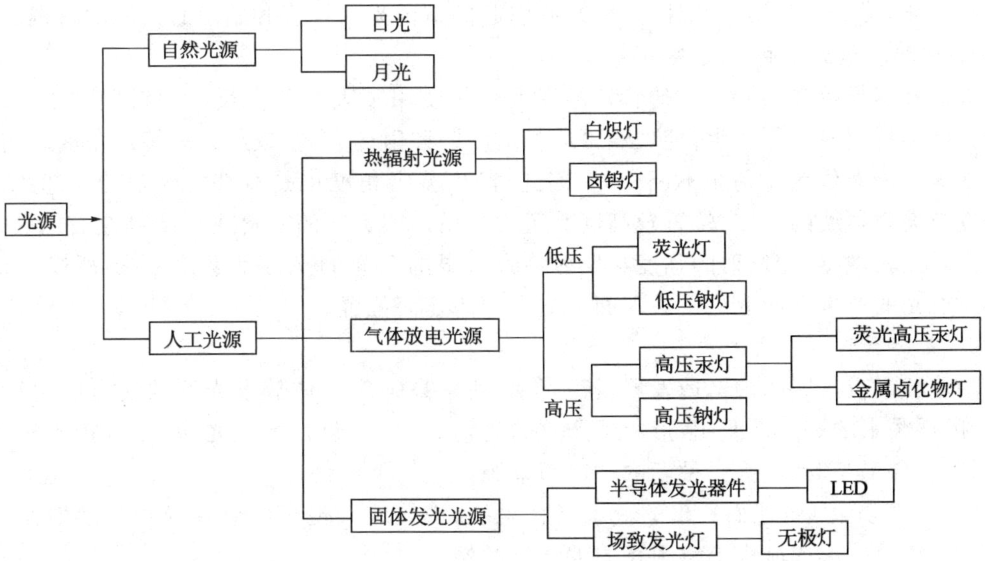

图7-1　光源的类型

三、光污染

（一）光污染的产生

光污染的概念最早是由国际天文学界的专家首先提出来的。天文学家发现，城市夜景照明时天空亮度增大，对天文观测产生负面影响。于是，他们把这种由于夜景照明而进入环境并妨碍他们进行天文观测的光，称为光污染。

在我国的行业标准《城市夜景照明设计规范》(JGJ/T 163—2008)中对“光污染”的定义是：干扰光或过量的光辐射（含可见光、紫外线和红外线辐射）对人、生态环境和天文观测等造成的负面影响的总称。

光污染有广义和狭义之分。狭义的光污染指干扰光的有害影响，其定义是“已形成的良好的照明环境，由于逸散光而产生被损害的状况，又由于这种损害的状况而产生的有害影响”。广义光污染指由人工光源导致的违背人的生理与心理需求或有损于生理与心理健康的现象，包括眩光污染、射线污染、光泛滥、视单调、视屏蔽、频闪等。广义光污染包括了狭义光污染的内容。

光污染属于物理性污染，其特点是：光污染是局部的，随距离的增加而迅速减弱；在环境中不存在残余物，光源消失，污染即消失。

（二）光污染的来源

随着我国现代化城市建设的不断发展，特别是越来越多的城市大量兴建玻璃幕墙建筑和实施“灯亮工程”“彩光工程”，城市的光污染问题日益突出。光污染主要来自两个方面：一是城市建筑物采用大面积镜面式铝合金装饰的外墙、玻璃幕墙所形成的光污染；二是城市夜景照明所形成的光污染。随着夜景照明的迅速发展，特别是大功率高强度气体放电光源的广泛采用，使夜景照明亮度过高，严重影响人们的工作和休息，形成“人工白昼”，打乱了正常的生物节律，形成光污染。此外，家庭装修引起的室内光污染也开始引起人们的重视。

1. 玻璃幕墙形成的光污染

玻璃幕墙导致产生光污染的特定条件是：① 使用了大面积高反射率镀膜玻璃。② 在特定方向和特定时间下产生，即玻璃幕墙相对太阳照射的方向，或与人呈特定角度。由于太阳对地球的相对位置总是在不断变化，因此，产生特定角度也是有特定时限的。③ 光污染的程度与玻璃幕墙的方向、位置及高度有密切关系。因为人的视角在 2 m 高左右的 $\pm 15^{\circ}$ 夹角之内对光较敏感，光反射的强度与反射物到人眼的距离的平方呈反比关系，所以，直射日光的反射光的产生方向取决于玻璃面相对太阳的几何位置。

2. 夜景照明形成的光污染

随着城市夜景照明的迅速发展，特别是大功率高强度气体放电光源的泛光照明和五彩缤纷、闪烁耀眼的霓虹灯照明，形成了严重的光污染，主要包括大气光污染、侵扰光污染、眩光污染、颜色污染等，成为一种新的城市污染源。

(1) 大气光污染：地面发出的人工光在尘埃、空气或其他大气悬浮粒子的散射作用下，扩散入大气层中形成城市上空很亮的大气光污染。

(2) 侵扰光污染：夜景照明中部分散逸光和建筑（或墙面）的反射光，透过门窗射向住宅、医院、旅馆等人们需要夜间休息的场所，形成侵扰光污染。侵扰光污染直接影响人的睡眠与健康。

(3) 眩光污染：视野中的道路照明、广告照明、体育照明、标志照明等产生的直接眩光和雨后地面、玻璃墙面等光亮表面的反射眩光都会引起视觉的不适、疲劳及视觉障碍，严重时会损害视力甚至造成交通事故。

(4) 颜色污染：视场中颜色的对比常常引起视觉的不适应，这种不适应将导致视觉对物体颜色的感觉出现差异或不敏感。夜景照明中的有色光易引起驾驶员对交通信号灯及衣着色彩灰暗的行人失去正确的判断，从而造成交通事故。

3. 室内光污染的成因

室内光污染的成因主要可概括为以下三个方面：

(1) 室内装修采用的镜面、釉面砖墙，磨光大理石以及各种涂料等反射光线，明晃白亮，炫眼夺目。

(2) 室内灯光设计不合理，致使室内光线过亮或过暗。光源选择不合理会造成不同程度的眩光污染；另外，人眼感觉到的眩光与光源的位置有很大关系，室内光源布置不合理也会产生眩光污染。

(3) 夜间室外照明，特别是建筑物的泛光照明产生的干扰光，通过窗户照射到室内，把房间照得很亮，影响人们的正常生活。

上述原因导致室内光污染，影响了人们的视觉环境，进而影响人的健康生活和工作效率。

(三) 光污染的分类

依据不同的分类原则，光污染可以分为不同的类型。目前，国际上最常见的分类方法是将光污染分成三类，即白亮污染、人工白昼和彩光污染。

1. 白亮污染

阳光照射强烈时，城市里建筑物的玻璃幕墙、釉面砖墙、磨光大理石和各种涂料等装饰反射光线，明晃白亮，炫眼夺目。长时间在白色光亮污染环境下工作和生活的人，视网膜和虹膜都会受到程度不同的损害，使人出现头昏心烦、失眠、食欲下降、情绪低落、身体乏力等类似神经衰弱的症状。

2. 人工白昼

夜间，广告灯、霓虹灯闪烁夺目，强光束甚至直冲云霄，照明过度，使得夜晚如同白天一样，形成人工白昼。在这样的“不夜城”里，人们夜晚难以入睡，白天工作效率低下。人工白昼还影响天文观测、航空等，很多天文台因此被迫停止工作。据统计，在夜晚天空不受光污染的情况下，可以看到的星星约为 7 000 颗，而在路灯、背景灯、景观灯乱射的大城市里，一般只能看到 20～60 颗星星。人工白昼还会伤害鸟类和昆虫，强光可能破坏昆虫在夜间的正常繁殖过程。

3. 彩光污染

舞厅、夜总会安装的黑光灯、旋转灯、荧光灯以及闪烁的其他彩色光源构成了彩光污染。黑光灯所产生的紫外线强度大大高于太阳光中的紫外线强度，且对人体的有害影响持续时间长。彩光污染不仅有损人的生理功能，还会影响心理健康。

(四) 光污染的危害

1. 对人体健康的影响

人体受光污染危害的首先是眼睛。瞬间的强光照射会使人们出现短暂的失明。普通光污染可对人眼的角膜和虹膜造成伤害，抑制视网膜感光细胞功能的发挥，引起视觉疲劳和视力下降,使人头昏心烦,甚至发生失眠、食欲下降、情绪低落、身体乏力等类似神经衰弱的症状。长期受到强光和反强光刺激,还可引起偏头痛,造成晶状体、角膜、结膜、虹膜细胞死亡或发生变异,诱发心动过速、心脑血管疾病等。

光污染不仅对人的生理有影响,对人心理也有影响。在缤纷多彩的环境里待时间长一点,就会或多或少感觉到心理和情绪上的负面影响。如果所居住的环境夜晚过亮(如人工白昼),人则难以入睡,扰乱了人体正常的生物钟,会使人头昏心烦、食欲下降、心情烦躁、情绪低落、身体乏力等,精神呈现抑郁,导致白天工作效率低下,造成心理压力。

2. 对生活环境的影响

人类活动造成了越来越严重的光污染,降低了夜空的能见度,城市居民想看到美丽的星空越来越难。天文观测依赖于夜间天空的亮度和被观测星体的亮度,夜空的亮度越低越有利于天文观测的进行。各种照明设备发出的光线(特别是上射光线)由于空气中悬浮尘埃的散射而使夜空亮度增加,从而对天文观测产生影响。

各种交通线路上的照明设备或附近的体育场、商业照明设备发出的光线都会对车辆的驾驶者产生影响,降低交通的安全性。而城市里建筑物的玻璃幕墙、釉面砖墙、磨光大理石和花岗岩、各种涂料的反射光以及耀眼的灯光所形成的人工白昼使人难以入睡。

3. 对动植物的影响

(1) 对植物的影响

种植在街道两侧的树木、绿篱或花卉会受到路灯的影响。当植物在夜间受到过多的人工光线照射时,其自然生命周期受到干扰,从而影响正常生长。如夜间人工光线的照明会使水稻的成熟期推迟,其生长状态比没有受到人工光线照射的水稻差;菠菜在夜间受到过多人工光线照射时,会过早结种,产量降低。

(2) 对动物的影响

很多动物受到过多的人工光线照射时生活习性和新陈代谢都会受到影响,有时会引发一些异常行为,如马和羊等牲畜的繁殖具有明显的季节,当人工光线的照射使它们失去对季节的把握时,其生殖周期就会被破坏,无法正常繁殖;光污染能改变鸟类的生活习性,影响鸟的飞行方向;田地、森林或河流湖泊附近的人工照明光线会吸引更多的昆虫,从而危害到当地的自然环境和生态平衡;在捕鱼业中经常使用人工光来吸引鱼群,过量光线对鱼类和水生态环境也会造成影响。

需要指出的是,与光污染造成的光线浪费相对应的是对电能的浪费,从而就需要更多的电力供应,电厂排出的大量 CO_2、SO_2 和其他有害物加重了环境的污染,直接影响到地球的生态。世界自然基金会(WWF)为应对全球气候变化提出一项全球性节能活动,提倡于每年 3 月最后一个星期六的晚上 20:30,关上不必要的照明和耗电产品一个小时,既减少光污染,又践行低碳减排。

第二节　光学基础

一、光的度量

用于度量光的基本物理量有光通量、发光强度、照度、亮度等。

（一）光通量

光通量，即是以人眼的光感觉量为标准来评价光的辐射通量，常用Φ来表示，单位为 lm（流明），由下式计算：

$$\Phi(\lambda)=P(\lambda)V(\lambda)K_m \tag{7-1}$$

式中　$\Phi(\lambda)$——波长为λ的光通量，lm；

$P(\lambda)$——波长为λ的辐射能通量（辐射源在单位时间内发射的能量），W；

$V(\lambda)$——波长为λ的光谱光视效率，由图 7-2 给出；

K_m——最大光谱光视效能，对明视觉来说，在$\lambda=555$ nm 处，其值为 683 lm/W。

多色光的光通量为各单色光之和，即

$$\Phi(\lambda_n)=\Phi(\lambda_1)+\Phi(\lambda_2)+\cdots=K_m\sum[P(\lambda)V(\lambda)] \tag{7-2}$$

光通量说明某一光源向四周发射出的光能总量。不同光源发出的光通量是不同的。例如，一只 40 W 的普通白炽灯发射的光通量约为 360 lm，一只 40 W 的日光色荧光灯发射的光通量约为 2 100 lm，400 W 标准型高压钠灯的光通量可达 48 000 lm。

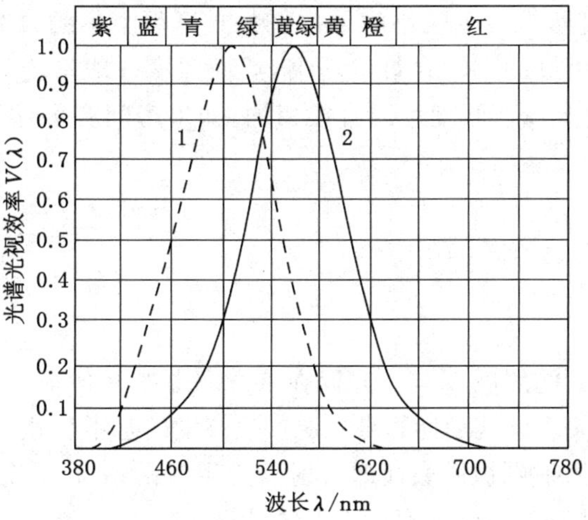

1—暗视觉；2—明视觉。

图 7-2　光谱光视效率曲线 $V(\lambda)$

（二）发光强度

发光强度表示光通量的空间密度，即光通量在空间的分布状况。某方向上的发光强度I为光源在该方向的微小立体角（$\mathrm{d}\Omega$）发出的光通量（$\mathrm{d}\Phi$），即：

$$I=\frac{\mathrm{d}\Phi}{\mathrm{d}\Omega} \tag{7-3}$$

式中　I——发光强度，cd（坎德拉）；

Φ——光通量，lm；

Ω——立体角，sr。

若取平均值，则有

$$I=\frac{\Phi}{\Omega} \tag{7-4}$$

立体角Ω的含义为球的表面积S对球心所形成的角，即以表面积S与球径平方之比来

度量，即

$$\Omega=\frac{S}{r^2} \tag{7-5}$$

当 $S=r^2$ 时，对球心所形成的立体角 $\Omega=1$ sr。

为了区别不同的部位，在发光强度符号 I 的右下角标注角度数字，如 40 W 的白炽灯在光轴线处，即正下方的发光强度表示为 $I_0=30$ cd，而 $I_{180}=0$ 则表示沿光轴往上转 180°即正上方处的发光强度。用这些数字可清楚地表明光源向四周空间发射的光通量分布情况。

（三）照度

1. 照度的定义

照度(E)表示被照面上的光通量密度，即被照面单位面积 S 上所接受的光通量数值，用以表示被照面的照射程度。定义式为

$$E=\frac{\Phi}{S} \tag{7-6}$$

照度的常用单位是勒克斯(简称勒，符号为 lx)，1 lx 等于 1 lm 的光通量均匀分布在 1 m^2 的被照面上。勒克斯是一个较小的单位，例如，夏季中午的日光下，地平面的照度可达 10^5 lx；在装有 40 W 白炽灯的书写台灯下看书，桌面照度一般平均为 200～300 lx，明亮月光下的照度只有 0.3～0.03 lx。照度可以直接相加，如果房间有多盏照明灯，桌面某点的照度值为各灯的照度值之和。

2. 照度和光强的关系

由式(7-4)、式(7-5)、式(7-6)得

$$E=\frac{I}{r^2} \tag{7-7}$$

式(7-7)表明，某表面的照度 E 与点光源在该方向上的光强 I 呈正比关系，与表面与点光源距离 r 的平方呈反比关系。这是计算点光源产生照度的基本公式，称为距离平方反比定律。

以上是指光线垂直入射到被照表面即入射角为零时的情况。当入射角不为零时，光线与被照面的法线成 α 角(图 7-3)，此时，照度由下式计算

$$E=\frac{I}{r^2}\cos\alpha \tag{7-8}$$

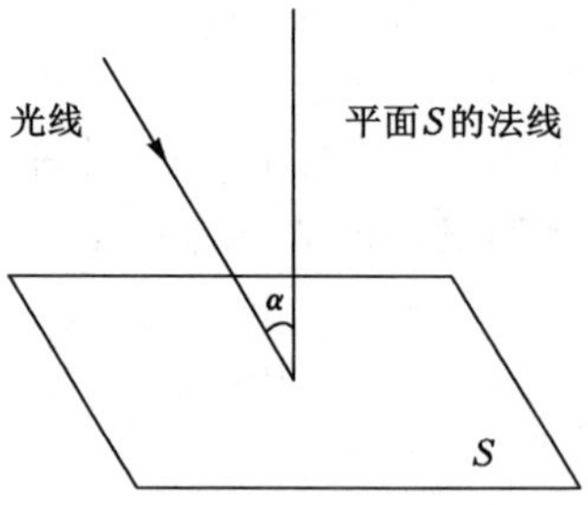

图 7-3　光线与表面不垂直

式(7-8)表明，光线与表面法线成 α 角处的照度，与光线至点光源距离的平方呈反比关系，与光源在 α 方向的光强和入射角 α 的余弦呈正比关系。

因此，对同一光源来说，光源离光照面越远，光照面上的照度越小；光源离光照面越近，

光照面上的照度越大。光源与光照面距离一定的条件下，垂直照射的照度大；光线越倾斜，照度越小。

例 7-1　如图 7-4 所示，在距离桌面 2 m 处挂一只带伞形罩的 40 W 白炽灯，发光强度 $I=73$ cd，求灯下桌面上点 1、点 2 处的照度值 E_1 和 E_2。

解　40 W 白炽灯下的发光强度 $I=73$ cd，由图 7-4 及式(7-8)得

$$\cos\alpha=\frac{2}{\sqrt{2^2+1^2}}=0.8944$$

在点 1 处有

$$E_1=\frac{I}{r_1^2}=\frac{73}{2^2}=18.25\ (\mathrm{lx})$$

在点 2 处有

$$E_2=\frac{I}{r^2}\cos\alpha=\frac{73}{2^2+1^2}\times 0.8944=13.06\ (\mathrm{lx})$$

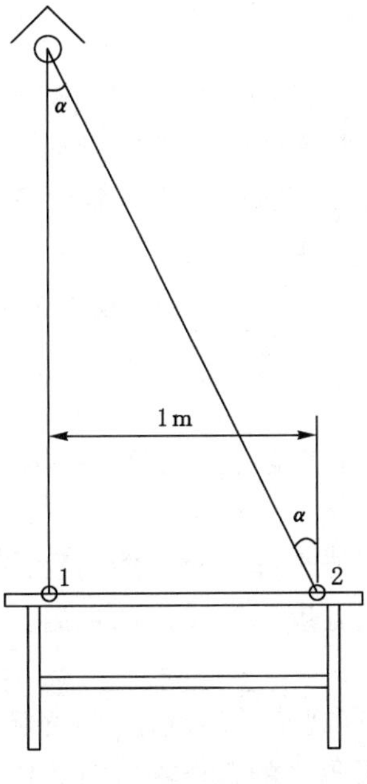

图 7-4　点光源在桌面上的照度

（四）亮度

在所有的光度学量中，亮度是唯一能直接引起眼睛视感觉的量，定义为发光体在视线方向单位面积上的发光强度。

发光体在视网膜上成像所形成的视感觉与视网膜上物像的照度呈正比关系，物像的照度越大，就会感觉越亮。而该物像的照度与发光体在视线方向的投影面积呈反比关系，与发光体在视线方向的发光强度呈正比关系。故亮度 L_α 可表示为

$$L_\alpha=\frac{\mathrm{d}I_\alpha}{\mathrm{d}S\cos\alpha} \tag{7-9}$$

对于平均值，则有

$$L_\alpha=\frac{dI_\alpha}{dS\cos\alpha} \tag{7-10}$$

由于物体的表面亮度在各个方向上常常不等，因此在亮度符号的右下侧注明角度 α，指明物体表面的法线与光线之间的夹角。亮度的单位为 cd/m^2，意义为 1 cm^2 表面积上，沿法线方向（$\alpha=0°$）产生 1 cd 的发光强度。太阳的亮度为 2×10^9 cd/m^2，白炽灯的亮度一般为 $(3\sim5)\times10^6$ cd/m^2，而普通荧光灯亮度只有 $(6\sim8)\times10^3$ cd/m^2。

二、电光源的基本技术参数

电光源的技术特性参数从照明节电角度出发，主要有发光效率、光源寿命、光源颜色和有关的电气性能。

（一）发光效率

发光效率，简称光效，是电光源发出的光通量和所用电功率之比，单位是 lm/W，是评价电光源用电效率最主要的技术参数。光源的发光效率与光源发出的光通量有关，一般光源的光效都随着所发出光通量的增加而增长。

（二）光源寿命

光源寿命，又称光源寿期。电光源的寿命通常用有效寿命和平均寿命两个指标来表示。有效寿命指灯开始点燃至灯的光通量衰减到额定光通量的某一百分比时所经历的点灯时数，一般规定此百分比在 70%～80%之间；平均寿命指一组试验样灯，从点燃到其中的 50% 的灯失效时，所经历的点灯时数。

光源寿命是评价电光源可靠性和质量的主要技术参数，寿命长表明其服务时间长，耐用度高，性价比高。

（三）光源颜色

光源的颜色，简称光色，用色温和显色指数两个指标来度量。

1. 色温

当光源的发光颜色与把黑体（能全部吸收光能的物体）加热到某一温度所发出的光色相同（对于气体放电等为相似）时，该温度称为光源的色温。色温用热力学温度来表示，单位是开尔文，符号为 K。

光源的色温是灯光颜色给人直观感觉的度量，与光源的实际温度无关。不同的色温给人不同的冷暖感觉（见表 7-1）。暖色光的色温在 3 300 K 以下，能给人以温暖、健康、舒适的感觉。冷白色光，又叫中性色，其色温在 3 300～5 300 K 之间，光线柔和，使人有愉快、舒适、安详的感觉。冷色光，又叫日光色，其色温在 5 300 K 以上，光源接近自然光，有明亮的感觉，使人精力集中。

表 7-1　色温与感觉的关系

色温/K	>5 300	3 300～ 5 300	<3 300
感觉	冷	中间	暖
适用场所示例	信息机房、高照度场所	教室、办公室、会议室、阅览室、营业厅、一般休息厅、普通餐厅、洗衣房	居室、餐厅、宴会厅、多功能厅、酒吧、咖啡厅、重点陈列厅

一般来说，在低照度下采用低色温的光源会感到温馨快活；在高照度下采用高色温的光源则感到清爽舒适。在比较热的地区宜采用高色温冷感光源，在比较冷的地方宜采用低色温暖感光源。

2. 显色指数

显色指数是指在光源照到物体后，与参照光源相比（一般以日光或接近日光的人工光源为参照光源），对颜色的相符程度，是衡量光源显色性优劣或在视觉上失真程度的指标，符号是 R_a。R_a 越小，显色性越差，反之显色性越好。国际照明委员会（CIE）用显色指数把光源的显色性分为优、良、中、差四组，作为判别光源显色性能的等级标准（见表 7-2）。

表 7-2　显色性的等级标准

显色性组别	优	良	中	差
显色指数范围	80～100	60～79	40～59	20～39
应用场所	需要色彩精确对比（90～100）和正确判断（80～89）的场所	需要中等显色性的场所	对显色性的要求较低，色差较小的场所	对显色性无具体要求的场所

显色性是选择光源的一项重要指标，对显色性要求很高的照明用途，例如，美术品、艺术品、古玩、高档衣料等的展示销售，为避免颜色失真，不宜采用显色性较差的光源。但在显色性要求不高，而要求彩色调节的场所，可利用显色性的差异来增加明亮提神的气氛。常见光源的光效和显色指数（R_a）的对照见表 7-3。

表 7-3　各类光源的光效和显色指数对照

灯类型	光效/（lm/W）	显色指数
普通照明用灯 150 W（1 000 h）	14.4	100
卤钨灯 150 W（2 000 h）	17	100
荧光灯	65	95
三基色荧光灯	93	80
陶瓷金属卤化物灯 150 W	90	85
高压钠灯 150 W（高显色性）	86	60
高压钠灯 150 W（高光效）	116	25
低压钠灯 131 W	206	－45
高压汞灯 250 W	54	50

（四）光源启动性能

光源的发光需要一个逐渐由暗变亮的过程。光源的启动性能是指灯的启动和再启动特性，用启动和再启动所需要的时间来度量。一般来讲，热辐射电光源的启动性能最好，能瞬时启动发光，也不受再启动时间的限制。有的光源在打开开关后过一段时间才能逐渐亮起来，如钠灯；有的光源熄灭后不能马上启动，等光源冷却后才能再启动，如金属卤化物灯；有的气体放电灯的启动时间在 4 min 以上，再启动时间最少也需要 3 min。

第三节　光环境评价

评价光环境质量的好与坏，主要是依靠人的视觉效应，但是这只是一种感觉，不同年龄、不同性质的人感觉不同，不能用具体的物理指标来评定。为了使人的生理和光环境达成和谐的一致，科学家进行了大量的研究工作，他们的研究成果被世界各国列入照明规范、照明标准或者照明设计指南，成为光环境设计和评价的准则。

光环境分为天然光环境和人工光环境，对于光环境的评价与质量标准也分别从这两个方面进行阐述。

一、天然光环境的评价

天然光强度高，变化快，不易控制，因而天然光环境的质量评价方法和评价标准有许多不同于人工照明的地方。

采光设计标准是评价天然光环境质量的准则，也是进行采光设计的主要依据。发达国家大都通过照明学术组织编制本国的采光设计规范、标准或指南，国际照明委员会(C1E) 1970 年曾发布有关采光设计计算的技术文件，其后又组织各国天然采光专家合作编写了《CIE 天然采光指南》，我国 2001 年发布了《建筑采光设计标准》(GB/T 50033—2001)，2013 年进行了标准的更新(GB 50033—2013)。下面讨论有关天然光照明质量评价的主要内容。

(一) 采光系数

室内天然光照度水平与室外照度密切相关。天然采光的数量指标，称为采光系数，符号为 C，以百分数表示。采光系数定义为室内某一点直接或间接接受天空漫射光所形成的照度与同一时间不受遮挡的该天空半球在室外水平面上产生的天空漫射光照度之比，即

$$C=\frac{E_{n}}{E_{w}}\times 100\% \tag{7-11}$$

式中　E_n——室内某点的天然光照度，lx；

E_w——与 E_n 同一时间，室内无遮挡的天空在水平面上产生的照度，lx。

由于两个照度值均不包括直射日光的作用，在晴天或多云天气，在不同方位上的天空亮度有差别，因此，采光系数的计算结果与实测值会有一定的偏差。

(二) 采光系数标准

采光系数标准值，是根据视觉工作的难度和室外的有效照度确定的。室外有效照度也称临界照度，是人为设定的一个照度值。当室外照度高于临界照度时，才考虑室内完全用天然光照明，以此规定最低限度的采光系数标准。表 7-4 列出我国工业企业各采光等级参考平面上的采光标准值。这是最低限度的标准，是在天然光视觉试验及对现有建筑采光状况普查分析的基础上，综合考虑我国光气候特征及经济发展水平制定的。

民用建筑的采光系数标准值多数是按照建筑功能要求规定的。例如德国的采光规范规定住宅居室内 0.85 m 高水平面上，位于 1/2 进深处，距两面侧墙 1 m 远的两点采光系数最低值不得小于 0.75%，且其平均值至少应达到 0.9%；如果相邻的两面墙上均开窗，上述两点的采光系数平均值不应小于 1.0%。

表 7-4　工业建筑的采光标准值

采光等级	车间名称	侧面采光		顶部采光	
		采光系数标准值/%	室内天然光照度标准值/lx	采光系数标准值/%	室内天然光照度标准值/lx
Ⅰ	特精密机电产品加工、装配、检验，工艺品雕刻，刺绣，绘画	5.0	750	5.0	750
Ⅱ	精密机电产品加工、装配、检验，通信、网络、视听设备、电子元器件、电子零部件加工、抛光，复合材料加工，纺织品精纺、织造、印染，服装裁剪、缝纫及检验，精密理化实验室、计量室、测量室，主控制室，印刷品的排版、印刷，药品制剂	4.0	600	3.0	450
Ⅲ	机电产品加工、装配、检修，机库，一般控制室，木工，电镀，油漆，铸工，理化实验室，造纸，石化产品后处理，冶金产品冷轧、热轧、拉丝、粗炼	3.0	450	2.0	300
Ⅳ	焊接、钣金、冲压剪切、锻工、热处理、饰品、烟酒加工和包装、饮料、日用化工产品，炼铁、炼钢、金属冶炼，水泥加工与包装，配变电所，橡胶加工，皮革加工，精细库房及库房作业区	2.0	300	1.0	150
Ⅴ	发电厂主厂房，压缩机房，风机房，锅炉房，泵房、动力站房，一般库房（电石库、乙炔库、氧气瓶库、汽车库、大中件储存库），一般库房，煤的加工、运输，选煤配料间、原料间，溶制	1.0	150	0.5	75

注：1. 工业建筑参考平面取距地面 1 m，民用建筑取距地面 0.75 m，公用场所取地面。

2. 表中所列采光系数标准值适用于我国Ⅲ类光气候区，采光系数标准值是按室外设计照度值 15 000 lx 制定的。

3. 采光标准的上限值不宜高于上一采光等级的级差，采光系数值不宜高于 7%。

二、人工光环境的评价

为了建立人对光环境的主观评价与客观的物理指标之间的对应关系，世界各国的科学工作者通过大量视觉功效的心理物理试验，找出了评价光环境质量的客观标准，为制定光环境设计标准提供了依据。人工光环境的评价需要从照度、亮度、光色、立体感、眩光等几个方面进行评价。下面讨论评价优良光环境的基本要素与方法。

（一）适当的照度水平

人对外界环境的明暗差异的直觉，取决于外界景物的亮度。照度太低使人感到不舒适，黑暗的光环境使人看不清周围的环境，不能正确地判断自己所处的位置，缺乏安全感；照度过大，会使物体过亮，容易引起视觉疲劳和眼睛灵敏度的下降。但是规定适当的亮度水平相当复杂，因为它涉及各种物体不同的发光特性，因此在实际中，一般以照度水平作为灯管照明的数量指标。不同工作性质的场所对照度值的要求不同，适宜的照度应当是在某具体工作条件下，大多数人都感觉比较满意且保证工作效率和精度均较高的照度值。

1. 照度标准

确定照度标准要综合考虑视觉功效、舒适感与经济、节能等因素。照度并非越高越好，提高照度水平对视觉功效只能改善到一定程度。无论从视觉功效还是从舒适感考虑选择的理想照度，最终都要受经济水平，特别是能源供应的限制。所以，实际应用的照度标准大都是折中的标准。

在没有专门规定工作位置的情况下，通常以假想的水平工作面照度作为设计标准。对于站立的工作人员，水平面距地 0.90 m，对于坐着的人是 0.75 m(或 0.80 m)。

任何照明装置的照度，在使用过程中都会衰减，产生衰减的原因是灯的光通量的衰减，灯具和房间的表面受到污染使透过系数和反射系数发生变化等。所以一般不以初始照度作为设计的标准，而是采取使用照度或维持照度来制定设计标准。使用照度是灯具在一个维护周期内照度变化曲线的中间值，西欧一些国家采取的是使用照度标准。维持照度是在必须更换光源或在预期清洗灯具和清扫房间周期终止前，或者同时进行上述维护时所应保持的平均照度，通常维护照度不应低于使用照度的 80%。采用维持照度标准的国家有美国、俄罗斯和中国。

根据韦伯定律，主观感觉的等量变化大体是由光量的等比变化所产生的。所以，在照度标准中以 1.5 左右的等比级数划分照度等级，而不采取等差级数。例如，CIE 建议的照度等级为 20 lx、30 lx、50 lx、75 lx、100 lx、150 lx、200 lx、300 lx、500 lx、750 lx、1 000 lx、1 500 lx、2 000 lx、3 000 lx、5 000 lx 等。CIE 为不同作业和活动都推荐了照度标准，并规定了每种作业的照度范围，以便设计师根据具体情况选择适当的数值。

我国的《建筑照明设计标准》(GB 50034—2013)中照度标准值按 0.5 lx、1 lx、3 lx、5 lx、10 lx、15 lx、20 lx、30 lx、50 lx、75 lx、100 lx、150 lx、200 lx、300 lx、500 lx、750 lx、1 000 lx、1 500 lx、2 000 lx、3 000 lx、5 000 lx 分级。表 7-5 所示为居住建筑照明的照度标准值。

表 7-5　居住建筑照明的照度标准值

房间或场所		参考平面及其高度	照度标准值/lx	一般显色指数 R_a
起居室	一般活动	0.75 m 水平面	100	80
	书写、阅读		300*	
卧室	一般活动	0.75 m 水平面	75	80
	床头、阅读		150*	
餐厅		0.75 m 餐桌面	150	80
厨房	一般活动	0.75 m 水平面	100	80
	操作台	台面	150*	
卫生间		0.75 m 水平面	100	80
走道、楼梯间		地面	50	60

注：* 宜用混合照明。

2. 照度均匀度

对一般照明的评价还应当提出照度均匀度的要求。照度均匀度是表示给定平面上照度分布的量。照度均匀度用工作面最小照度与平均照度之比表示，这个值不能小于 0.7，而作业面邻近周围的照度均匀度不应低于 0.5，在满足这个要求的同时还需要满足房间其他非作业区域的一般照明的照度值，不宜低于作业区域一般照明照度的 1/3。但是在一些特殊的工种中则要求有特殊照明，如精密车床、钟表工的照明是希望光线集中的；医生外科手术则要求没有阴影。

3. 空间照度

在交通区、休息区、大多数的公共建筑，以及居室等生活用房，照明效果往往用人的容貌是否清晰和自然来评价。在这些场所，适当的垂直照明比水平面的照度更为重要。近年来已经提出两个表示空间照明水平的物理指标：平均球面照度与平均柱面照度。实践表明，后者有更大的实用性。

空间一点的平均柱面照度定义为：在该点的一个假想小圆柱体侧面上的平均照度，圆柱体的轴线与水平面垂直，并且不计圆柱体两端面上接受的光量。实际上，它代表空间一点的垂直面平均照度，以符号 E_c 表示。

（二）舒适的亮度比和亮度分布

舒适的亮度比和亮度分布是对工作面照度的重要补充。人眼的视野很宽，在工作房间里，除了视看对象外，工作面、顶棚、墙、窗户和灯具等都会进入视野，这些物体的亮度水平和亮度对比构成人眼周围视野的适应亮度，若亮度相差过大，则会加重眼睛瞬时适应的负担，或产生眩光，降低视觉功效；此外，房间主要表面的平均亮度，形成房间明亮程度的总印象，其亮度分布使人产生不同的心理感受。因此，舒适并且有利于提高工作效率的光环境还应具有合理的亮度分布。

在工作房间，作业近邻环境的亮度应当尽可能低于作业面本身亮度，但不宜低于作业亮度的 1/3。而周围视野（包括顶棚、墙、窗等）的平均亮度，应尽可能不低于作业亮度的 1/10。灯和白天的窗子亮度，则应控制在作业面亮度的 40 倍以内。要实现这个目标，需要统筹考虑照度和反射比这两个因素，因为亮度与两者的乘积大致呈正比关系。墙壁的反射比，最好在 0.3～0.7 之间，其照度以达到作业面照度的 1/2 为宜。照度水平高的房间要选低一点的反射比，应在 0.1～0.3 之间。非工作房间，如装饰水准高的公共建筑大厅亮度分布，往往涉及建筑美学，渲染特定气氛，突出空间或结构的形象，所以不受上述参数的限制。这类环境亮度水平与前面有所不同，但也应考虑视觉的舒适感。

（三）适宜的光色

良好的光环境离不开颜色的合理设计。光源的颜色质量常用两个性质不同的术语，即光源的表观颜色（色表）和显色性来同时表征。前者常用色温定量表示，后者是指灯光对被照物体颜色的影响作用，两者都取决于光源的光谱组成。但不同光谱组成的光源可能具有相同的色表，而其显色性却大不相同；同样，色表完全不同的光源可能具有相等的显色性。

CIE 取一般显色指数 R_a 为指标，对光源的显色性能分类，提出了每一类显色性能适用的范围，可供设计时参考。在选择灯的显色指数时，需要考虑光效，有些高显色指数的灯光效不高，如白炽灯，有些光效高的灯显色指数又很低，如钠灯。所以，在实际工程中要两者兼顾。当发生矛盾时可以采用显色性和光效各有所长的灯结合使用。例如，用光效高、显色性较差的高压汞灯和显色性高、光效差的白炽灯组合使用以达到理想的照明效果。

（四）立体感

三维物体在光的照射下会呈现具有立体感的造型效果，这主要是由光的投射方向及直射光同漫射光的比例所决定的。对造型效果的主观评价，往往是心理因素决定的。造型立体感目前主要有三种评价方法，可以定量表达人们对三维物体造型的满意程度。

第一种方法是造型指数法(矢量照度标量照度比)。这种方法的计算相当复杂,难以得到准确的结果,这使它在设计中的推广应用受到限制。

第二种办法为采用平均柱面照度与水平面照度之比(E_c/E_h)。当 $0.3 \leqslant E_c/E_h \leqslant 3$ 时,可获得较好的造型立体感效果。以 E_c/E_h 作为造型立体感的评价指标,不用另外规定光的照射方向。因为,当光线从上方向下直射时 $E_c=0$,$E_c/E_h=0$;当光线仅来自水平方向时,$E_h=0$,$E_c/E_h \to \infty$,所以给出的量值已包含了光线方向的因素。

第三种办法是采用垂直照度与水平照度之比(E_v/E_h)。这是最简单的一种表达照明方向性效果的指标。为了达到可以接受的造型效果,在主要视线方向上,E_v/E_h 至少应为 0.25;获得满意的效果则需要 0.50。

除造型立体感效果以外,光的方向性对作业可见度的影响也不容忽视。一般来说,照明光线的方向性不能太强,否则会出现生硬的阴影,令人心情不愉快。

(五) 避免眩光干扰

1. 眩光的定义

CIE 对眩光定义为:眩光是一种视觉条件。这种条件的形成是由于亮度分布不适当,或亮度变化的幅度太大,或空间、时间上存在着极端的对比,以致引起不舒适或降低观察重要物体的能力,或同时产生这两种现象。

2. 眩光的分类

对眩光的分类有两种方法,即按眩光产生方式不同划分和眩光对视觉的影响程度划分。

(1) 按眩光产生方式不同划分

按眩光产生方式不同,可分为直接眩光和间接眩光。

① 直接眩光:当观察物体的方向或在接近视线方向内存在发光体时,由此发光体所引起的眩光,称为直接眩光。例如,透过玻璃的太阳光、灯具内泄漏的光等,当这些光源过亮时,就会产生直接眩光,这也是非常常见的一类眩光。

② 间接眩光:在视野中存在着高亮度的光源,但眩光不与观察物体的相同方向,由此光源产生的眩光就是间接眩光。例如,来自光滑物体表面、高速公路路面或水面等的反光。由于间接眩光不在观察物体的方向出现,它对视觉的影响不像直接眩光那样严重。它包括反射眩光和光幕眩光两种。

a. 反射眩光:在观看物体的方向或接近这一方向上出现了发光体的镜面反射,由此引起的眩光称为反射眩光。

b. 光幕眩光:光幕反射也称光幕眩光。这种眩光是视觉对象的镜面反射,它使视觉对象的对比降低,以致部分或全部难以看清物体细部。例如,当光照照射在用光滑的纸打印的文件表面且大部分的光反射到观看者的眼睛内时,如果文章的字是黑亮的,而且也反射到观看者的眼睛内,就会出现光幕反射,使观看者看不清文字。

(2) 按眩光对视觉的影响程度划分

按眩光对视觉的影响程度,可分为不舒适眩光、失能眩光和失明眩光。

① 不舒适眩光:视野内的眩光,若使人们的眼睛感觉不舒适,则称它为不舒适眩光。这里的不舒适指心理上的感受,生理上的影响不多,所以称为心理眩光。它的存在使人感到不舒服,影响注意力的集中,时间长会增加视觉疲劳,但短时间内不会对视觉或视力有较大影响。

② 失能眩光：视野内的眩光，若使人们的视觉功效有所降低，则称它为失能眩光。这类眩光的产生，多是由于光源的位置过于靠近视线，因此使视网膜像的边缘出现模糊，从而妨碍了对附近物体的观察，降低视觉对象的可见度。失能眩光的出现会导致视力下降，甚至丧失视力。

对室内环境来说，遇到的基本都是不舒适眩光。只要将不舒适眩光控制在允许限度以内，失能眩光也就自然消除了。

③ 失明眩光

失明眩光是指视线离开眩光源后相当一段时间内仍看不见其他物体的眩光。如观看电焊眩光后，会造成暂时失明。这是失能眩光达到极端的情况，照明设计中应尽量杜绝此类情况的发生。

3. 眩光的评价

眩光是评价光环境舒适性的一个重要指标。多年来，许多国家对不舒适眩光问题各自提出了实用的眩光评价方法。我国目前采用统一眩光值（unified glare rating，UGR）函数式对眩光干扰进行评价。

统一眩光值是国际照明委员会（CIE）用于度量处于室内视觉环境中的照明装置发出的光对人眼引起不舒适感主观反应的心理参量，其限值分为三种情况。

（1）当灯具发光部分面积为 $0.005\ \text{m}^2 < S < 1.5\ \text{m}^2$ 时，统一眩光值按下列公式进行计算：

$$\text{UGR} = 8\lg \frac{0.25}{L_b} \sum \left(\frac{L_\alpha^2 \omega}{P^2} \right) \tag{7-12}$$

式中　L_b——背景亮度，$L_b = \frac{E_i}{\pi}$，cd/m^2。其中，E_i 为观察者眼睛方向的间接照度，lx。

ω——每个灯具发光部分对观测者眼睛形成的立体角，sr。

P——每个单独灯具的位置指数。

L_α——灯具在观测者眼睛方向的亮度，cd/m^2；

（2）当灯具发光部分面积小于 $0.005\ \text{m}^2$ 时，统一眩光值按下列公式进行计算：

$$\text{UGR} = 8\lg \frac{0.25}{L_b} \sum \left(\frac{200 I_\alpha^2}{r^2 P^2} \right)$$

式中　r——灯具发光部分与观察者眼睛之间的距离，m。

（3）当灯具发光部分面积不小于 $1.5\ \text{m}^2$，且统一眩光值（UGR）不大于 19 时，适用照度和发光部分表面亮度限值应符合表 7-6 的规定。

表 7-6　适用照度与发光部分表面亮度限值

灯具安装高度/m	发光面积与顶棚面积之比	UGR=19	
		适用照度/lx	最大表面亮度/(cd/m²)
2.5	0.15	≤500	900
	0.30		650
	0.50	≤750	450
	0.75	≤1 000	400
	1.00		350

表 7-6(续)

灯具安装高度/m	发光面积与顶棚面积之比	UGR=19	
		适用照度/lx	最大表面亮度/(cd/m²)
3.0	0.15	≤750	1 250
	0.30		800
	0.50	≤1 000	600
	0.75		500
	1.00		450
5.0	0.15	≤1 000	1 650
	0.30		1 050
	0.50		700
	0.75	≤1 500	600
	1.00		500

第四节　光污染防治技术

光污染按照光波波长分为可见光污染、红外线污染和紫外线污染三类，分别采用不同的防治技术。

一、可见光污染防治

可见光污染中危害最大的是眩光污染。眩光污染是城市中光污染的主要形式，是影响照明质量最重要的因素之一。

眩光程度主要与灯具发光面大小、发光面亮度、背景亮度、房间尺寸、视看方向和位置等因素有关，还与眼睛的适应能力有关。所以眩光的限制应分别从光源、灯具、照明方式等方面进行。

（一）直接眩光的限制

限制直接眩光主要是控制光源在 γ 角为 45°～90°范围内的亮度(图 7-5)。一般有两种方法，一种是用透光材料减弱眩光；另一种是用灯具的保护角加以控制。此两种方法可单独采用，也可同时使用。透光材料控制法如采用透明、半透明或不透明的格栅或棱镜将光源封闭起来，能控制可见亮度。用保护角可以控制光源的直射光，做到完全看不见光源，有时也可把灯安装在梁的背后或嵌入建筑物等。

限制眩光通常将光源分成两大类，一类亮度在 2×10^4 cd/m² 以下，如荧光灯，可以用前述两种方法，但荧光灯亮度较低，在某些情况下允许明露使用；另一类亮度在 2×10^4 cd/m² 以上，如白炽灯和各种气体放电灯。当功率较小时，以上两种控制眩光方法均可使用，但对大功率光源几乎无例外地采用灯具保护角控制。此时不但要注意亮度，还应考虑观察者视觉的照度。保护角与灯具的光通量、安装高度有关。

控制直接眩光，除了可以通过限制灯具的亮度和表面面积，通过使灯具具有合适的安装位置和悬挂高度，保证必要的保护角外，还有增加眩光源的背景亮度或作业照度的方法。当

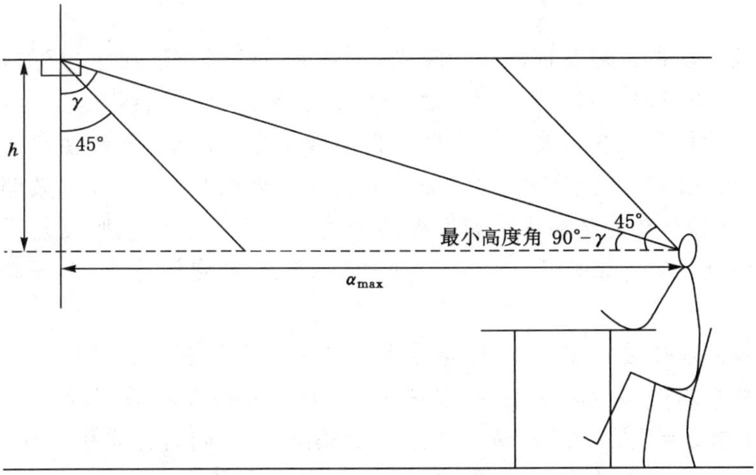

图 7-5 需要限制亮度的照明器发光区域

周围环境较暗时，即使是低亮度的眩光，也会让人感觉明显。增大背景亮度，眩光作用就会减小。但当眩光光源亮度很大时，增加背景亮度已不起作用了，它会成为新的眩光源。因此，为了减小灯具发光表面与邻近顶棚间的亮度差别，适当降低亮度对比度，建议顶棚表面应有较高的反射比，可采用间接照明，如倒伞形悬挂式灯具，使灯具有足够的上射光通量，经过一次反射后使室内亮度分布均匀。浅色饰面通过多次反射也能明显地提高房间上部表面的照度。

（二）间接眩光的限制

高亮度光源被光亮的镜面材料或半光亮表面反射，会对视觉产生干扰和不适。反射光的亮度与光源亮度几乎一样，在观察物体方向或临近方向出现的光滑面包括顶棚、墙面、地板、桌面、机器或其他用具的表面。反射眩光常比直接眩光更让人讨厌，因为它紧靠视线，眼睛无法避开，往往会降低工件的对比度和人眼对细部的分辨能力。一般情况下出现的反射眩光和特殊情况下出现的光幕反射，不仅与灯具的亮度和它们的布置有关，而且与灯具相对工作区域的位置以及当时的照度水平有关，此外还取决于所用材料的表面特性。

防治反射眩光，首先，光源的亮度应比较低，且应与工作类型和周围环境相适应，使反射影像的亮度处于容许范围，可采用在视线方向反射光通量小的特殊配光灯具。其次，如果光源或灯具亮度不能降到理想的程度，可根据光的定向反射原理，妥善地布置灯具，即求出反射眩光区，将灯具布置在该区域以外。如果灯具的位置无法改变，可以变换工作面的位置，使反射角不处于视线内。但是，这种条件在实际上是难以实现的，特别是在有许多人的房间内。通常的办法是不把灯具布置在与观察者的视线相同的垂直平面内，力求使工作面照明来自适宜的方向。再次，可增加光源的数量来提高照度，使得引起反射的光源在工作面上形成的照度在总照度中所占的比例减少。最后，适当提高环境亮度，减少亮度对比同样是可行的。例如，在玻璃陈列柜中照度过低，明亮的灯具的反射影像就可能在玻璃上出现，衬上黑暗的柜面作背景，就更突出，影响观看效果。这时，用局部照明增加柜内照度，它的亮度接近或超过反射影像，就可弥补有害反射造成的损失。由于柜内空间小，提高照度较容易。对反射眩光单靠照明解决有困难时，要精心设计物体的饰面使地板、家具或办公用品的表面材料无光泽。

光幕反射是目前被普遍忽视的一种眩光，光幕反射的形成取决于：反射物体的表面（如光滑的纸、黑板及油漆表面），光源面积（面积越大，它形成光锥的区域越大），光源、反射面、观察者三者之间的相互位置以及光源亮度。为了减小光幕反射，不要在墙面上使用反光太强烈的材料；尽可能减少干扰区来的光，加强干扰区以外的光，以增加有效照明。干扰区是指顶棚上的一个区域，在此区域内光源发射的光线经由作业表面规则反射后均可能进入观察者视野内。因此，应尽量避开在此区域布置灯具，或者使作业区避开来自光源的规则反射。

眩光是衡量照明质量的主要指标，也是评价环境是否舒适的重要因素。应按照限制眩光的要求来选择灯具的型号和功率，考虑它在空间的效果以及舒适感，使灯具有一定的保护角，并选择适当的安装位置和悬挂高度，限制其表面亮度。同时把光引向所需的方向，在可能引起不舒适眩光的方向减少光线，创造一个舒适的视觉环境。

二、红外线、紫外线污染防治

对红外线和紫外线污染，应加强管理和制度建设。对紫外线消毒设施要定期检查，发现灯罩破损要立即更换，并确保在无人状态下进行消毒，更要杜绝将紫外灯作为照明灯使用。对产生红外线的设备，也要定期检查和维护，严防误照。

对于从事电焊、玻璃加工、冶炼等产生强烈眩光、红外线和紫外线工作的人员，应十分重视个人防护，可根据具体情况佩戴反射型、光化学反应型、反射-吸收型、爆炸型、吸收型、光电型和变色微晶玻璃型等不同类型的防护镜。

三、光污染防治材料

（1）新型玻璃材料

为了避免日趋严重的城市光污染继续蔓延，我国建设部门针对城市玻璃幕墙的使用范围、设计和制作安装起草法规，以进行统一有效的管理。专家认为，目前消除光污染只能以预防为主，并应严限比例审批，尽量让这些玻璃幕墙建筑远离交通路口、繁华地段和住宅区。此外对传统的玻璃幕墙进行改进，也是有效的措施之一。例如，以凝胶法镀膜玻璃等作为建筑玻璃幕墙。凝胶法镀膜玻璃是一种新型深加工产品，经凝胶镀膜处理后，改善了原来玻璃的光学性能，使产品具有良好的节能性、遮光性、耐腐蚀性和湿控效应，并有使反射光线变得柔和的效果且镀膜牢固。

（2）低辐射防晒膜

低辐射防晒膜通常具有隔热、节能、防紫外线、防爆等功效，汽车、火车、轮船等交通工具的玻璃门窗可贴用低辐射防晒膜。另外，低辐射防晒膜具有阳光光谱选择性控制功能，将它贴在玻璃上，能阻隔紫外线的通过，红外线反射率可高达95%，眩光阻隔率超过78%，同时可有选择地让可见光透过。

（3）强光防护镜

对于需在强光环境条件下工作的人员，可以佩戴强光防护镜，以减轻光污染的危害。目前有些强光防护镜采用的是集成电路系统，在遇到汽车夜间会车大灯产生的强烈眩光时，可驱动镜片在百分之一秒内变成浅蓝色墨镜，使司机不受汽车车灯强光、眩光的伤害，并能清晰地看清路面，会车完毕又可在百分之一秒内恢复亮态。该镜可广泛用于工业、旅游、国防、体育和科研等防强光领域。

（4）绿色照明光源

绿色照明是指采用高效、少污染光源，以提高照明质量、提高劳动生产率和能源有效利用率，达到节约能量、减少照明费用、减少有害物质的排放，进而保护人类生存环境的目的。LED（发光二极管灯）、LVD（无极荧光灯），因其具有提高效率、改善质量、节约能源、保护环境等特点，被称为绿色光源。在碳达峰碳中和背景下，应以减少碳排放、降低光污染影响为主要目的，积极推动照明领域光污染控制工作，对高耗能照明实施LED照明替代计划。

思考题与习题

1. 什么是光污染？光污染的主要类型有哪些？
2. 试说明光通量与发光强度、照度与亮度之间的区别和关系。
3. 光污染的形成原因和危害有哪些？
4. 什么是眩光污染？试述其分类、产生原因、危害及防治措施。
5. 试举例说明红外线和紫外线污染的防治措施。
6. 调查一下你所在城市光污染的主要形式、产生的危害和已采取的防治措施。

参考文献

[1] 陈杰瑢. 物理性污染控制[M]. 北京:高等教育出版社,2007.

[2] 代洪静,马学虎,王四芳. 低中放射性废水处理吸附技术及材料[J]. 化工进展,2024,43(1):529-540.

[3] 高红武. 噪声控制工程[M]. 武汉:武汉理工大学出版社,2003.

[4] 何德文. 物理性污染控制工程[M]. 北京:中国建材工业出版社,2015.

[5] 洪宗辉. 环境噪声控制工程[M]. 北京:高等教育出版社,2002.

[6] 李洁琼. 光污染防治地方立法实例评析及建议[J]. 环境保护,2023,51(14):50-53.

[7] 李连山,杨建设. 环境物理性污染控制工程[M]. 武汉:华中科技大学出版社,2009.

[8] 李小珍,郑净,毕然,等. 轨道交通桥梁减振降噪 2020 年度研究进展[J]. 土木与环境工程学报(中英文),2021,43(S1):142-151.

[9] 李耀中. 噪声控制技术[M]. 北京:化学工业出版社,2001.

[10] 刘文魁,庞东. 电磁辐射的污染及防护与治理[M]. 北京:科学出版社,2003.

[11] 刘龑斌. 电磁辐射环境污染状况评价方法研究[J]. 黑龙江环境通报,2023,36(4):79-81.

[12] 吕冲,朱雯雯,史正雪,等. 高降噪聚合物基复合材料的制备及声学性能研究进展[J]. 中国塑料,2023,37(11):170-177.

[13] 马大猷. 噪声与振动控制工程手册[M]. 北京:机械工业出版社,2002.

[14] 马娟,俞小军. 物理性污染控制[M]. 成都:电子科技大学出版社,2016.

[15] 彭胜群. 地铁振动污染防治对策[J]. 铁道劳动安全卫生与环保,2004(3):110-112.

[16] 任连海. 环境物理性污染控制工程[M]. 2 版. 北京:化学工业出版社,2022.

[17] 盛美萍,王敏庆,孙进才. 噪声与振动控制技术基础[M]. 北京:科学出版社,2001.

[18] 王飞帆. 高温井巷隔热材料的性能研究[D]. 淮南:安徽理工大学,2017.

[19] 张宝杰. 环境物理性污染控制[M]. 北京:化学工业出版社,2003.

[20] 赵良省. 噪声与振动控制技术[M]. 北京:化学工业出版社,2004.

[21] 赵晓亮,金大瑞. 物理性污染控制[M]. 徐州:中国矿业大学出版社,2019.